Java 高级程序员技术丛书
计算机类专业系列教材

基于云的 Java 开发环境

魏勇　著

電子工業出版社
Publishing House of Electronics Industry
北京 • BEIJING

内 容 简 介

云技术通过计算机网络将硬件、软件、网络资源等统一起来，实现数据的计算、储存、处理和共享。本书分为5章，介绍云开发过程中常用的Java开发技术。第1章主要介绍Java项目的构建工具和版本控制等技术。第2章主要介绍MySQL和Redis的安装和使用。第3章主要介绍项目在网络上的部署，如负载均衡、虚拟化技术等。第4章主要介绍大数据框架Hadoop的搭建，以及如何使用Java实现MapReduce的并行开发。第5章主要介绍Spring的IoC和AOP等核心思想。

本书内容通俗易懂、实用，描述翔实，适合作为职业院校、高职高专院校软件技术专业核心课程的教材，也可以作为广大Java开发人员重要参考资料。

图书在版编目（CIP）数据

基于云的Java开发环境 / 魏勇著．—北京：电子工业出版社，2023.11

ISBN 978-7-121-46609-0

Ⅰ．①基… Ⅱ．①魏… Ⅲ．①云计算－应用－JAVA语言－程序设计 Ⅳ．①TP312.8

中国国家版本馆CIP数据核字（2023）第214123号

责任编辑：王　花
印　　刷：三河市兴达印务有限公司
装　　订：三河市兴达印务有限公司
出版发行：电子工业出版社
　　　　　北京市海淀区万寿路173信箱　　　　邮编：100036
开　　本：787×1092　1/16　印张：17.25　字数：409千字
版　　次：2023年11月第1版
印　　次：2023年11月第1次印刷
定　　价：54.00元

凡所购买电子工业出版社图书有缺损问题，请向购买书店调换。若书店售缺，请与本社发行部联系，联系及邮购电话：（010）88254888，88258888。

质量投诉请发邮件至zlts@phei.com.cn，盗版侵权举报请发邮件至dbqq@phei.com.cn。

本书咨询联系方式：（010）88254609，hzh@phei.com.cn。

前　言

党的二十大是在进入全面建设社会主义现代化国家新征程的关键时刻召开的一次十分重要的大会，事关党和国家事业继往开来，事关中国特色社会主义前途命运，事关中华民族伟大复兴。

党的二十大报告指出，“统筹职业教育、高等教育、继续教育协同创新，推进职普融通、产教融合、科教融汇，优化职业教育类型定位”，再次明确了职业教育的发展方向。从国内外职业教育实践来看，产教融合是职业教育的基本办学模式，也是职业教育发展的本质要求。从经济发展情况来看，产业是经济发展增长带，经开区、高新区等经济功能区是经济发展增长极，位于其中的企业是经济发展增长点。一个国家或地区经济发展的持续力和竞争力，在很大程度上取决于产业、经济功能区、企业的持续力和竞争力。产业、经济功能区、企业要想获得持续发展动能，也必须走产教融合的道路。

在我国这样一个人口规模超过现有发达国家人口总和的经济体中，要实现14亿多人口整体迈进现代化社会，所需要的技术技能人才不可能大规模地引进，必须坚持把技术技能人才放在培养的基点上。职业教育战线要心怀“国之大者”，守正创新，坚持“以产引教、以产定教、以产改教、以产促教”的发展模式，始终如一地坚持产教融合的发展方向。

计算机云就是通过网络将大量计算机巧妙地链接起来的一个大型虚拟计算机系统。云技术就是利用网络的高速传输能力，将所有的数据和服务都放在“网络云”（大型数据处理中心）上，只需要一个终端就可以使用各种服务。

云开发是一套综合类服务的技术产品，通常开发一个完整的应用需要数据库、存储、CDN、后端函数、静态托管及用户登录等服务。云开发将这些服务都集成在一起，以一种全新的开发方式，使开发一个应用更加方便、快捷，并且开发出的应用的功能更加强大。

云数据库支持基础读写、聚合搜索、数据库事务及实时推送等功能。

云存储提供稳定、安全、低成本且简单易用的云端存储服务；支持任意数量和形式的非结构化数据存储，如图片、文档、音频、视频及文件等；支持云开发控制台可视化管理。

随着云计算从IaaS发展到PaaS和SaaS，云计算提供的服务类型也逐渐丰富，这一过程对于科技领域和产业领域都会产生一定的影响。

职业技术学院软件专业及相关专业的学生一直缺乏专业的基于云开发技术的教材。本书从Java项目的构建工具和版本控制开始讲解，介绍了云数据库的搭建、Web服务及负载均衡策略、虚拟化技术等。

云技术通过计算机网络将硬件、软件、网络资源等统一起来，实现数据的计算、储存、处理和共享。本书分为5章，介绍云开发过程中常用的Java开发技术。

第 1 章主要介绍 Java 项目的构建工具和版本控制等技术。

版本控制主要有集中式和分布式两种。集中式版本控制经历了从 CVS 到 SVN 的过程。随着拥有分布式版本控制系统优势的 Git 的快速发展，越来越多的开发者从集中式版本控制系统 SVN 迁移到 Git 上。Ant 和 Maven 都是 Java 项目的构建工具。Ant 更像一种编程语言，可以完成项目的删除、复制、编译、测试、打包等工作；Maven 则是通过配置完成编译测试等工作。JUint 是 Java 编程语言的单元测试框架，用于编写和运行可重复的自动化测试。Ant 提供了<junit>和<junitreport>两种基于 JUnit 的测试任务。如果在 Maven 中引入 JUnit，则只需配置相关依赖。

在云开发中，Redis+MySQL 是最常用的存储解决方案。第 2 章介绍 MySQL 和 Redis 的安装和使用。MySQL 是关系型数据库，主要用于存放持久性的数据，将数据存储在硬盘中，读取速度较慢。NoSQL 作为典型的数据库，Redis 常作为缓存数据库，将数据存储在缓存中，读取速度较快，能够大大提高运行效率，但是数据的保存时间有限。

第 3 章介绍项目在网络上的部署，如负载均衡策略、虚拟化技术等。Tomcat 是一个 Servlet 和 Jsp 容器，也是一个轻量级的 Web 服务器，其最大优势是可以处理动态请求。Nginx 也是一款轻量级的 Web 服务器/反向代理服务器及电子邮件代理服务器，其特点是内存占用少、并发能力强。在云开发中可以利用 Nginx 的高并发、低消耗的特点与 Tomcat 一起使用。Docker 是 PaaS 提供商 dotCloud 开源的一个基于 LXC 的高级容器引擎，可用于打包项目，例如，将 WAR 包打包到一个可移植的镜像中，实现虚拟化。

随着云时代的到来，大数据也得到了人们越来越多的关注。本书第 4 章介绍大数据框架 Hadoop 的搭建，以及如何使用 Java 实现 MapReduce 的并行开发。Hadoop 框架最核心的设计就是 HDFS 和 MapReduce。HDFS 为海量的数据提供了存储服务，MapReduce 则为海量的数据提供了计算服务。第 4 章从 Hadoop 安装配置开始，逐步介绍大数据核心技术如 HDFS、YARN 及 MapReduce 等。

Spring 框架给予 Java 程序员更高的设计自由度，对业界的常见问题也提供了良好的解决方案，众多企业将其作为 Java 项目开发的首选框架。第 5 章介绍 Spring 的 IoC 和 AOP 等核心思想。

本书适合掌握 Java 基本知识，并具备一定项目开发能力的读者。为便于读者在学习时开展相关实验，本书大部分内容从实例的编写和运行开始进行讲解。

本书不仅可以用作软件专业核心课程的教材供学生学习，还可以用作广大 Java 开发人员的重要参考资料。

由于编写时间仓促，难免有疏漏和不妥之处，望广大读者批评指正。

编者

目　　录

第 1 章　Java 项目及工具

随着项目规模的扩大和开发团队人数的增加，项目的管理显得更为重要。例如，在开发过程中项目成员如何实时地进行版本控制。

SVN（Subversion）是一个开放源代码的版本控制系统，相较 RCS（Rich Communication Suite）、CVS（Concurrent Version System），SVN 采用了分支管理系统。SVN 取代了 CVS，互联网上的很多版本控制服务已从 CVS 迁移到 SVN。

Git 是目前世界上最先进的分布式版本控制系统。Git 没有中央服务器，每个人的本地计算机就是一个完整的版本库。这样，单个计算机工作时就不需要联网，因为版本都在本地计算机上。当多人协作时，多台计算机通过联网将各自的修改推送给对方，就可以看到对方的修改了。

1.1　使用 Git 实现版本控制

版本管理

Git 是一个分布式版本控制系统，其操作命令包括：clone、pull、push、branch、merge、rebase。Git 擅长的是实现程序代码的版本控制。

版本控制

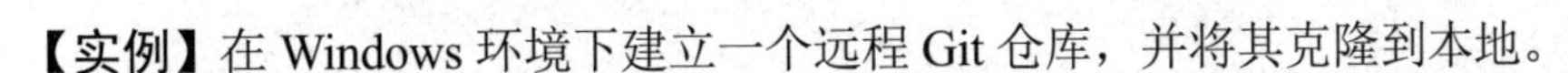

【实例】 在 Windows 环境下建立一个远程 Git 仓库，并将其克隆到本地。

1．问题分析

最常用的版本控制工具有 SVN 和 Git。SVN 是集中式版本控制系统，Git 是分布式版本控制系统。Git 有本地提交功能，其分支功能完善；SVN 只用于文件夹区分。Git 结构如图 1-1 所示。

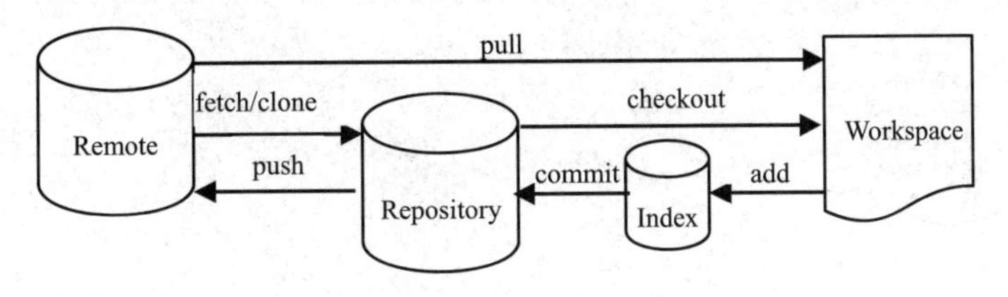

图 1-1　Git 结构

在大多数情况下，使用 Git 进行版本控制更方便。

为方便开发者共同使用，远程 Git 仓库一般建立在远程网络节点。这里为了实验，将远程 Git 仓库建立在本地。

2．实现方法

分别在相应的官网获取 Git 和 TortoiseGit 的软件安装程序。根据操作系统下载对应的 32 位或 64 位 TortoiseGit，还可以下载对应的中文版本。接下来按以下步骤完成基本安装。

（1）安装 Git。

（2）安装 TortoiseGit。

（3）安装 TortoiseGit-LanguagePack-x.x.x.x-64bit-zh_CN.msi。

（4）进入 D 盘，创建一个文件夹并将其命名为“git”，选中 git 文件夹并右击，在弹出的快捷菜单中选择“TortoiseGit”→“Settings”命令，如图 1-2 所示，并在弹出的对话框左侧选择“General”项目。

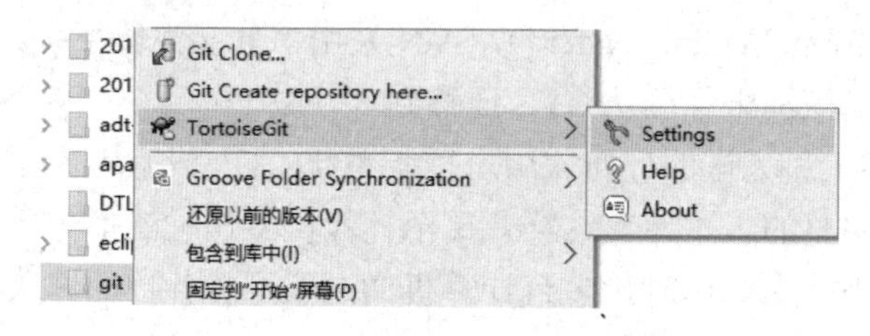

图 1-2　进入 TortoiseGit 设置

在对话框右侧“Language”下拉列表中更改“English”为“中文（简体）（中华人民共和国）”并单击“确定”按钮，即可将 TortoiseGit 设置为中文版本，如图 1-3 所示。

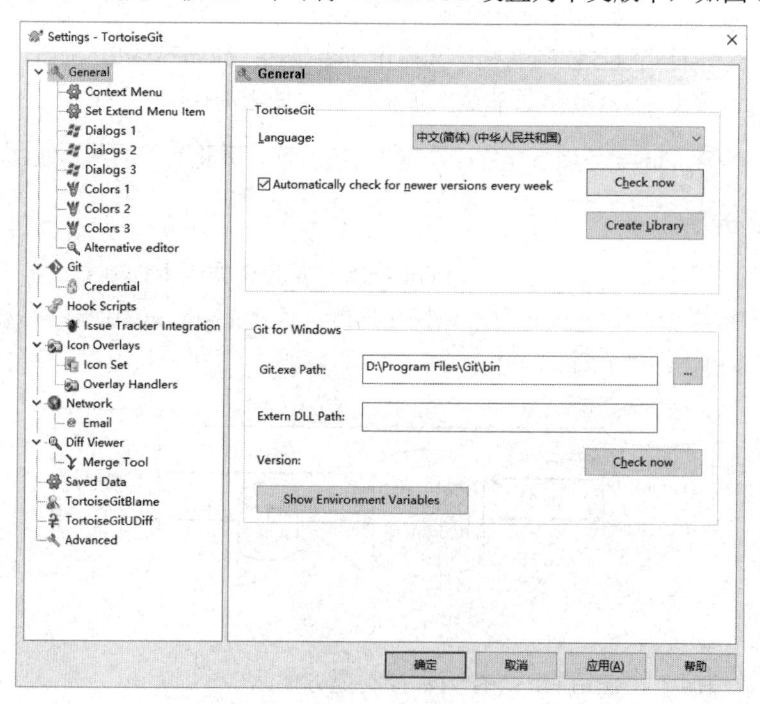

图 1-3　设置中文版本

3．实验过程

（1）设置用户信息。在对话框左侧选择“Git”选项，可以在对话框右侧设置 TortoiseGit 的名称和 Email 等用户信息，如图 1-4 所示。

图 1-4　设置用户信息

（2）生成 TortoiseGit 能使用的密钥，在主菜单中选择“开始”→“所有程序”→“TortoiseGit”→“Puttygen”命令，在弹出的对话框中单击“Generate”按钮生成密钥，如图 1-5 所示。

密钥的生成过程如图 1-6 所示。在此对话框处需要等待一下，生成密钥花费的时间比较长。注意，可以在空白处划动鼠标指针，这样可以加快密钥的生成速度。

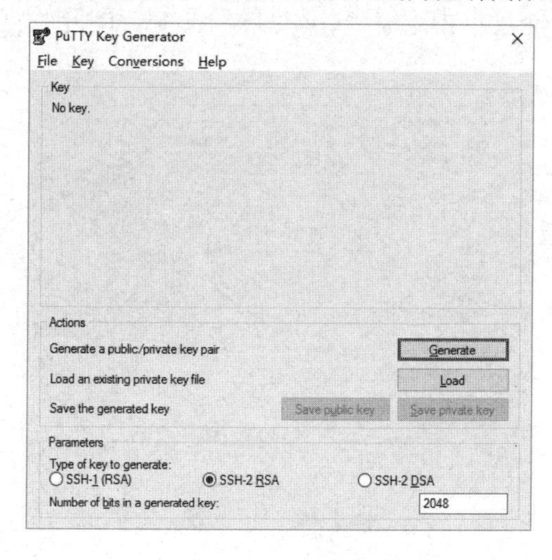

图 1-5　生成密钥

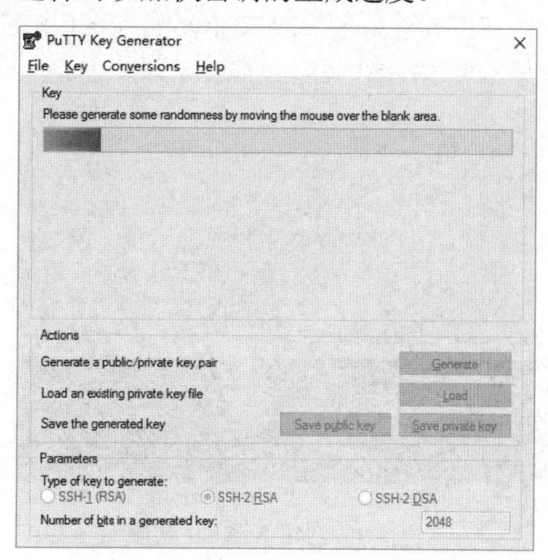

图 1-6　密钥的生成过程

密钥生成结束之后如图 1-7 所示。

大家可以注意到此处生成的是 SSH-2 RSA 类型的 2048bit 的密钥。这里生成密钥的类型和大小可以自行定义。在工作中，一般都使用这种类型的密钥。

还可以根据自己的需要修改备注信息，如图 1-8 所示。

图 1-7　密钥生成结束

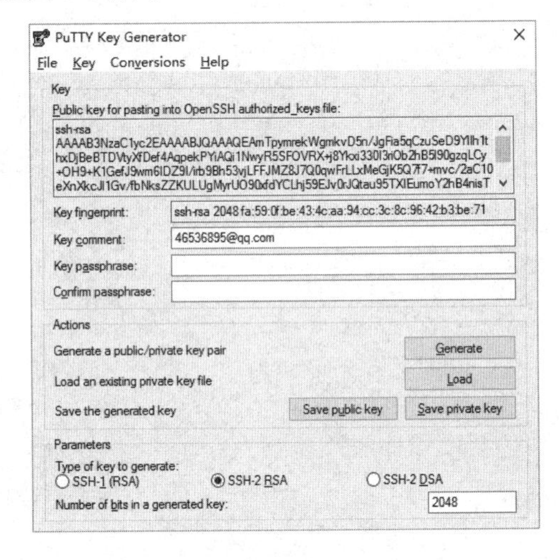

图 1-8　修改备注信息

这时就可以导出公钥与私钥了，建议把公钥复制并保存到一个 TXT 文本文件中。这里选择保存公钥的文件为 public.txt，保存私钥的文件为 id_rsa.ppk。

下次安装时就可以使用“Load”按钮装入，首先单击对话框中的“Load”按钮，然后选择之前生成的私钥文件，最后单击“Save private key”按钮保存。

（3）Git 克隆。接下来可以将指定的版本库克隆到指定工作目录。版本库一般是远程的仓库，为简化实验，下面将使用“git init”命令创建一个本地版的仓库。

使用“git init”命令可以把任何工作目录创建成一个本地 Git 仓库。例如，创建“gitrepos”项目为本地 Git 仓库，如图 1-9 所示。

右击创建好的文件夹 mydir，在弹出的快捷菜单中选择“Git 克隆”命令，即开始克隆版本库，如图 1-10 所示。

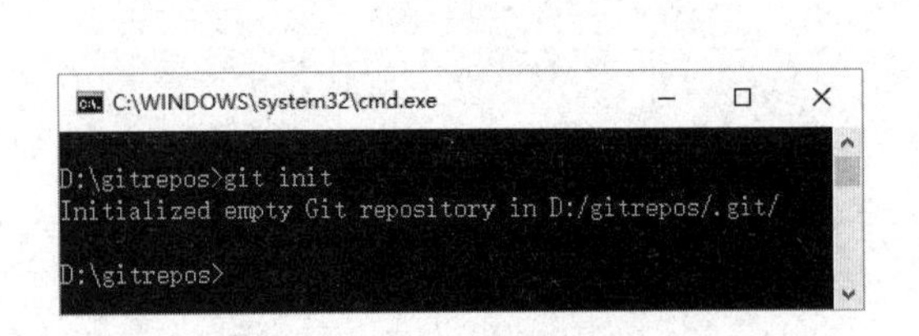

图 1-9　创建本地 Git 仓库

图 1-10　Git 克隆

出现如图 1-11 所示的界面，表示克隆成功。

在实际操作中，Git仓库一般是远程的，其URL填写格式为“ssh://用户名@服务器IP地址:端口(若不填写，则使用默认的22端口)/服务器绝对路径”，如“ssh://git@127.0.0.1/git;”可以加载putty密钥，单击选中刚才生成的id_rsa.ppk文件，并单击“确定”按钮，就开始复制数据了。

（4）在工作目录中，首先新建一个文件并命名为“update.sql”，文件内容可以随意填写，然后右击update.sql文件，在弹出的快捷菜单中选择“Git提交”→“推送”→“确定”命令，弹出的对话框如图1-12所示，在对话框中进行设置将文件推送到Git服务器。

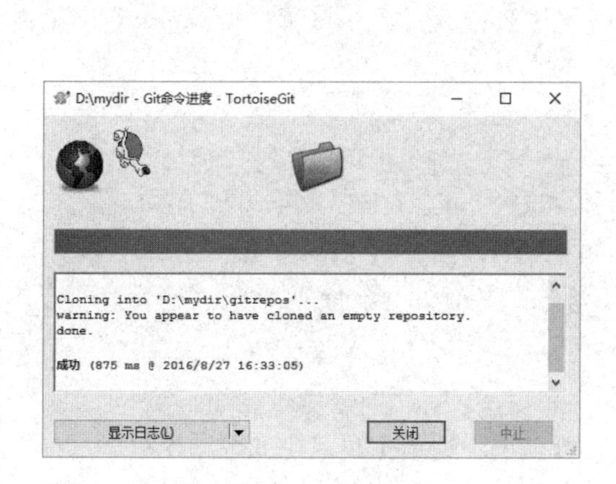

图1-11 克隆成功

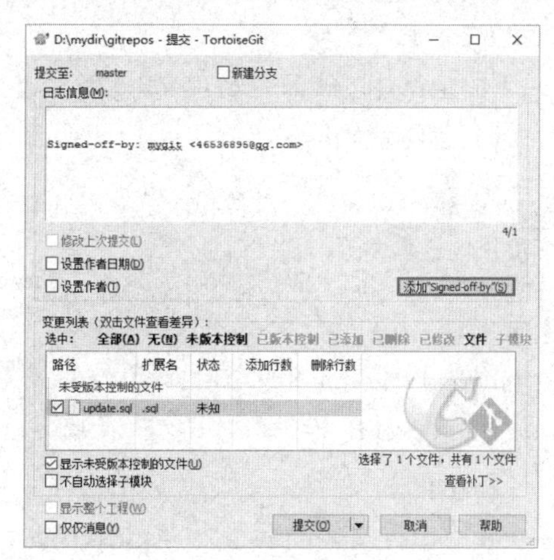

图1-12 将文件推送到Git服务器

注意

- 在推送文件时一般需要写明标注文字，否则会提示异常。例如，在“git commit”命令后面加标注文字，代码如下。

```
$git commit -m "hello,i will commit "
```

- 在推送时被拒绝并提示“[remote rejected] master -> master (branch is currently checked out)”。这是由于Git默认拒绝了push操作，需要进行设置，修改Git的设置文件.git/config添加如下代码。

```
[receive]
denyCurrentBranch = ignore
```

一旦推送成功，表明update.sql文件已经上传到Git了。

到这里，Git仓库已经搭建完成，其实并不很困难，关键是Git仓库后期的使用和维护。

4. 技术分析

1）Git与SVN的区别

Git和SVN都有提交、合并等操作功能，这是源代码管理工具的基本操作功能。它们的主要区别有以下几点。

（1）Git 是分布式的，SVN 是集中式的。Git 的好处是在使用时，单个计算机上编写的代码与其他计算机上编写的代码不会有太多的冲突。用户编写的代码放在用户本地计算机上，可以在一段时间后联网提交、合并，也可以不联网在本地提交。

（2）在下载、安装 Git 后，在本地不需要联网就可以看到所有的日志，方便用户学习；而在下载、安装 SVN 后，需要联网才能看到所有的日志。

（3）SVN 在 commit 前，建议先执行 update，需要确保本地的代码编译没问题，并确保所开发的功能正常，否则容易发生一些错误。而在使用 Git 时，这种情况较少出现。

2）Git 命令大全

下面是常用 Git 命令清单。

（1）新建代码库。

```
# 在当前目录新建一个 Git 代码库
$ git init
# 新建一个目录，将其初始化为 Git 代码库
$ git init [project-name]
# 下载一个项目和它的整个代码历史
$ git clone [url]
```

（2）配置。

Git 的设置文件的后缀为“.gitconfig”，它可以位于用户主目录中（全局配置），也可以位于项目目录中（项目配置）。

```
# 显示当前的 Git 配置
$ git config --list
# 编辑 Git 配置文件
$ git config -e [--global]
# 设置提交代码时的用户信息
$ git config [--global] user.name "[name]"
$ git config [--global] user.email "[email address]"
```

修改当前项目的用户名的命令如下。

```
> git config user.name 目标用户名;
```

修改当前项目的电子邮箱名的命令如下。

```
> git config user.email 目标电子邮箱名;
```

如果要修改当前全局的用户名和电子邮箱名，则需要在上面的两条命令中添加一个参数“--global”，其代表的是全局。

命令分别如下。

```
> git config  --global user.name 目标用户名;
> git config  --global user.email 目标邮箱名;
```

（3）添加/删除文件。

```
# 添加指定文件到暂存区
$ git add [file1] [file2] …
# 添加指定目录到暂存区，包括子目录
$ git add [dir]
# 添加当前目录的所有文件到暂存区
$ git add .
# 在每次操作前都要求确认
# 对于同一个文件的多次操作导致的变更信息，可以实现分次提交
$ git add -p
# 删除工作区文件，并且将此次删除的文件放入暂存区
$ git rm [file1] [file2] …
# 停止追踪指定文件，但该文件会保留在工作区
$ git rm --cached [file]
# 为文件改名，并且将这个改名的文件放入暂存区
$ git mv [file-original] [file-renamed]
```

（4）提交文件。

```
# 提交暂存区到仓库区
$ git commit -m [message]
# 提交暂存区的指定文件到仓库区
$ git commit [file1] [file2] … -m [message]
# 提交工作区自上次 commit 至目前的变更信息到仓库区
$ git commit -a
# 在提交时显示所有的差异信息
$ git commit -v
# 进行一次新的 commit，代替上一次 commit
# 如果文件没有任何新变化，则此次 commit 是为改写上一次 commit 的信息
$ git commit --amend -m [message]
# 重复进行 commit，并提交指定文件新的变更信息
$ git commit --amend [file1] [file2] …
```

（5）分支。

```
# 列出所有本地分支
$ git branch
# 列出所有远程分支
$ git branch -r
# 列出所有本地分支和远程分支
$ git branch -a
# 新建一个分支，但依然停留在当前分支
$ git branch [branch-name]
# 新建一个分支，并切换到该新建分支
```

```
$ git checkout -b [branch]
git checkout -b appoint_box(别名) origin/feature/20181128_1491627_appoint_box_1(分支名)
# 新建一个分支，用于指向指定 commit
$ git branch [branch] [commit]
# 新建一个分支，用于与指定的远程分支建立追踪关系
$ git branch --track [branch] [remote-branch]
# 切换到指定分支，并更新工作区
$ git checkout [branch-name]
# 切换到上一个分支
$ git checkout -
# 在当前分支与指定的远程分支建立追踪关系
$ git branch --set-upstream-to=[remote-branch]
```

例如，下面的命令：

```
$ git branch --set-upstream-to=origin/develop
```

将当前分支与远程分支 develop 建立追踪关系。

```
# 合并指定分支到当前分支
$ git merge [branch]
# 进行一次 commit，合并当前分支
$ git cherry-pick [commit]
# 删除分支
$ git branch -d [branch-name]
# 删除远程分支
$ git push origin --delete [branch-name]
$ git branch -dr [remote/branch]
```

（6）标签（tag）。

```
# 列出所有 tag
$ git tag
# 在当前 commit 新建一个 tag
$ git tag [tag]
# 在指定 commit 新建一个 tag
$ git tag [tag] [commit]
# 删除本地 tag
$ git tag -d [tag]
# 删除远程 tag
$ git push origin :refs/tags/[tagName]
# 查看 tag 信息
$ git show [tag]
# 提交指定 tag
$ git push [remote] [tag]
```

```
# 提交所有 tag
$ git push [remote] --tags
# 新建一个分支，指向某个 tag
$ git checkout -b [branch] [tag]
```

（7）查看信息。

```
# 显示有变更的文件
$ git status
# 显示当前文件的版本历史
$ git log
# 显示 commit 历史，以及每次 commit 后发生变更的文件
$ git log --stat
# 根据关键词搜索提交历史
$ git log -S [keyword]
# 显示某次 commit 之后的所有变更信息
$ git log [tag] HEAD --pretty=format:%s
# 显示某次 commit 之后的所有变更信息，其"提交说明"必须符合搜索条件
$ git log [tag] HEAD --grep feature
# 显示某个文件的版本历史，包括文件改名
$ git log --follow [file]
$ git whatchanged [file]
# 显示指定文件相关的每一条变更信息
$ git log -p [file]
# 显示过去 5 次的提交
$ git log -5 --pretty --oneline
# 按提交次数排序，显示所有提交过的用户
$ git shortlog -sn
# 显示指定文件被什么人在什么时间修改过
$ git blame [file]
# 显示暂存区与工作区的代码的差异
$ git diff
# 显示暂存区与上一次 commit 前的差异
$ git diff --cached [file]
# 显示工作区与当前分支最新 commit 前的差异
$ git diff HEAD
# 显示两次提交之间的差异
$ git diff [first-branch]…[second-branch]
# 显示今天添加了多少行代码
$ git diff --shortstat "@{0 day ago}"
# 显示某次提交的元数据和内容变化
$ git show [commit]
# 显示某次提交发生变化的文件
$ git show --name-only [commit]
```

```
# 显示在某次提交时，某个文件的内容
$ git show [commit]:[filename]
# 显示当前分支的最近几次提交
$ git reflog
可以得到 commit id
# 从本地 master 分支拉取代码来更新当前分支，一般为 master 分支
$ git rebase [branch]
```

（8）远程同步。

```
# 更新远程仓库
$ git remote update
# 下载远程仓库的所有变动
$ git fetch [remote]
# 显示所有远程仓库
$ git remote -v
# 显示某个远程仓库的信息
$ git remote show [remote]
# 添加一个新的远程仓库，并命名
$ git remote add [shortname] [url]
# 取回远程仓库的变化，并与本地分支合并
$ git pull [remote] [branch]
# 上传本地指定的分支到远程仓库
$ git push [remote] [branch]
# 强行推送当前分支到远程仓库，即使有冲突
$ git push [remote] --force
# 推送所有分支到远程仓库
$ git push [remote] --all
```

（9）撤销。

```
# 恢复暂存区的指定文件到工作区
$ git checkout [file]
# 恢复某个 commit 的指定文件到暂存区和工作区
$ git checkout [commit] [file]
# 恢复暂存区的所有文件到工作区
$ git checkout .
# 重置暂存区的指定文件，与上一次 commit 保持一致，但工作区不变
$ git reset [file]
# 重置暂存区与工作区，与上一次 commit 保持一致
$ git reset --hard
# 重置当前分支的指针为指定 commit，同时重置暂存区，但工作区不变
$ git reset [commit]
# 重置当前分支的 HEAD 为指定 commit，同时重置暂存区和工作区，与指定 commit 保持一致
$ git reset --hard [commit]
```

```
# 重置指定 commit 为当前 HEAD，但暂存区和工作区不变
$ git reset --keep [commit]
# 新建一个 commit，用于撤销指定 commit
# 后者的所有变化都将被前者抵消，并且应用到当前分支
$ git revert [commit]
# 暂时将未提交的变化撤销，稍后再移入
$ git stash
$ git stash pop
```

（10）其他。

```
# 生成一个可供发布的压缩包
$ git archive
```

以上是 Git 常用的命令，如果要上传本地项目到远程仓库，一般需要如下过程。

（1）（首先进入项目文件夹）使用“git init”命令把这个目录变成 Git 可以管理的仓库。

```
git init
```

（2）使用“git add.”命令将文件添加到暂存区，不要忘记后面的小数点“.”，意为添加文件夹中的所有文件。

```
git add .
```

（3）使用“git commit”命令将文件上传到仓库。单引号内的内容为上传说明。

```
git commit -m 'first commit'
```

（4）关联到远程仓库。

```
git remote add origin 远程仓库地址
```

例如，如下代码可以关联到远程仓库。

```
git remote add origin https://github.com/githubusername/demo.git
```

（5）获取远程仓库与本地仓库同步合并（如果远程仓库不为空，则必须进行这一操作，否则后面的上传操作会失败）。

```
git pull --rebase origin master
```

（6）把本地仓库的内容推送到远程仓库，可以使用“git push”命令，实际上是把当前分支 master 推送到远程仓库。

```
git push -u origin master
```

执行此命令后会要求输入用户名、密码，验证通过后即开始上传。

（7）状态查询命令。

```
git status
```

5．问题与思考

（1）如何在 Windows 系统或 Linux 系统中搭建 Git 开发环境？

（2）请读者登录 github.com 或 gitee.com，注册一个账号，体验与其他用户共同维护一个仓库的过程。

1.2 使用 Ant 实现项目的自动构建和部署

Ant 是一个 Apache 软件基金会下的跨平台的构建工具，它可以实现项目的自动构建和部署等功能。本节主要讲解如何将 Ant 应用到 Java 项目中，简化构建和部署操作。

使用 Ant 实现项目的自动构建和部署

【实例】 使用 Ant 的 Javac 任务来编译 Java 程序。

1．分析与设计

Ant 构建文件是 XML 文件，在 Ant 中默认的是 build.xml 文件，也可以在 Ant 执行时指定构建文件。

每个构建文件定义一个唯一的项目（project 元素）。每个项目可以定义很多目标（任务组元素），这些目标之间可以有依赖关系。当执行这类目标时，需要执行其所依赖的目标。

每个目标中可以定义多个任务，目标中还可以定义需要执行的任务序列。Ant 在构建目标时必须调用定义的任务，该任务定义了 Ant 实际执行的命令。构建文件结构如下。

```
<project default="dist" basedir=".">
        <property/>                 全局变量的定义
        <property/>…
        <target name="1">           任务组(target)
            <javac></javac>         一项 Javac 任务
            …
            <oneTask></ontTask> 一项其他任务
        </target>
        <target name="2">
            <javac></javac>
            …
            <oneTask></ontTask>
        </target>
</project>
```

其中，project 表示一个项目，default 表示运行到名称为“dist”的 target，basedir 表示基准路径。

Ant 的 Javac 任务用于实现编译 Java 程序的功能。

2. 编译实现

对 src 目录中的文件进行编译，其结果保存在目录 build/classes 中，语句如下。

```
<javac srcdir="src"destdir="build/classes"/>
```

3. 源代码

build.xml 文件的内容如下。

```
<?xml version="1.0"?>
<project name="myAnt" default="compile" basedir="../../myworkspace">
    <target name="clean">
       <delete dir="build"/>
    </target>
    <target name="compile" depends="clean">
       <mkdir dir="build/classes"/>
       <javac srcdir="src" destdir="build/classes"/>
    </target>
</project>
```

4. 测试与运行

1）控制台方式测试

软件的下载地址为 http://ant.apache.org/，在本书中下载的是 apache-ant-1.8.1-bin.zip 版本。将下载的压缩包文件解压缩到某个目录（如 D:\apache-ant-1.8.1），即可使用。

添加系统环境变量 ANT_HOME，该变量指向 Ant 压缩包文件解压缩后的根目录，此处的根目录为 D:\apache-ant-1.8.1，并确保 JAVA_HOME 指向 JDK 的安装目录。

在安装与配置 Ant 完毕后，可以测试 Ant 是否可用。进入 Ant 的 bin 目录，运行“ant –version”命令，如果安装和配置成功，则会显示 Ant 版本信息，如图 1-13 所示。

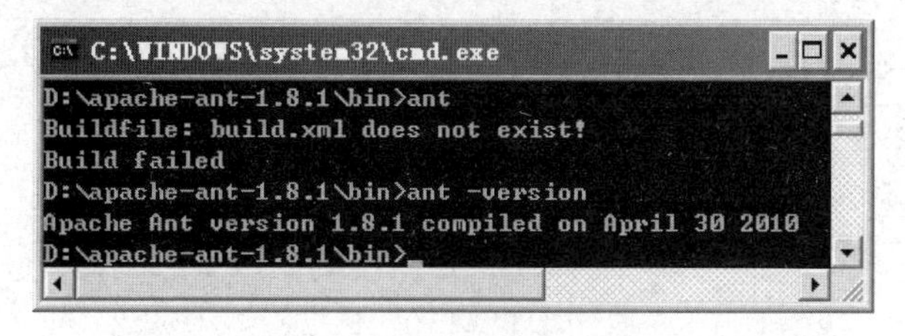

图 1-13　测试 Ant 是否可用

build.xml 文件保存在 D:\apache-ant-1.8.1\bin 目录中，该文件定义工作目录是../../myworkspace，实际就是 D:\myworkspace。创建 src 目录，在 src 目录中创建 HelloWorld.java 这个类文件，该类文件的内容如下。

```
public class HelloWorld {
  public static void main(String[] args) {
```

```
        System.out.println("Hello,Ant");
    }
}
```

构建文件 build.xml 定义了 clean 和 complie 两个目标，clean 目标用于删除 build 目录；compile 目标用于将 src 目录中后缀为“.java”的文件编译成后缀为“.class”的文件（俗称.java 文件，.class 文件），并保存在 build/classes 目录中。compile 目标依赖 clean 目标，因此执行 compile 目标也会执行 clean 目标，运行结果如图 1-14 所示。

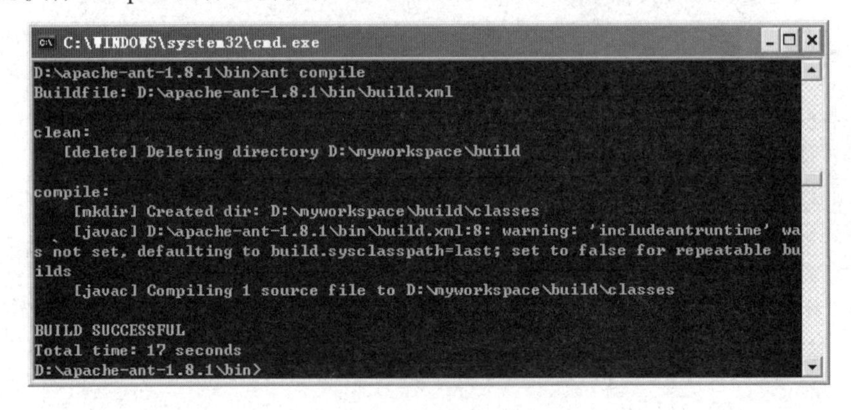

图 1-14　运行结果

在编译前，需要清除 classes 目录。运行后可在项目中看到新增了 build/classes 目录，并在该目录中生成了编译后的 HelloWorld.class 文件。

2）IDE 环境测试

新建项目 app，在 src 目录中创建源程序文件 HelloWorld.java。在项目中创建 build 目录，在 src 目录中创建 build.xml 文件。

```
<?xml version="1.0"?>
<project name="myAnt" default="compile" basedir="../">
    <target name="clean">
        <delete dir="build"/>
    </target>
    <target name="compile" depends="clean">
        <mkdir dir="build/classes"/>
        <javac srcdir="src" destdir="build/classes"/>
    </target>
</project>
```

注意

请注意这里的 basedir 和控制台方式的区别。

在主菜单中选择“Window”→“Show View”→“Ant”命令，打开 IDE 的 Ant 视图界面，如图 1-15 所示。

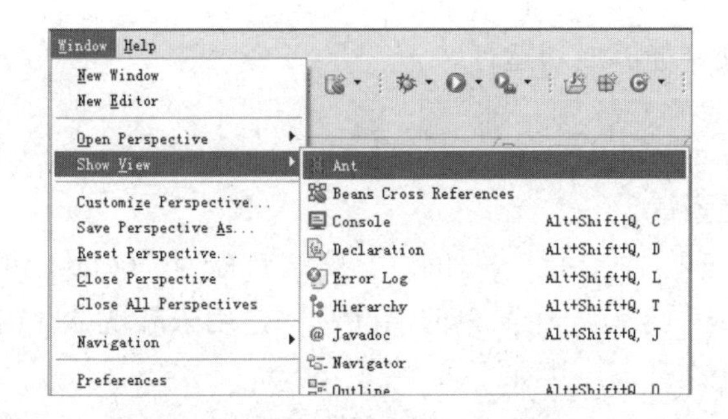

图 1-15　打开 IDE 的 Ant 视图界面

右击 Ant 视图界面，在弹出的快捷菜单中选择“Add Buildfiles...”命令，添加 Buildfiles，如图 1-16 所示。

选择 build.xml 文件，如图 1-17 所示。

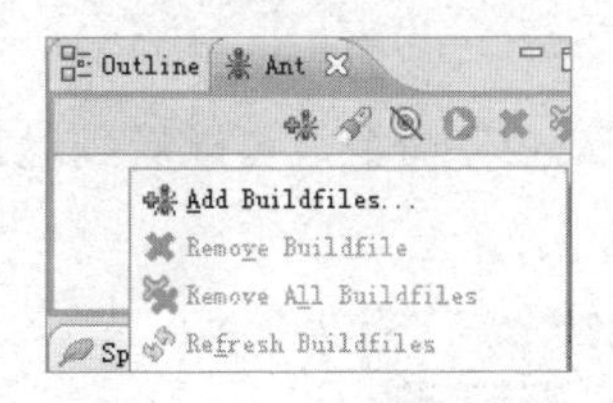

图 1-16　添加 Buildfiles

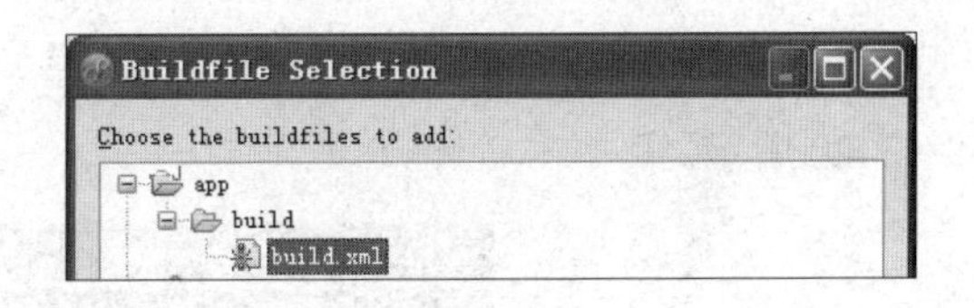

图 1-17　选择 build.xml 文件

在 Ant 视图界面中右击“Ant”项目，在弹出的快捷菜单中选择“Run As”→“Ant Build”命令，运行 build.xml 文件，如图 1-18 所示。

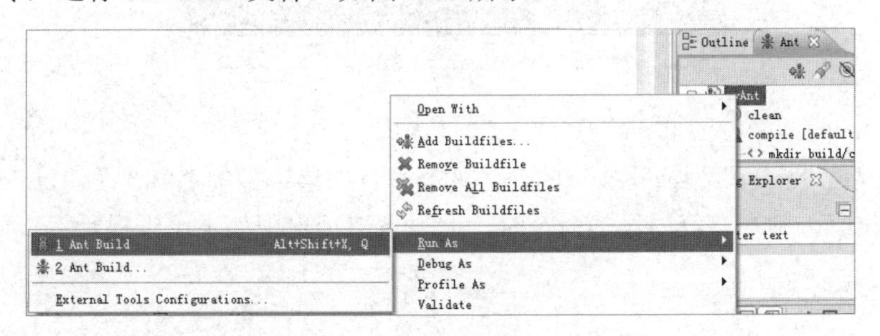

图 1-18　运行 build.xml 文件

IDE 中 Ant 运行结果如图 1-19 所示。

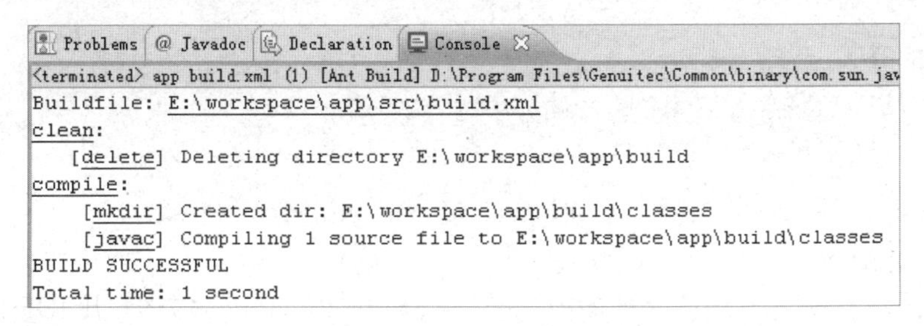

图 1-19　IDE 中 Ant 运行结果

表明 build.xml 文件能够成功运行。

5. 技术分析

1）Ant 的关键元素

Ant 的构建文件是基于 XML 编写的，其默认名称为“build.xml”。为了让同学们更清楚地了解 Ant，在这里编写一个简单的 Ant 程序，用来展现 Ant 的功能。首先在 E 盘中创建一个 build.xml 文件，内容如下。

```
<?xml version="1.0"?>
<project name="myAnt">
    <target name="myTarget">
        <echo message="Hello, my target"/>
    </target>
</project>
```

然后进入 D:\apache-ant-1.8.1\bin，运行“ant myTarget”命令，可以看到运行结果如图 1-20 所示。

图 1-20　运行“ant myTarget”命令的结果

其中，“myTarget”为需要执行的任务的名称。如果任务的名称不为“build.xml”，而为“hello.xml”，则在运行同样的命令时，命令窗口会出现如下错误提示。

```
Buildfile: build.xml does not exist!
Build failed
```

因为 Ant 命令默认执行的是 build.xml 文件，如果任务名称为“hello.xml”，则还需要将命令改为如下的形式。

```
ant -f hello.xml myTarget
ant -buildfile hello.xml myTarget
ant -file hello.xml myTarget
```

接下来将介绍 Ant 的关键元素 project、target、property 和 task。

（1）project 元素。

project 元素是 Ant 构建文件的根元素，Ant 构建文件至少应该包含一个 project 元素，否则会发生错误。在每个 project 元素中，可包含多个 target 元素。build.xml 文件的 project 元素有以下 3 个属性。

- name 属性用来指定任务的名称。
- basedir 属性用来指定任务的路径，设置为“.”表示任务的路径为 build.xml 文件所在的文件夹。
- default 属性必须是给定的属性，用来指定任务默认的 target 元素。如果在运行 Ant 命令时不指定参数（即 target），则使用 default 属性指定的 target。

下面使用一个简单的例子来展示 project 元素各属性的使用方法。修改 E:\build.xml 文件的内容如下。

```
<?xml version="1.0"?>
<project name="projectStudy" default="sayBaseDir" basedir="E:\apache-
ant-1.7.0">
    <target name="sayBaseDir">
        <echo message="The base dir is: ${basedir}"/>
    </target>
</project>
```

从上面的内容可以看出，在文件中定义了 default 属性的值为 sayBaseDir，即当运行 Ant 命令时，如果未指定 target，则默认执行的 target 元素的属性值为 sayBaseDir；同时还定义了 basedir 属性的值为 E:\apache-ant-1.7.0，在进入 E 盘后运行 Ant 命令，可以看到运行命令的结果，如图 1-21 所示。

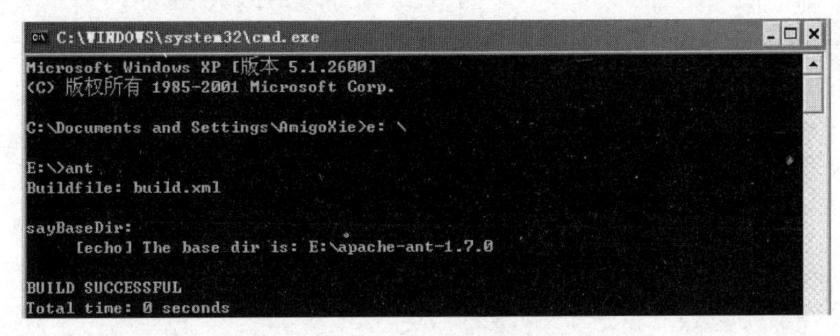

图 1-21　Ant 中运行命令的结果

因为在文件中设置了 basedir 属性的值，所以运行结果中 basedir 属性的值是文件中设置的值。我们可以先自行将 project 元素的 basedir 属性去掉，再运行 Ant 命令并查看运行结果，可以发现此时 basedir 属性的值变成了 E:\，即 Ant 构建文件的父路径。

有的时候，需要得到某个 project 中所有的 target 的名称。可以通过在 Ant 命令里加上“-proecthelp”。例如，针对上述的例子运行“ant–projecthelp”命令，输出结果如下。

```
Buildfile: build.xml

Main targets:

Other targets:
```

```
 sayBaseDir
Default target: sayBaseDir
```

（2）target 元素。

target 元素为 Ant 的基本执行单元，可以包含一个或多个具体的任务。多个 target 元素可以存在相互依赖的关系。它有如下属性。

- name 属性：用于指定 target 元素的名称，这个属性在一个 project 元素中是唯一的。可以通过指定 target 元素的名称来指定某个 target。
- depends 属性：用于描述 target 元素之间的依赖关系，若与多个 target 存在依赖关系，则需要以“,”间隔。Ant 会依照 depends 属性中 target 出现的顺序依次执行每个 target。被依赖的 target 会先被执行。
- if 属性：用于验证指定的属性是否存在，若不存在，则所在 target 不会被执行。
- unless 属性：该属性的功能与 if 属性的功能正好相反，它也用于验证指定的属性是否存在，若不存在，则所在 target 会被执行。
- description 属性：该属性是关于 target 功能的简短描述和说明。

以下为综合使用 target 元素属性的例子。修改 E:\build.xml 文件，内容如下。

```
<?xml version="1.0"?>
<project name="targetStudy">
    <target name="targetA" if="ant.java.version">
        <echo message="Java Version: ${ant.java.version}"/>
    </target>
    <target name="targetB" depends="targetA" unless="amigo">
        <description>
            a depend example!
        </description>
        <echo message="The base dir is: ${basedir}"/>
    </target>
</project>
```

在进入 E 盘后运行“ant targetB”命令，可看到如图 1-22 所示的运行结果。

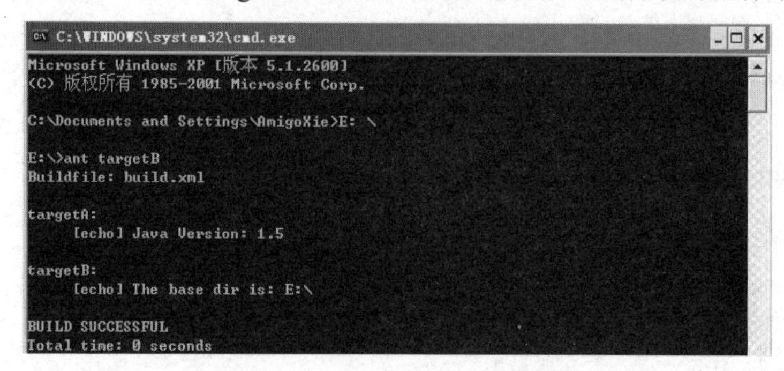

图 1-22　运行“ant targetB”命令的结果

分析运行结果可以看到，运行的是名为“targetB”的 target 元素，因为 targetB 依赖于 targetA，所以 targetA 首先被执行；同时因为系统安装了 Java 环境，所以 ant.java.version 属性存在，执行 targetA 后输出信息：[echo] Java Version: 1.5。当 targetA 执行完毕后，接着执行 targetB，因为 amigo 不存在，而 unless 属性用于在指定的属性不存在时，执行所在的 target，所以 targetB 被执行，并输出信息：The base dir is: E:\。

（3）property 元素。

property 元素可看作参量或参数的定义，project 的属性可以通过 property 元素来设定，也可以在 Ant 之外设定。若要从外部引入某个文件来设定 property，如 build.properties 文件，则可以通过如下命令将其引入。

```
<property file=" build.properties"/>
```

property 元素可用作任务的属性值。在任务中可通过将属性名放在“${”和“}”之间，并放在任务属性值的位置来实现。

Ant 提供了一些内置的属性，该属性与使用 Java 文档中 System.getPropertis()方法得到的属性一致，这些系统属性可参考 SUN 公司官网的说明。

同时，Ant 还可以提供一些自己的内置属性，如下。

- basedir 属性：用于表示 project 元素根目录的绝对路径，该属性在介绍 project 元素时已经详细说明，不再赘述。
- ant.file 属性：用于表示 buildfile 的绝对路径，在以上几个例子中，ant.file 属性的值为 E:\build.xml。
- ant.version 属性：用于表示 Ant 的版本，其属性值为 1.7.0。
- ant.project.name 属性：用于表示当前指定的 project 的名称，即 project 的 name 属性的值。
- ant.java.version 属性：用于表示 Ant 检测到的 JDK 的版本，在以上例子的运行结果中可看到 JDK 的版本号为 1.5。

以下为 property 元素使用的简单例子。修改 E:\build.xml 文件，内容如下。

```
<?xml version="1.0"?>
<project name="propertyStudy" default="example">
   <property name="name" value="amigo"/>
   <property name="age" value="25"/>

<target name="example">
      <echo message="name: ${name}, age: ${age}"/>
   </target>
</project>
```

以上代码的运行结果可以输出属性值，如图 1-23 所示。

由此可以看出，通过如下两个语句，分别设置了名为“name”和“age”的两个属性，在这两个属性设置后，可以通过“${name}”命令和“${age}”命令分别获取这两个属性的值。

```
<property name="name" value="amigo"/>
<property name="age" value="25"/>
```

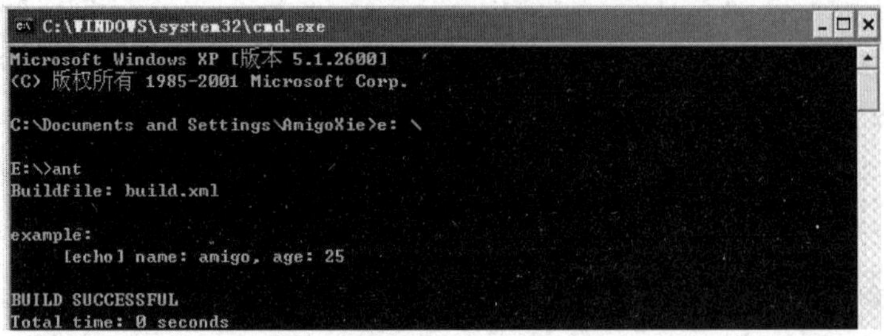

```
C:\WINDOWS\system32\cmd.exe
Microsoft Windows XP [版本 5.1.2600]
(C) 版权所有 1985-2001 Microsoft Corp.

C:\Documents and Settings\AmigoXie>e:

E:\>ant
Buildfile: build.xml

example:
     [echo] name: amigo, age: 25

BUILD SUCCESSFUL
Total time: 0 seconds
```

图 1-23　输出属性值

（4）path 元素和 classpath 元素。

使用 Ant 编译、运行 Java 文件，常常需要引用第三方的 JAR 包，这就需要使用 classpath 元素了。path 元素和 classpath 元素都可以用于定义文件和路径集，区别是 classpath 元素通常作为其他任务的子元素，用于指定第三方类库、资源文件的搜索路径；而 path 元素则作为 project 元素的子元素，用于指定一个独立的、有名称的文件和目录集，可以被引用。

提示

因为 path 元素和 classpath 元素都可以用于文件和目录集，所以也把 path 元素和 classpath 元素定义的内容称为似目录结构（Path-like Structures）。

path 元素和 classpath 元素都可以用于收集系列的文件和目录集，这两个元素都可以接收如下子元素。

- pathelement 元素：用于指定一个或多个目录。
- dirset 元素：采用模式字符串的方式指定系列目录。
- fileset 元素：采用模式字符串的方式指定系列文件。
- filelist 元素：采用直接列出系列文件名的方式指定系列文件。

pathelement 元素可以用于指定一个或多个目录，还可以用于指定如下两个属性中的一个。

- path 属性：用于指定一个或多个目录（或 JAR 文件）。多个目录或 JAR 文件之间以英文冒号“:”或英文分号“;”分开。
- location 属性：用于指定一个目录和 JAR 文件。

提示

因为 JAR 文件还可以包含更多层次的文件结构，所以 JAR 文件实际上可以看成一个文件路径。

2）Ant的常用任务

在Ant中每个任务都封装了具体要执行的功能，是Ant的基本执行单位。下面将主要介绍Ant的常用任务及其使用举例。表1-1所示为Ant的常用任务。

表1-1 Ant的常用任务

Ant任务	描述
property	设置name/value的属性
mkdir	创建目录
copy	复制文件或文件夹
delete	删除文件或文件夹
javac	编译Java源文件
war	为Web应用打包
javadoc	为Java源文件创建JavaDoc文档
move	移动文件或目录
echo	根据日志或监控器的级别输出信息

（1）copy任务。

该任务主要用于对文件和目录进行复制。

例如，复制单个文件，代码如下。

```
<copy file="file.txt" tofile="copy.txt"/>
```

例如，对文件目录进行复制，代码如下。

```
   <copy todir="../newdir/dest_dir">
          <fileset dir="src_dir"/>
    </copy>
```

例如，将文件复制到另外的目录，代码如下。

```
<copy file="file.txt" todir="../other/dir"/>
```

（2）delete任务。

该任务主要用于对文件或目录进行删除。

例如，删除某个文件，代码如下。

```
<delete file="photo/amigo.jpg"/>
```

例如，删除某个目录，代码如下。

```
<delete dir="photo"/>
```

例如，删除所有的备份目录或空目录，代码如下。

```
       <delete includeEmptyDirs="true">
             <fileset dir="." includes="**/*.bak"/>
       </delete>
```

（3）mkdir 任务。

该任务主要用于创建目录，代码如下。

```
<mkdir dir="build"/>
```

（4）move 任务。

该任务主要用于移动文件或目录。

例如，移动单个文件，代码如下。

```
<move file="fromfile" tofile="tofile"/>
```

例如，移动单个文件到另一个目录，代码如下。

```
<move file="fromfile" todir="movedir"/>
```

例如，移动某个目录到另一个目录，代码如下。

```
        <move todir="newdir">
              <fileset dir="olddir"/>
        </move>
```

（5）echo 任务。

该任务主要用于根据日志或监控器的级别输出信息。它包括 message、file、append 和 level 4 个属性，message 表示发送的消息；file 表示写入消息的文件；append 表示是否追加到已经存在的文件，默认为 false；level 表示控制消息的级别，如 error、warning 等，默认为 warning。示例代码如下。

```
<echo message="Hello,Amigo" file="logs/system.log" append="true">
```

Ant 可以代替使用 Javac、Java 和 Jar 等命令来执行 Java 操作，从而达到轻松构建和部署 Java 工程的目的。下面将介绍几个例子。

例 1-1 使用 Ant 的 Java 任务运行 Java 程序。

Ant 中可以使用 Java 任务实现运行 Java 程序的功能。修改后的 build.xml 文件的内容如下。

```
<?xml version="1.0"?>
<projectname="javaTest" default="jar" basedir=".">
   <target name="clean">
      <delete dir="build"/>
   </target>

   <target name="compile" depends="clean">
      <mkdir dir="build/classes"/>
      <javac srcdir="src"destdir="build/classes"/>
   </target>
```

```
    <target name="run" depends="compile">
        <java classname="HelloWorld">
            <classpath>
                <pathelement path="build/classes"/>
            </classpath>
        </java>
    </target>
</project>
```

运行该build.xml文件，可在控制台看到HelloWorld的main()方法的输出。

例1-2 使用Ant的jar任务生成JAR文件。

在例1-1的基础上生成JAR包，可以建立一个依赖于run的名称为“jar”的target。参考如下target的代码。

```
<target name="jar" depends="run">
    <jar destfile="helloworld.jar" basedir="build/classes">
        <manifest>
            <attribute name="Main-class" value="HelloWorld"/>
        </manifest>
    </jar>
</target>
```

此时将project的default属性设置为“jar”，同时运行该build.xml文件。运行完毕后，可以看到在项目目录下生成了一个JAR包HelloWorld.jar。

例1-3 使用Ant的WAR任务打包J2EE Web项目。

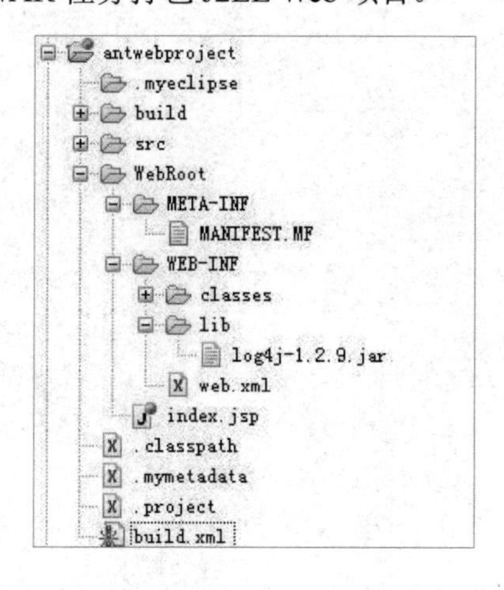

图1-24 J2EE Web项目目录结构

创建一个J2EE Web项目，其目录结构如图1-24所示。

其中，src为源代码目录，WebRoot为各Java服务器页面（Java Server Pages，JSP）存放目录，lib为项目的包目录。在antwebproject项目目录中创建了build.xml文件，该文件为该项目的Ant构建文件。我们可以在src目录中放入例1-1中开发的HelloWorld.java文件，并在 WebRoot 目录中建立 index.jsp 文件，其内容很简单，就是输出 Hello 信息，代码如下。

```
<%@ page language="java" contentType="text/html"; charset="UTF-8" pageEncoding=
"UTF-8"%>
<!DOCTYPE html PUBLIC "-//W3C//DTD HTML 4.01 Transitional//EN" "http://
www.w3.org/TR/html4/loose.dtd">
<html>
    <head>
        <meta http-equiv="Content-Type" content="text/html"; charset="ISO-
8859-1">
        <title>ant 打包测试</title>
    </head>
    <body>
        Hello,Ant
    </body>
</html>
```

接下来编写 build.xml 文件，其内容如下。

```
<?xml version="1.0"?>
<project name="antwebproject" default="war" basedir=".">
    <property name="classes" value="build/classes"/>
    <property name="build" value="build"/>
    <property name="lib" value="WebRoot/WEB-INF/lib"/>

    <!-- 删除 build 目录-->
    <target name="clean">
        <delete dir="build"/>
    </target>

    <!-- 建立 build/classes 目录，并编译 class 文件到 build/classes 目录中-->
    <target name="compile" depends="clean">
        <mkdir dir="${classes}"/>
        <javac srcdir="src" destdir="${classes}"/>
    </target>

    <!-- 生成 WAR 包-->
    <target name="war" depends="compile">
        <war  destfile="${build}/antwebproject.war"  webxml="WebRoot/WEB-
```

```
INF/web.xml">
            <!-- 复制WebRoot目录中除了WEB-INF和META-INF的两个文件夹-->
            <fileset dir="WebRoot" includes="**/*.jsp"/>

            <!-- 复制lib目录中的JAR包-->
            <lib dir="${lib}"/>

            <!-- 复制build/classes目录中的class文件-->
            <classes dir="${classes}"/>
        </war>
    </target>
</project>
```

各target元素的作用已经进行了说明，在此不再赘述。运行该build.xml文件，更新目录后，可看到在build目录中生成了antwebproject.war文件，解压缩文件后可看到其目录结构如下。

```
--META-INF
    --MANIFEST.MF
--index.jsp
--WEB-INF
    --lib
          --log4j-1.2.9.jar
    --classes
          --HelloWorld.class
    --web.xml
```

可以将该WAR包复制到Tomcat的目录中并观察其运行结果。

6. 问题与思考

运行如下程序可以找出1000以内的所有素数。

```
public class Primenumber{
  public static void main(String args[]){
    int i,j;
    for (i=2; i<=1000;i++){
      j = 2;
//找到能被i整除的数
      while ((i%j)!=0 && (i > j))
        j++;
        if (j == i )  //没找到可以被i整除的数
          System.out.print("  "+i);
    }
```

```
    }
}
```

读者可以编写 Ant 构建文件，将该程序的编译、运行过程通过使用 Ant 实现。

1.3 使用 JUnit 建立测试类

JUnit 是由 Erich Gamma 和 Kent Beck 编写的一个回归测试框架（Regression Testing Framework），供 Java 开发人员在编写单元测试时使用。

使用 JUNIT 建立测试类

【实例】利用 JUnit 技术，为如下程序编写测试代码，并进行测试。

```
package mypro.hello;
public class HelloWorld{
  public String sayHello(){
    return "Hello World";
  }
  public static void main(String[] args){
    HelloWorld world=new HelloWorld();
    System.out.println(world.sayHello());
  }
}
```

1. 分析与设计

编写 HelloWorldTest 测试类来测试 HelloWorld 类里的 sayHello 方法。启动 HelloWorldTest 需要使用 JUnit 提供的运行器。JUnit 提供了 textui、awtui 和 swingui 三种运行器。

2. 实现过程

HelloWorldTest 测试类继承了 TestCase 类，可以不使用 main()函数。HelloWorldTest 的 testSayHello()方法实现了对 sayHello 方法的测试。当 assert 的参数值为-1 时，JUnit 会报错；当 assertEquals 的参数不匹配时，JUnit 会报错。

3. 源代码

```
package mypro.hello;
import junit.framework.*;
public class HelloWorldTest extends TestCase{
  public HelloWorldTest(String name){
    super(name);
```

```
    }
    public static void main(String args[]){
      junit.textui.TestRunner.run(HelloWorldTest.class);
    }
    public void testSayHello(){
      HelloWorld world=new HelloWorld();
      assert(world!=null);//当结果是-1时,assert将报错
      assertEquals("Hello World",world.sayHello());
    }
  }
```

4. 测试与运行

测试类虽然是 HelloWorldTest，但实际运行的是 TestRunner，HelloWorldTest 只是作为命令行参数而已。为更好地表现测试过程，以下步骤在工作目录 D:\myworkspace 中进行。

1）建立命令环境

在工作区中需要进行 Java 程序编译和运行等操作，所以要设置包含 JDK 命令环境。若 JDK 安装在 D:\Program Files\Java\jdk1.8.0_131 目录中，则需要把 D:\Program Files\Java\jdk1.8.0_131\bin 路径设置在 path 变量中，使用如下命令添加一个路径。

```
path=%path%;D:\Program Files\Java\ jdk1.8.0_131\bin
```

若查看命令环境是否成功加入了 JDK 命令，则可以使用命令“echo %path%”。

2）建立类环境

一般情况下 tools.jar 文件和 dt.jar 文件是需要放在 classpath 环境中的。

对 JUnit 安装包进行解压缩操作。首先下载 JUnit 安装包，然后将其解压缩到 F:\junit4.8.1 目录中，接下来需要将 F:\junit4.8.1 目录中的 junit-4.8.1.jar 文件设置在 classpath 环境中，使用如下命令。

```
set classpath=%classpath%;.;F:\junit4.8.1\junit-4.8.1.jar
```

添加 JUnit 的 JAR 包到 classpath 环境中。同样可以使用“echo %classpath%”命令来查看 classpath 环境中是否包含需要加入的类（JAR 包）目录。

注意

在命令中，“classpath”和“=”之间不能有空格，“classpath”中包括的“.”表示当前目录的类。

接下来就可以编写 HelloWorld.java 文件和 HelloWorldTest.java 文件的代码，并使用“java junit.textui. TestRunner mypro.hello.HelloWorldTest”命令启动测试程序，如图 1-25 所示。

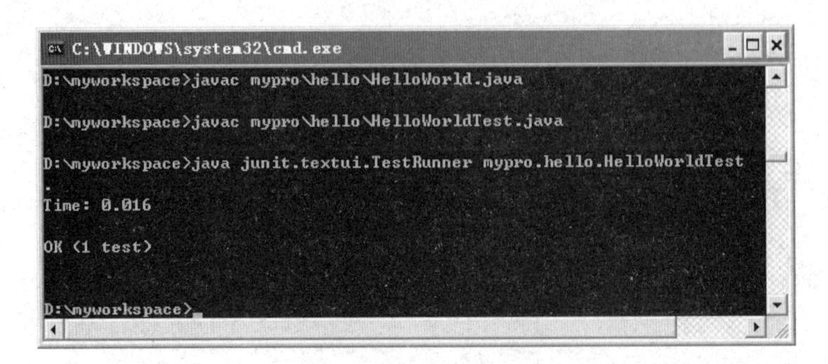

图 1-25　启动测试程序

制造一个错误。首先把 HelloWorld.java 代码里的“return "Hello World"”改成“return "Hell0 World"”，然后运行测试程序，可以看到测试结果报告错误，如图 1-26 所示。

```
C:\WINDOWS\system32\cmd.exe
D:\myworkspace>javac mypro\hello\HelloWorld.java

D:\myworkspace>java junit.textui.TestRunner mypro.hello.HelloWorldTest
.F
Time: 0
There was 1 failure:
1) testSayHello(mypro.hello.HelloWorldTest)junit.framework.ComparisonFailure: nu
ll expected:<Hell[o] World> but was:<Hell[0] World>
        at mypro.hello.HelloWorldTest.testSayHello(HelloWorldTest.java:13)
        at sun.reflect.NativeMethodAccessorImpl.invoke0(Native Method)
        at sun.reflect.NativeMethodAccessorImpl.invoke(Unknown Source)
        at sun.reflect.DelegatingMethodAccessorImpl.invoke(Unknown Source)

FAILURES!!!
Tests run: 1,  Failures: 1,  Errors: 0

D:\myworkspace>
```

图 1-26　测试结果报告错误

5．技术分析

1）基本概念

JUnit 测试是程序员进行的测试，即白盒测试，因为程序员知道被测试的软件如何（How）完成功能，以及完成什么（What）功能。

从本质上来说 JUnit 是一套框架，即开发者制定的一套规则，遵循这些规则的要求来编写测试代码。例如，继承某个类或实现某个接口的代码，就可以使用 JUnit 进行自动测试了。

由于 JUnit 相对独立于所编写的代码，测试代码的编写可以先于实现代码的编写，Windows XP 中推崇的 Test First Design 的实现有了现成的手段：使用 JUnit 编写测试代码和实现代码，运行测试；当测试失败时，修改实现代码，再运行测试，直到测试成功。若运行测试成功，则表示成功修改和优化了实现代码。

当 Java 下的 Team 开发采用“版本控制+Ant（项目管理）+JUnit（集成测试）”的模式时，通过对 Ant 的配置，可以很简单地实现测试自动化。

对不同性质的被测对象，如 Class、JSP、Servlet、EJB 等，在使用 JUnit 时有不同的技巧。下面以 Class 测试为例进行讲解。

2）JUnit 架构

例 1-4　以下代码中 LeapYear 类有两个方法，使用 yearDays()方法返回某年的天数，使用 isLeapYear()方法判断某年是否为闰年。

```
public class LeapYear {
    private int numDays=365;
    int year;
    LeapYear(int year){
      this.year=year;
    }
    Boolean isLeapYear(){
        return (((year %4 == 0)&&!(year%100 == 0))||(year%400 == 0));
    }
    int yearDays(){
        if (((year %4 == 0)&&!(year%100 == 0))||(year%400 == 0))
            numDays = 366;
          else
            numDays = 365;
      return numDays;
    }
}
```

编写 LearYear 测试类来测试 yearDays()方法和 isLeapYear()方法。

JUnit 本身是围绕着命令模式和集成模式来设计的，下面介绍如何使用 JUnit 的命令模式和集成模式对 LearYear 类的两个方法进行测试。

（1）命令模式。

利用 TestCase 定义一个子类，在这个子类中生成一个被测试的对象，编写测试代码来测试某个方法被调用后对象的状态与预期的状态是否一致，进而确定这个方法所在的实现代码有没有 Bug。

当这个子类测试对象使用多个方法的实现代码时，可以先建立测试基础，让这些测试代码在同一个基础上运行，一方面可以减少每个测试代码的初始化工作，另一方面可以测试这些不同方法之间的联系。

例如，想要测试 LeapYear 类的 YearDays()方法，可以编写如下代码。

```
import junit.framework.*;
public class LeapYearTest extends TestCase{
    LeapYear year1900 = new LeapYear(1900);
    LeapYear year2000 = new LeapYear(2000);
    LeapYear year2008 = new LeapYear(2008);
    public void testYearDays(){
        Assert.assertEquals(365, year1900.yearDays());
        Assert.assertEquals(366, year2000.yearDays());
        Assert.assertEquals(366, year2008.yearDays());
    }
```

```
    public static void main(String args[]){
        junit.textui.TestRunner.run(LeapYearTest.class);
    }
}
```

测试结果如图 1-27 所示。

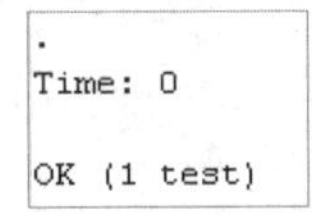

图 1-27　测试结果

当测试 isLeapYear()方法时，可以使用如下类似的代码。

```
import junit.framework.*;
public class LeapYearTest extends TestCase{
    LeapYear year1900 = new LeapYear(1900);
    LeapYear year2000 = new LeapYear(2000);
    LeapYear year2008 = new LeapYear(2008);
    public void testIsLeapYear(){
        Assert.assertTrue(!year1900.isLeapYear());
        Assert.assertTrue(year2000.isLeapYear());
        Assert.assertTrue(year2008.isLeapYear());
    }
    public static void main(String args[]){
        junit.textui.TestRunner.run(LeapYearTest.class);
    }
}
```

当需要同时测试 YearDays()方法和 isLeapYear()方法时，可以使用 setUp()方法将它们的初始化工作合并。如果要清除，则使用 tearDown()方法。

```
import junit.framework.*;
public class LeapYearTest extends TestCase{
    LeapYear year1900,year2000,year2008;
    protected void setUp(){
        year1900 = new LeapYear(1900);
        year2000 = new LeapYear(2000);
        year2008 = new LeapYear(2008);
    }

    public void testYearDays(){
        Assert.assertEquals(365, year1900.yearDays());
        Assert.assertEquals(366, year2000.yearDays());
        Assert.assertEquals(366, year2008.yearDays());
```

```
    }
    public void testIsLeapYear(){
        Assert.assertTrue(!year1900.isLeapYear());
        Assert.assertTrue(year2000.isLeapYear());
        Assert.assertTrue(year2008.isLeapYear());
    }
    public static void main(String args[]){
    junit.textui.TestRunner.run(LeapYearTest.class);
    }
}
```

（2）集成模式。

命令模式与集成模式的本质区别是前者每次只运行一个测试。

使用 TestSuite 子类可以包含一个 TestCase 子类中所有 test***()方法，并使其一起运行；还可以包含 TestSuite 子类，从而形成一种等级关系。可以把 TestSuite 子类看作一个容器，用于放置 TestCase 子类中的 test***()方法；还可以独自嵌套。这种体系架构与在现实中程序一步步开发、一步步集成的情况非常相似。

集成模式的代码如下。

```
import junit.framework.*;
public class LeapYearTest extends TestCase{
    LeapYear year1900,year2000,year2008;
    protected void setUp(){
        year1900 = new LeapYear(1900);
        year2000 = new LeapYear(2000);
        year2008 = new LeapYear(2008);
    }

    public void testYearDays(){
        Assert.assertEquals(365, year1900.yearDays());
        Assert.assertEquals(366, year2000.yearDays());
        Assert.assertEquals(366, year2008.yearDays());
    }
    public void testIsLeapYear(){
        Assert.assertTrue(!year1900.isLeapYear());
        Assert.assertTrue(year2000.isLeapYear());
        Assert.assertTrue(year2008.isLeapYear());
    }
    public static Test suite(){//静态 Test
        //加入 LeapYearTest.class
        TestSuite suite=new TestSuite(LeapYearTest.class);
        return suite;
    }
```

```
        public static void main(String args[]){
        junit.textui.TestRunner.run(suite());
        }
    }
```

3）运行测试代码

在编写好测试代码以后，可以在相应的类中使用 main()方法，并使用 Java 命令直接运行；也可以不使用 main()方法，而使用 JUnit 提供的运行器运行。

main()方法一般是简单地使用 Runner 来调用 suite()方法。当没有 main()方法时，TestRunner 以运行的类为参数生成了一个 TestSuite。

4）使用 Ant+JUnit 进行测试

使用 Ant+JUnit 进行测试

将单元测试合并到开发过程中，可以节省更多的时间和精力。Ant 提供了<junit>和<junitreport>两种基于 JUnit 的测试任务。下面使用代码样本说明在 Ant 中进行单元测试的过程。

（1）<junit>任务。

除了可以使用 Java 直接进行测试，还可以使用 JUnit 提供的<junit>任务与 Ant 结合来进行测试。在 Ant 中，<junit>用于定义一个任务，该任务还包含如下 3 个子标签。

- <batchtest>标签：位于<junit>任务中，用于运行多个 TestCase。
- <test>标签：位于<junit>任务中，用于运行单个 TestCase。
- <formatter>标签：用于定义测试结果的输出格式。

例如，在 Ant 的 build.xml 文件中使用<junit>任务进行测试的代码如下。

```
<target name="test" depends="compile">
  <junit fork="true" includeantruntime="false" printsummary="yes">
    <!--test name="MainTest" /-->
    <batchtest>
      <!-- 单元测试文件为所有 src 目录中的*Test.java 文件 -->
      <fileset dir="${classes.dir}"><include name="**/*Test.class"/>
</fileset>
      <!-- 生成格式为 XML，也可以使用 plain 或 brief -->
      <!-- 为什么生成 XML？是为了下一步用于<report>标签 -->
      <formatter type="xml"/>
    </batchtest>
  </junit>
```

其中，classes.dir 文件是被定义的保存源程序编译后的类所在的目录文件。Ant 提供 formatter 属性支持多样化的 JUnit 信息输出。Ant 包含 3 种形式的 formatter。

- brief：以文本形式提供测试失败的详细内容。
- plain：以文本形式提供测试失败的详细内容及每个测试的运行统计。
- xml：以 XML 形式提供扩展的详细内容，包括正在测试时的 Ant 特性、系统输出及每个测试用例的系统错误。

<junit>任务的<batchtest>子标签可以实现批量运行测试程序。上面 build.xml 文件的代码中，运行类目录中包含如“**/*Test.class”的类。

（2）<junitreport>任务。

在 Ant 中，<junitreport>任务用于定义一个生成测试报告的任务，该任务使用<report>子标签定义测试报告的输出。以下代码是一个使用<junitreport>任务的例子。

```
<!-- 对 XML 文件生成相应的 HTML 报告在 reports 目录中 -->
<!-- 如果指定 Web 可访问的目录，就可以使整个项目组看到单元测试情况 -->
<junitreport todir="reports">
  <fileset dir=".">
    <include name="TEST-*.xml"/>
  </fileset>
  <!-- 带有框架，可以使用 noframes 改为不带框架 -->
  <report format="frames" todir="reports/html"/>
</junitreport>
```

Ant 提供<junitreport>任务，使用 XSLT 将 XML 文件转换为 HTML 报告。该任务首先将生成的 XML 文件整合成单一的 XML 文件，默认情况下该文件被命名为“TESTS-TestSuites.xml”，然后对其进行转换。

<report>标签用于指定在转换过程中生成有框架或无框架的类似 JavaDoc 格式的文件，并保存到 todir 所在的目录中。

例 1-5 使用 Ant+JUnit 进行测试。

为了使用 Ant+JUnit 进行测试，首先建立一个工作目录 mywordspace，其结构如图 1-28 所示。

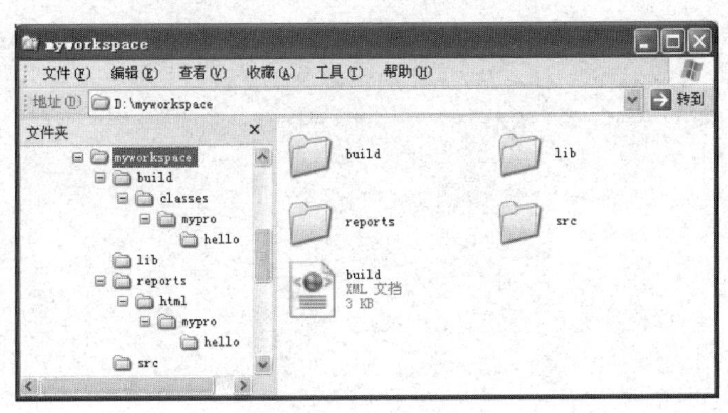

图 1-28 工作目录结构

其中，src 目录用于保存源文件，将编译好的类保存在 build\classes 目录中，lib 目录用于保存 Java 包。为了提高 build.xml 文件中代码的可维护性，最好将这些目录保存在一个属性中。

接下来编写 build.xml 文件代码如下。

```
<?xml version="1.0"?>
<project name="myAnt" default="compile" basedir="../../myworkspace">
<!--配置基本属性-->
<property name="src" value="src"/>
    <property name="classes.dir" value="build/classes"/>
    <property name="lib" value="lib"/>
    <!--配置编译时 classpath 环境-->
    <target name="clean">
       <delete dir="build"/>
    </target>
    <target name="compile" depends="clean">
       <mkdir dir="build/classes"/>
       <javac srcdir="src" destdir="build/classes">
           <!--classpath refid="compile.classpath"/-->
           </javac>
    </target>
    <!-- 单元测试，需要完成 compile 任务 -->
    <target name="test" depends="compile">
    <!-- fork、forkmode 及 maxmemory 等属性用于在使用 Ant 与测试时指定不同的 JVM,
提高其效率-->
    <!-- includeantruntime 属性隐式添加在 fork 模式中测试所需的 Ant 类 -->
      <junit fork="true" includeantruntime="false" printsummary="yes">
        <classpath>
          <pathelement location="${classes.dir}" />
          <pathelement location="${basedir}/lib/junit-4.8.1.jar" />
          <pathelement location="${basedir}/lib/ant-junit.jar" />
          <pathelement location="${basedir}/lib/ant.jar" />
          <pathelement location="${basedir}/lib/ant-launcher.jar" />
        </classpath>
        <!--test name="MainTest" /-->

        <batchtest>
          <!-- 单元测试文件为所有 src 目录中的*Test.java 文件 -->
          <fileset dir="${classes.dir}"><include name="**/*Test.class"/>
</fileset>
          <!-- 生成格式为 XML，也可以使用 plain 或 brief -->
          <!-- 为什么生成 XML？是为了下一步生成测试报告 -->
          <formatter type="xml"/>
        </batchtest>
      </junit>
        <!-- 在 reports 目录中对 XML 文件生成相应的 HTML 文件 -->
```

```
        <!-- 如果指定 Web 可访问的目录，就可以使整个项目组看到单元测试情况 -->
        <junitreport todir="reports">
          <fileset dir=".">
            <include name="TEST-*.xml"/>
          </fileset>
          <!-- 带有框架，可以使用 noframes 选择不带框架 -->
          <report format="frames" todir="reports/html"/>
        </junitreport>
    </target>
</project>
```

为了在 Ant 中启动 JUnit，需要把 junit-4.8.1.jar 文件复制到%ANT_HOME%\lib 目录中。根据 build.xml 文件中的内容，还需要把 junit-4.8.1.jar 文件、ant-junit.jar 文件、ant.jar 文件、ant-launcher.jar 文件复制到工作目录的 lib 子目录中。

注意

如果使用不同版本的 Ant 或 JUnit，请注意文件名的差别。

如果 Ant 安装在 D:\apache-ant-1.8.1 目录中，为了能在工作目录环境下运行 Ant，应该首先使用“path=%path%; D:\apache-ant-1.8.1\bin”命令设置命令环境，然后启动 test 任务，测试任务结果如图 1-29 所示。

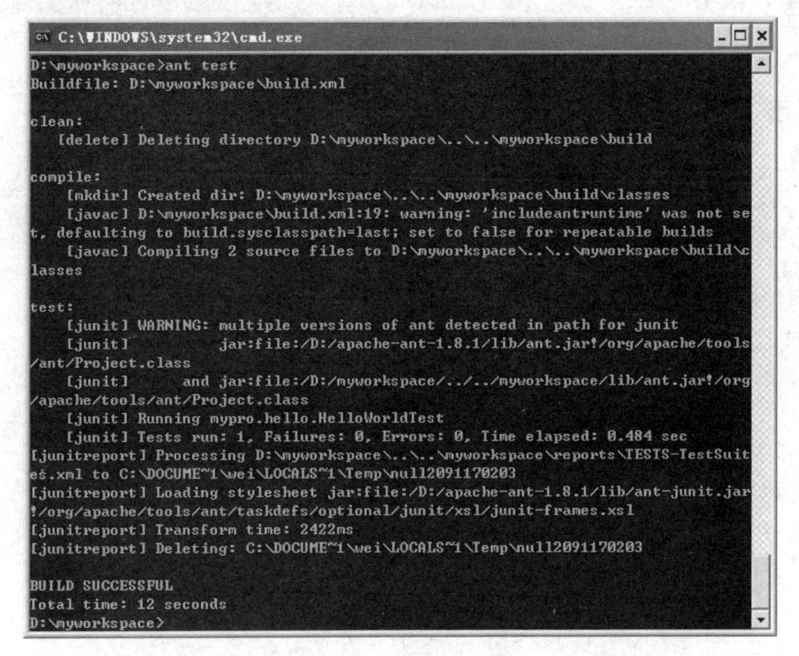

图 1-29 测试任务结果

使用浏览器打开在 reports\html 目录中生成的测试报告 index.html 文件，如图 1-30 所示。

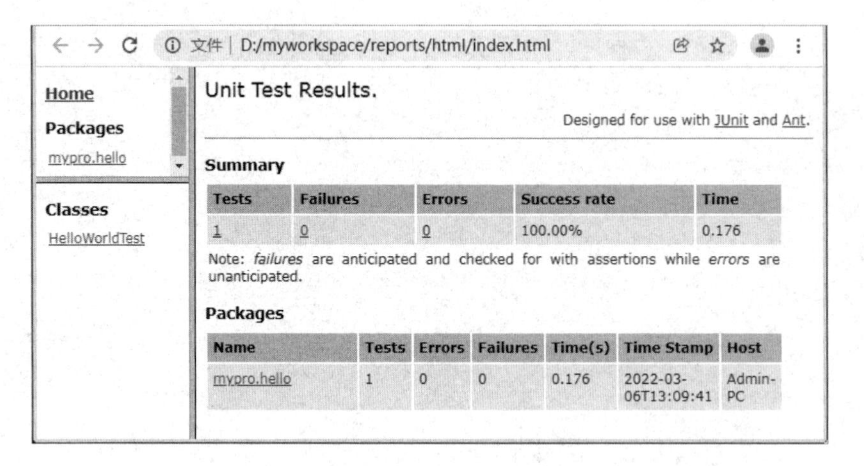

图 1-30　使用浏览器打开测试报告

6. 问题与思考

（1）加法程序代码如下。

```
public class Calculator {
    public int add(int a,int b){
      return a + b;
  }
}
```

请读者编写测试类，并正确运行。

提示

主要代码段如下。

```
:
private Calculator cal;
 //在执行每个测试之前，都先执行 setUp();
  public void setUp(){
 cal = new Calculator();
 }
 public void testAdd() {
// Calculator cal = new Calculator();
 int result = cal.add(1, 2);
   //断言 assert
  Assert.assertEquals(3, result);
}
:
```

（2）请读者使用 Ant+JUnit 方式测试例 1-4 中 LeapYear 类的两个方法。

1.4 使用 Maven 进行项目管理

使用 Maven 进行项目管理

Maven 是一个项目管理工具，主要用于项目构建、依赖管理及项目信息管理。Maven 提供给开发人员一个完整的生命周期构建框架。开发团队可以自动完成该项目的基础设施建设，Maven 使用标准的目录结构和默认的构建生命周期。

【实例】在 Maven 环境中，分别创建一个 Java app 项目和 Java web 项目。要求在 Java web 项目中使用 Java app 项目中的方法。

1. 分析与设计

该实例包含两个工程：普通应用程序工程（app）和 Web 应用工程（webapp）。app 能够提供一个简单的 Java 类；webapp 只包含一个 Servlet，可以使用 app 中的 Java 类。

该实例的目标是能够正确地将 webapp 制作成 WAR 包，在部署时使用。要能够正确制作 WAR 包，首先就必须能够正确地编译源代码，并且要将 app 模块制成 JAR 包。

2. 实现过程

该实例源代码很简单，主要是两个项目的项目对象模型（Project Object Model，POM）文件的配置。

1）app 项目的 POM 文件

app 项目 POM 文件的代码如下。

```
<project  xmlns="http://maven.apache.org/POM/4.0.0"  xmlns:xsi="http://
www.w3.org/2001/XMLSchema-instance"
    xsi:schemaLocation="http://maven.apache.org/POM/4.0.0
http://maven.apache.org/xsd/maven-4.0.0.xsd">
    <modelVersion>4.0.0</modelVersion>

    <groupId>com.demo.mvn</groupId>
    <artifactId>app</artifactId>
    <version>1.0-SNAPSHOT</version>
    <packaging>jar</packaging>

    <name>app</name>
    <url>http://maven.apache.org</url>

    <properties>
      <project.build.sourceEncoding>UTF-8</project.build.sourceEncoding>
    </properties>

</project>
```

分析：groupId 属性、artifactId 属性的值与在创建项目时使用的命令中相关属性的值是一致的。packaging 属性的值由项目的类型决定，app 项目的 packaging 属性的值为 jar，webapp 项目的 packaging 属性的值为 war。

2）webapp 项目的 POM 文件

webapp 项目 POM 文件的代码如下。

```
<project  xmlns="http://maven.apache.org/POM/4.0.0"  xmlns:xsi="http://www.w3.org/2001/XMLSchema-instance"
  xsi:schemaLocation="http://maven.apache.org/POM/4.0.0
http://maven.apache.org/maven-v4_0_0.xsd">
  <modelVersion>4.0.0</modelVersion>
  <groupId>com.demo.mvn</groupId>
  <artifactId>webapp</artifactId>
  <packaging>war</packaging>
  <version>1.0-SNAPSHOT</version>
  <name>webapp Maven Webapp</name>
  <url>http://maven.apache.org</url>
  <dependencies>
    <dependency>
       <groupId>com.demo.mvn</groupId>
       <artifactId>app</artifactId>
       <version>1.0</version>
    </dependency>
    <dependency>
       <groupId>javax.servlet</groupId>
       <artifactId>servlet-api</artifactId>
       <version>2.4</version>
       <scope>provided</scope>
    </dependency>
  </dependencies>
  <build>
    <finalName>webapp</finalName>
  </build>
</project>
```

分析：比较 app 项目与 webapp 项目中的 POM 文件，除了前面已经提过的 packaging 属性的差别，还可以发现 webapp 项目中的 POM 文件中多了 dependencies 项。由于 webapp 项目需要用到 app 项目中的类，还需要 javax.servlet 包，所以必须要将它们声明到依赖关系中。

3．源代码

（1）App.java 包的内容如下。

```
package com.demo.mvn;
public class App {
    private String str="I am an app. ";
    public String getStr() {
        return str;
    }
}
```

（2）此处的 Servlet 对象是一个简单 HelloServlet，其完整代码如下。

```
package web;
import java.io.IOException;
import java.io.PrintWriter;
import javax.servlet.ServletException;
import javax.servlet.http.HttpServlet;
import javax.servlet.http.HttpServletRequest;
import javax.servlet.http.HttpServletResponse;

import com.demo.mvn.App;  // 引用 app 项目中的 App 类

public class WebServlet extends HttpServlet {
    private static final long serialVersionUID = -3696470690560528247L;
    public void doGet(HttpServletRequest request, HttpServletResponse
response) throws ServletException, IOException {
        App app = new App();
        String str = app.getStr();
        PrintWriter out = response.getWriter();
        out.print("<html><body>");
        out.print("<h1>" + str);
        out.print("</body></html>");
    }
}
```

4．测试与运行

1）环境搭配

可以在官网地址 http://maven.apache.org/download.cgi 下载最新 Maven，本书下载的是 apache-maven-3.3.9-bin.zip 文件。将文件解压缩到 D:\apache-maven 目录，如图 1-31 所示。

先配置环境变量%JAVA_HOME%，再配置环境变量 MAVEN_HOME，如图 1-32 所示。接着编辑系统变量来设置命令路径，如图 1-33 所示。

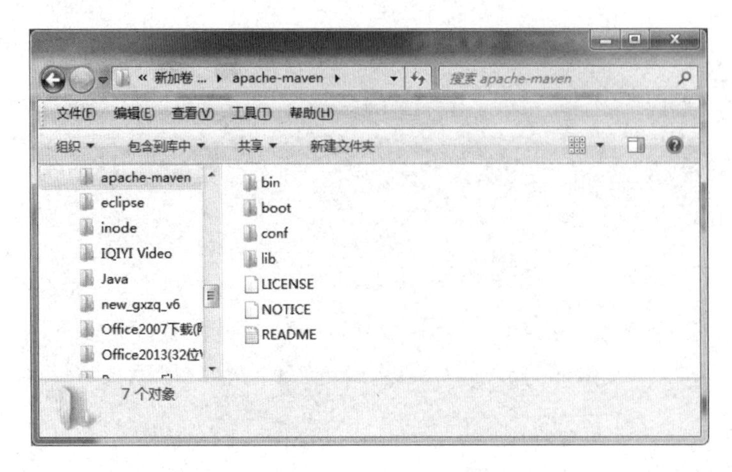

图 1-31　解压缩文件

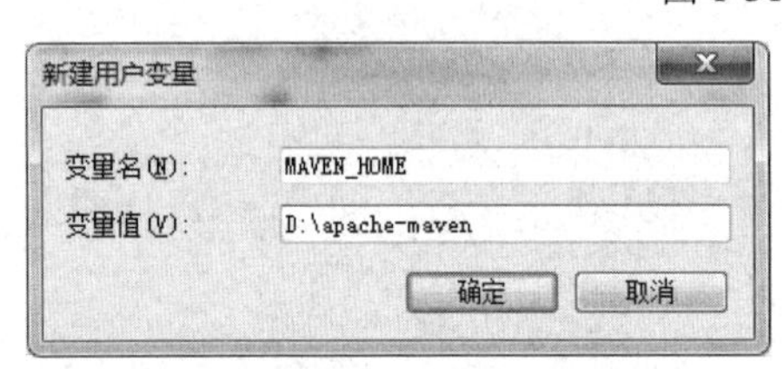

图 1-32　配置 Maven 的环境变量

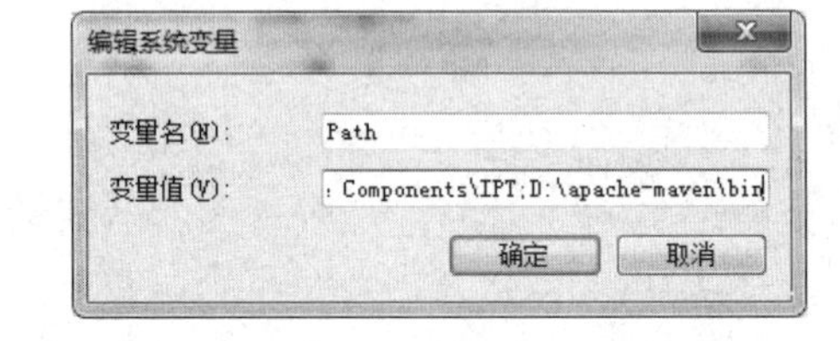

图 1-33　设置命令路径

重启 Maven 后，在控制台输入“mvn”命令查询 Maven 的版本信息，如图 1-34 所示，表明配置成功。

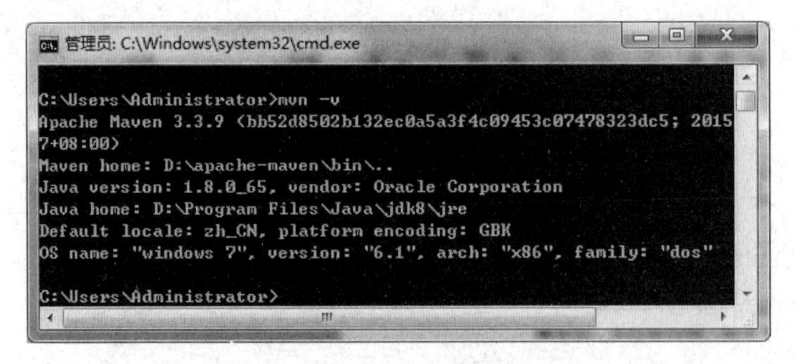

图 1-34　查询 Maven 的版本信息

2）创建 app 项目

可以使用 Maven 的 archetype 插件来创建新的 app 项目，命令如下。

```
    C:\Users\Administrator>mvn archetype:generate -DgroupId=com.demo.mvn
-DartifactId=app
```

该项目的 groupId 属性值是 com.demo.mvn，表示该项目的源文件将放在 Java 包的 com.demo.mvn 目录中。artifactId 属性值是 app，表示该项目根目录的名称也将为“app”。

当第一次执行该命令时，Maven 会从 central 仓库中下载一些文件。这些文件包含 archetype 插件及其所依赖的其他包。当该命令执行完毕后，在 C:\Users\Administrator 目录中会出现如下目录结构。

```
app
|-- pom.xml
'-- src
  |-- main
    |   '-- java
    |       '-- com
    |           '-- demo
    |               '-- mvn
    |                   '-- App.java
    '-- test
        '-- java
            '-- com
                '-- demo
                    '-- mvn
                        '-- AppTest.java
```

因为暂时不涉及JUnit测试，所以删除app/src/test目录并编辑App.java文件。

如果能够清楚地知道Maven的标准目录布局，就可以不使用archetype插件来创建项目原型。

3）创建webapp项目

可以与创建app项目一样，使用archetype插件来创建webapp项目，命令如下。

```
mvn archetype:generate -DgroupId=com.demo.mvn -DartifactId=webapp -DarchetypeArtifactId=maven-archetype-webapp
```

在第一次运行此命令时，会从central仓库中下载一些与Web应用相关的artifact（如javax.servlet）。此命令与创建app项目的命令的不同之处是多设置了一个archetypeArtifacttId属性，该属性的值为maven-archetype-webapp，即告诉Maven将要创建的项目是一个webapp项目。创建app项目时没有使用该属性值，是由于archetype默认创建了app项目。同样，在执行完该命令之后，会出现如下所示的标准目录结构。

```
webapp
|-- pom.xml
'-- src
    '-- main
        '-- webapp
            |-- index.jsp
            |-- WEB-INF
                '-- web.xml
```

webapp项目只包含一个Servlet，因此不需要index.jsp文件，可以将其删除。目前的目录布局中并没有放置Servlet，即在Java源文件的目录中，Servlet仍然需要被放置在

webapp/src/main/java 目录中，需要新建该目录。

4）执行

在上述两个项目创建完毕后，就需要执行一些命令来查看会有什么结果出现。先进入 app 目录，并执行“mvn compile”命令，可以在该目录中发现新生成的 target/classes 目录，编译后的 class 文件（包括其子目录）被放在了这里；再执行“mvn package”命令，在 target 目录中就会生成 app-1.0.jar 文件，该文件的全名的形式如下：**artifactId-version.packaging**。

如果直接执行“mvn package”命令，Maven 会先执行“mvn compile”命令。因此如果需要打包，则只需要执行“mvn package”命令即可。

在打包 app 项目后，就可以进入 webapp 项目了。进入 webapp 目录，此时执行“mvn package”命令会出现问题。因为该命令会从 central 仓库下载 app 项目的 artifact，但 central 仓库肯定不会有这个 artifact。因此需要先使用如下的命令把 app-1.0.jar 安装到仓库中。

```
mvn  install:install-file  -Dfile=  D:\myworkspace\app\target\app-1.0-SNAPSHOT.jar  -DgroupId=com.demo.mvn  -DartifactId=app  -Dversion=1.0  -Dpackaging=jar
```

再运行“mvn package”命令即可完成，可以发现在 target 目录中生成 webapp.war 文件。

如果把 JAR 包放在 Tomcat 的运行目录中，则还需要在 web.xml 文件中配置 Servlet，配置代码如下。

```
<servlet>
<servlet-name>mvndemo</servlet-name>
<servlet-class>web.WebServlet</servlet-class>
</servlet>
<servlet-mapping>
    <servlet-name>mvndemo</servlet-name>
    <url-pattern>/Hello</url-pattern>
</servlet-mapping>
```

启动 Tomcat，可以看到代码在浏览器端的运行结果如图 1-35 所示。

图 1-35　代码的运行结果

5. 技术分析

在多个开发团队环境下，大部分的项目设置简单并且是可以重复使用的，Maven 的开发更容易，可以提供报告创建、检查、生产和测试的自动化设置。

Maven 提供给开发人员如下的管理方式。

- Builds

- Documentation
- Reporting
- Dependencies
- SCMs
- Releases
- Distribution
- mailing list

开发人员只要进行一些简单的配置，Maven 就可以自动完成项目的编译、测试、打包、发布及部署等工作。Maven 可以提高可重用性并负责建立相关的任务。

1）Maven 历史

Maven 的最初设计是为了简化 Jakarta Turbine 项目的建设进程，其中有几个项目，每个项目包含了稍微不同的 Ant 构建文件。在 JAR 中可以检查到 CVS。

Apache 组织开发的 Maven 可以创建多个项目、发布项目信息，以及部署项目等。

2）Maven 目标

Maven 主要目标是提供给开发人员如下内容。

- 一个可重复使用、易维护、更容易理解的综合模型。
- 与此模型交互的工具和插件。

Maven 项目的结构和内容是在一个 XML 文件中声明的，pom.xml 文件的项目对象模型是整个 Maven 系统的基本单元。

3）约定优于配置

Maven 的约定优于配置，这意味着开发者不需要构建过程本身。

开发人员不必提到每个配置的详细信息。Maven 可以提供合理的默认行为的项目。在创建一个 Maven 项目时，Maven 创建默认的项目结构。开发人员只需要在相应的文件和所需要的 pom.xml 文件中定义配置。

表 1-2 所示为项目的源代码文件、资源文件和其他配置的默认值。假设**${basedir}**表示项目位置。

表 1-2　项目的源代码文件、资源文件和其他配置的默认值

项目（Item）	默认值（Default）
source code	${basedir}/src/main/java
resources	${basedir}/src/main/resources
Tests	${basedir}/target/classes
Complied byte code	${basedir}/src/test
distributable JAR	${basedir}/target

开发人员可以构建任何给定的 Maven 项目，而不需要了解个人的插件工作。

4）常用的“mvn”命令

常用的“mvn”命令包括如下几种。

- mvn archetype:generate：创建 Maven 项目。

- mvn compile：编译源代码。
- mvn test-compile：编译测试源代码。
- mvn test：运行应用程序中的单元测试。
- mvn site：生成项目相关信息的网站。
- mvn clean：清除项目目录中的生成结果。
- mvn package：根据项目生成 JAR 包。
- mvn install：在本地 Respository 中安装 JAR 包。
- mvn eclipse：生成 Eclipse 项目文件。
- mvn jetty:run：启动 Jetty 服务。
- mvn tomcat:run：启动 Tomcat 服务

本节实例中，因为 webapp 项目依赖 app 项目，所以必须将 app-1.0.jar 文件安装到仓库中，使它成为一个 artifact。在调试 webapp 项目时可以从 central 仓库下载 app 项目的 artifact。

构建 webapp 项目对 app 项目依赖还可以通过更改层次的项目来实现。

例 1-6 首先构建一个更高层次的项目，使 app 项目和 webapp 项目成为这个项目的子项目，然后从这个更高层次的项目中执行命令。

可以将 app 项目和 webapp 项目的上一级目录 mvndemo 作为这两个项目的更高层次的一个项目。为了使 mvndemo 目录成为一个 MVN 项目，按照如下命令建立 mvndemo 项目。

```
C:\Users\Administrator>mvn  archetype:generate-DgroupId=com.demo-DartifactId=
mvndemo
```

当 mvndemo 项目建立完成后，只需要保留 pom.xml 文件，该文件内容如下。

```
<project  xmlns="http://maven.apache.org/POM/4.0.0"  xmlns:xsi="http://
www.w3.org/2001/XMLSchema-instance"
    xsi:schemaLocation="http://maven.apache.org/POM/4.0.0
http://maven.apache.org/xsd/maven-4.0.0.xsd">
    <modelVersion>4.0.0</modelVersion>

    <groupId>com.demo</groupId>
    <artifactId>mvndemo</artifactId>
    <version>1.0-SNAPSHOT</version>
    <packaging>pom</packaging>

    <name>mvndemo</name>
    <url>http://maven.apache.org</url>

    <properties>
      <project.build.sourceEncoding>UTF-8</project.build.sourceEncoding>
```

```
  </properties>

  <modules>
      <module>app</module>
      <module>webapp</module>
  </modules>
</project>
```

接下来将 app 和 webapp 两个项目放到 mvndemo 目录中，如图 1-36 所示。

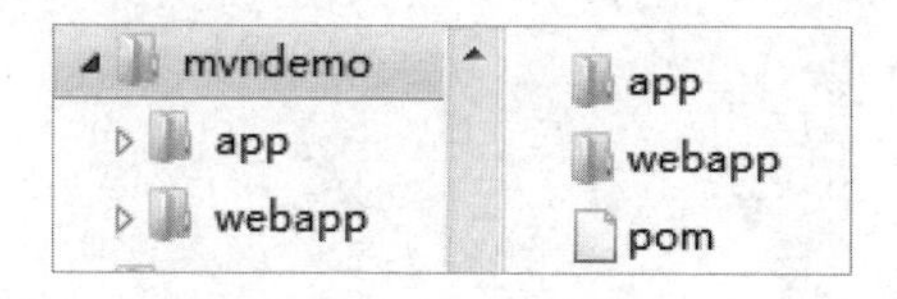

图 1-36　包含两个项目的 mvndemo 目录

与 app 项目和 webapp 项目中的 POM 文件相比，mvndemo 项目的 POM 文件使用了 modules 项目，modules 项目用于声明本项目的子项目，module 中的值对应子项目的 artifact 名称。该 POM 文件的 packaging 类型为 pom。

在创建了 mvndemo 项目后，只需要在 mvndemo 目录中执行相关命令。通过如下命令即可进行验证。

- mvn clean：消除项目（包括所有子项目）中产生的所有输出。在本节实例中，实际上删除的是 target 目录。
- mvn package：将项目制作成相应的包，app 项目被制作成 JAR 包（app-1.0.jar），webapp 项目被制作成 WAR 包（webapp-1.0.war）。打开 webapp-1.0.war，可以发现 app-1.0.jar 被存放在 WEB-INF 的 lib 目录中。

例如，一个有关 JUnit 测试的 MVN 项目如下。

例 1-7　在 Maven 环境下创建一个 hello 项目，该项目的 HelloWorld 类的 hello()方法返回一个字符串。使用 JUnit 测试该方法。

下面的命令创建一个 hello 项目。

```
  C:\Users\Administrator>mvn archetype:generate -DgroupId=com.
demo.mvn -DartifactId=hello
```

Maven+JUnit

创建的 POM 文件内容如下。

```
  <project  xmlns="http://maven.apache.org/POM/4.0.0"  xmlns:xsi="http://
www.w3.org/2001/XMLSchema-instance"
    xsi:schemaLocation="http://maven.apache.org/POM/4.0.0
http://maven.apache.org/xsd/maven-4.0.0.xsd">
    <modelVersion>4.0.0</modelVersion>

    <groupId>com.demo.mvn</groupId>
```

```
    <artifactId>hello</artifactId>
    <version>1.0-SNAPSHOT</version>
    <packaging>jar</packaging>

    <name>hello</name>
    <url>http://maven.apache.org</url>

    <properties>
      <project.build.sourceEncoding>UTF-8</project.build.sourceEncoding>
    </properties>

    <dependencies>
      <dependency>
        <groupId>junit</groupId>
        <artifactId>junit</artifactId>
        <version>3.8.1</version>
        <scope>test</scope>
      </dependency>
    </dependencies>
</project>
```

默认情况下，Maven 的主代码位于 src\main\java 目录中，这里 Java 包名称为“com.demo.mvn”，因此需要继续在 Java 文件夹中建立目录 com/demo/mvn，最后完整的路径为 hello\src\main\java\com\demo\mvn\HelloWorld.java。这是一个简单的 Java 类，有一个 hello()方法和程序入口 main()方法，代码如下。

```
package com.demo.mvn;
public class HelloWorld {
    public String sayHello(String name){
        return "hello," + name;
    }
    public static void main(String[] args){
        System.out.print(new HelloWorld().sayHello("Maven"));
    }
}
```

在建立源程序后，可以使用“mvn clean compile”命令清理原来的编译结果，编译结果默认被存放在根目录的 target 文件夹中。生成的新的编译结果，被存放在 target 文件夹中。

测试代码的默认目录是\src\test\java，Maven 使用 JUnit 进行单元测试，需要添加 JUnit 依赖，即 pom.xml 文件中的 dependencies 项目内容，测试代码如下。

```
package com.demo.mvn;
```

```
import junit.framework.*;
public class HelloWorldTest extends TestCase {
    public void testHello(){
        HelloWorld helloworld = new HelloWorld();
        assertEquals("hello,Maven", helloworld.sayHello("Maven"));
    }
}
```

在命令行窗口中执行“mvn clean compile”命令，运行结果如图 1-37 所示。

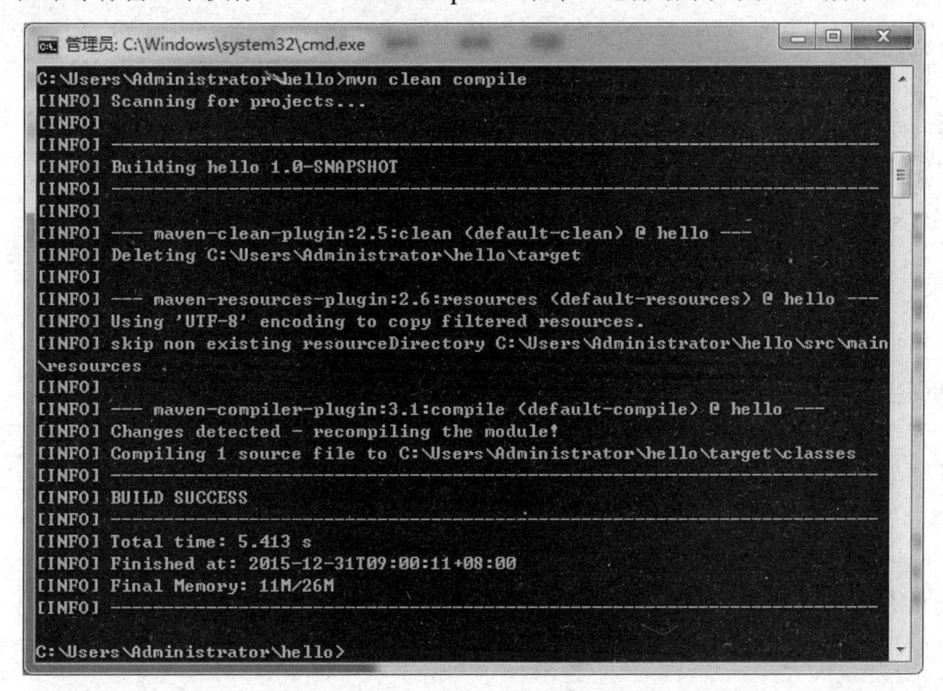

图 1-37　执行命令的运行结果

该命令用于清理原来的编译结果，编译结果默认被存放在根目录的 target 文件夹中。接下来，在命令行窗口中输入如下命令并按键盘上的回车键。

```
mvn clean test
```

当提示“BUILD SUCCESS”时，表示运行成功。再使用如下命令打包和运行。

```
mvn clean package
```

该命令在 target 目录中生成 hello-1.0-SNAPSHOT.jar。此时可以使用“java –jar”命令运行该包。

注意

Maven 默认打包的 JAR 包是不能直接执行的，需要在 pom.xml 文件中配置相应的插件。

6．问题与思考

（1）请读者在 Maven 环境下分别创建 Java app 项目和 Java web 项目。Java app 项目中包含一个加法方法，要求在 Java web 项目中使用这个加法方法。

（2）请读者在 Maven 环境下编写一个带加法方法的类，并用 JUnit 测试该 MVN 项目。

1.5 日志管理

日志管理

在编程时经常会使用一些日志操作，如开发阶段的调试信息、运行时的日志记录及审计。调查显示，日志代码占代码总量的 4%。通常大家可以简单地使用 System.out. println()方法输出日志信息，但是往往会使用一些判断，语句如下。

```
if (someCondition) {
    System.out.println("some information.");
}
```

在正常的程序逻辑中，这些判断混杂了大量的输出语句。而在开发阶段写下的这些判断仅为了调试语句，在开发完成时需要查找并将其移除。在程序部署运行后，尤其是在一些企业应用系统中，还经常需要进一步调试程序，这就容易造成更大的麻烦。因此需要一套完备的、灵活的且可配置的日志工具，其中，Log4J 包就是优秀的日志工具。

Log4J 包是 Apache 软件基金会 Jakarta 项目下的一个子项目，是可以使用 Java 编写的优秀日志工具包。Log4J 包可以在不修改代码的情况下，方便、灵活地控制任意粒度的日志信息的开启或关闭，并使用定制的格式，将日志信息输出到一个或多个需要的地方。

【实例】 使用 Log4J 包，输出简单的日志信息。

1．分析与设计

本程序由 Log4JTest 类实现，程序处理过程均在 main()方法中完成。程序使用基本配置类 BasicConfigurator 对 Log4J 包进行初始化。使用 Logger 的不同方法实现不同级别的日志信息的输出。

2．实现过程

语句如下。

```
        logger.info("Just testing a log message with priority set to
INFO");
        logger.warn("Just testing a log message with priority set to
WARN");
        logger.error("Just testing a log message with priority set to
```

```
ERROR");
        logger.fatal("Just testing a log message with priority set to
FATAL");
```

分析：使用Logger的方法如info()方法、warn()方法、error()方法、fatal()方法来实现不同级别的日志信息的输出。

3. 源代码

```
package com.weiyong.log;
import org.apache.logging.log4j.Level;
import org.apache.logging.log4j.LogManager;
public class TestLog
{
    public static org.apache.logging.log4j.Logger logger = LogManager.getLogger
(TestLog.class.getName());
    public static void main(String[] args)
    {
        add(1, 2);
    }
    public static int add(int a , int b)
    {
        logger.entry(a, b);//trace级别的信息，将该信息单独列出来是希望在使用某个
方法或程序逻辑开始的时候可以输出，和logger.trace("entry")基本为同一作用
        logger.info("Just testing a log message with priority set to
INFO");
        logger.warn("Just testing a log message with priority set to
WARN");
        logger.error("Just testing a log message with priority set to
ERROR");
        logger.fatal("Just testing a log message with priority set to
FATAL");
        logger.printf(Level.TRACE, "%d+%d=%d", a, b, a + b);//这个就是制定
Level类型的调用
        logger.exit(a + b);//和entry()方法对应的结束方法，和logger.trace("exit")
为同一作用
        return a + b;
    }
}
```

4. 测试与运行

项目需要导入Log4J2包，POM文件中对应的配置代码如下。

```
<!-- Log4J2日志门面 -->
<dependency>
```

```
        <groupId>org.apache.logging.log4j</groupId>
        <artifactId>log4j-api</artifactId>
        <version>2.11.1</version>
    </dependency>
    <!-- Log4J2 日志实面 -->
    <dependency>
        <groupId>org.apache.logging.log4j</groupId>
        <artifactId>log4j-core</artifactId>
        <version>2.11.1</version>
    </dependency>
```

注意

Log4J 包只使用一个 JAR 包，Log4J2 包需要使用两个 JAR 包。

接下来还需要在 resources 目录中创建 log4j2.xml 文件，代码如下。

```
<?xml version="1.0" encoding="UTF-8"?>
<configuration status="OFF">
    <appenders>
        <Console name="Console" target="SYSTEM_OUT">
            <PatternLayout pattern="%d{HH:mm:ss.SSS} [%t] %-5level %logger{36}
- %msg%n"/>
        </Console>
    </appenders>
    <loggers>
        <root level="trace">
            <appender-ref ref="Console"/>
        </root>
    </loggers>
</configuration>
```

注意

Log4J 包使用 property 文件，Log4J2 包使用 XML 文件。

在上面的 log4j2.xml 配置文件中，configuration 后面的 status 用于设置 Log4J2 包自身内部的信息输出，可以不设置；当设置成 trace 时，会输出 Log4J2 包内部的各种详细信息，一般当不用关注内部信息时，将其设置为 OFF 即可。

Console 是一个存放器（Appender），可以将信息输出到控制台。

PatternLayout 是 Console 对应的布局（Layout）。

（1）%d 用于指定日期，H、m、s、ms 依次为时、分、秒、毫秒。

（2）%t 用于指定产生该日志的线程名称。

（3）%level 用于指定日志级别，数字 5 是指字符占位 5 个字符宽度。

（4）%logger 用于指定记录器（Logger）的名称，即语句“private static final Logger logger = LogManager.getLogger(App.class.getName())”中 App.class.getName()方法的值，参数是整数 n（只支持正整数）。首先使用小数点“.”分割 Logger 的名称，然后取右侧的 n 段。

（5）%msg 用于指定需要记录的信息。

（6）%n 用于指定换行。

root 是一个默认的 Logger，如果不指定特定的 Logger，则都会使用这个 Logger。level="trace"表示 trace 及其以上级别的信息都将被输出。

（7）appender-ref 用于指定将要使用的 Appender。

运行程序，在控制台可以看到如下结果。

```
17:40:18.462 [main] TRACE com.weiyong.log.TestLog - Enter params(1, 2)
17:40:18.468 [main] INFO  com.weiyong.log.TestLog - Just testing a log message with priority set to INFO
17:40:18.469 [main] WARN  com.weiyong.log.TestLog - Just testing a log message with priority set to WARN
17:40:18.469 [main] ERROR com.weiyong.log.TestLog - Just testing a log message with priority set to ERROR
17:40:18.469 [main] FATAL com.weiyong.log.TestLog - Just testing a log message with priority set to FATAL
17:40:18.471 [main] TRACE com.weiyong.log.TestLog - 1+2=3
17:40:18.471 [main] TRACE com.weiyong.log.TestLog - Exit with(3)
```

5．技术分析

1）Log4J 简介

Log4J 是 Apache 软件基金会开发的一个开源的日志管理项目，可以高度自定义日志的收集过程、收集粒度及收集后日志的输出位置，可以将日志输出到控制台、文件、数据库，甚至输出到远程服务器，只需要定义 Log4J 的配置文件便可实现这些操作。Log4J 是一个非常方便而且强大的日志收集库。此外，Log4J 提供多语言兼容，可以在 Java、Python、.NET 等语言环境的服务器中使用，可以对服务集群的日志进行统一管理。

Log4J2 升级了不少应用程序接口（Application Programming Interface，API），拓展性更好。

2）Log4J 三大组件

Log4J 有如下三大组件。

- 记录器：只用于记录日志（根据日志级别记录，而不考虑日志的存储位置）。
- 存放器：将 Logger 记录的日志存放到配置文件所指定的位置，只处理日志的存放过程。
- 布局：先将日志进行格式化再输出，用于让日志看起来更“顺眼”。当然如何算“顺眼”，由开发人员在配置文件中设定。

一个 Logger 可以有多个 Appender，可以同时将日志输出到多个设备，每个 Appender 都有一个 Layout 用于日志的格式化输出。

（1）Logger 组件。

默认的 Logger 为 root。如果不定义其他 Logger，就会默认使用名为“root”的 Logger。

（2）Appender 组件。

Appender 用于指定日志要输出的目的地，其支持的目的地有如下几种。

- ConsoleAppender：用于将日志输出到控制台（*常用）。
- FileAppender：用于将日志输出到文件（*常用）。
- RollingFileAppender：用于将日志输出到文件，可以根据策略清空文件和备份文件（*常用）。
- SocketAppender：用于套接口服务器（Remote Socket Server）。
- AsyncAppender：用于将日志输出到其他 Appender。
- CassandraAppender：用于将日志输出到 Apache Cassandra 数据库。
- FailoverAppender：用于封装一组 Appender，如果前面的 Appender 输出日志失败了，那么就使用后面的 Appender，直到成功输出日志。
- FlumeAppender：将日志输出到一个 Apache Flume，用于收集、集成和移动大量的日志数据。
- JDBCAppender：通过 Java 数据库连接（Java Database Comectivity，JDBC）方式，将日志数据输出到相关数据库中。
- JMSAppender：用于将日志输出到一个 Java 消息服务（Java Message Service，JMS）。
- JPAAppender：通过 Java Persistence API（JPA），将日志数据输出到相关数据库。
- KafkaAppender：用于将日志输出到 Apache Kafka。
- MemoryMappedAppender：将日志输出到内存，主要用于减少磁盘 IO 操作，提升系统性能。
- NoSQLAppender：用于将日志输出到一个非 SQL 数据库。
- RewriteAppender：用于将日志处理（如掩盖账号、密码）后，输出到其他 Appender。
- RoutingAppender：用于将日志分类，并分别输出到其他 Appender。
- SMTPAppender：用于将日志通过电子邮件发送出来。
- ScriptAppenderSelector：调用脚本得到一个 Appender 的名字，并创建这个 Appender。
- Syslogappender：通过 BSD Syslog 或 RFC5424 格式，将日志输出到远程服务器。
- ZeroMQAppender：用于将日志输出到 ZeroMQ 端节点。

（3）Layout 组件。

Layout 组件用于指定日志的输出格式，有如下几类。

- CSVLayout：以 CSV 格式输出日志。
- GELF Layout：以 GELF 格式输出日志，其中 GELF 的全称是 Graylog Extended Log Format。
- HTMLLayout：以 HTML 格式输出日志。
- JSONLayout：以 JSON 字符串格式输出日志。
- PatternLayout：以自定义 Pattern 的格式输出日志（*常用）。
- RFC5424Layout：以加强版的 Syslog 格式输出日志。
- SerializedLayout：以字节流格式输出日志。
- SyslogLayout：以 BSD Syslog 格式输出日志。

3）日志级别

现在需要调用 Logger 的方法，不过在这个 Logger 对象中有很多方法，所以要先了解 Log4J 的日志级别。Log4J 规定了日志默认的级别顺序：trace<debug<info<warn<error<fatal。这里需要进行说明。

（1）级别之间是包含的关系，例如，如果设置的日志级别是 trace，则大于或等于这个级别的日志都会输出。

（2）不同的级别的含义如下。

- trace：追踪级别，即在程序推进时需要编写 trace 输出，因此会有很多 trace 级别的日志。可以通过设置日志最低输出级别不让其输出。
- debug：调试级别。
- info：用于输出令人感兴趣的或重要的日志，此级别使用得比较多。
- warn：提示级别，有些日志不是错误日志，但是也需要给开发人员一些提示，类似 eclipse 中代码的验证时会有 error 和 warn 级别的日志（如 depressed()方法）。
- error：错误级别。
- fatal：级别比较高，用于表示重大错误级别的日志。

6．问题与思考

请读者配置 Log4J2 日志并将其记录至数据库。

提示

（1）建立用于保存日志的数据库表，代码如下。

```
CREATE TABLE 'sys_log' (
  'id' int(11) NOT NULL AUTO_INCREMENT,
  'level' varchar(32) NOT NULL,
  'logger' varchar(100) NOT NULL,
  'message' varchar(1000) DEFAULT NULL,
  'exception' varchar(10000) DEFAULT NULL,
  'date_add' datetime NOT NULL,
```

```
  PRIMARY KEY ('id')
) ENGINE=InnoDB AUTO_INCREMENT=19 DEFAULT CHARSET=utf8mb4;
```

（2）配置 DatabaseAppender，代码如下。

```
<JDBC name="databaseAppender" tableName="sys_log">
     <ConnectionFactory class="cc.s2m.web.s2mBlog.util.StaticProp" method=
"getDatabaseConnection" />
     <Column name="date_add" isEventTimestamp="true" />
     <Column name="level" pattern="%level" />
     <Column name="logger" pattern="%logger" />
     <Column name="message" pattern="%message" />
     <Column name="exception" pattern="%ex{full}" />
  </JDBC>
```

（3）其中 cc.s2m.web.s2mBlog.util.StaticProp 类的 getDatabaseConnection()方法用于获取可用的 datasource。

```
DriverManagerDataSource ds = new DriverManagerDataSource();
ds.setDriverClassName("com.mysql.jdbc.Driver");
ds.setUrl("jdbc:mysql://127.0.0.1/s2mBlog?characterEncoding=utf8");
ds.setUsername("root");
ds.setPassword("123456");
return ds.getConnection();
```

（4）使用 DatabaseAppender 指定需要记录的日志，代码如下。

```
<logger name="SYSLOG" level="INFO" additivity="false">
     <appender-ref ref="databaseAppender"/>
</logger>
```

1.6 Web SSO 实验

下面介绍 Web 单击登录（Single Sign On，SSO）实验。

【实验目标】在一个网络中，设置 2 台计算机的域名分别为 auth.sso.com 和 login.sso.com。域名为 auth.sso.com 的计算机使用一个统一的身份验证系统，由一个 Servlet 实现。域名为 login.sso.com 的计算机使用 Tomcat 在 webapps 目录中发布 2 个 context 应用，分别为 ssologin1 和 ssologin2。当进入 ssologin1 或 ssologin2 的 login.jsp 登录页面文件时，如果保存在 Cookie 中 CookieName 的 ssoid 的参数值为空，则说明没有用户登录过，跳转到域名为 auth.sso.com 的计算机的统一的身份验证系统的页面进行登录；否则直接进入 ssologin1 或 ssologin2 的 login.jsp 登录页面文件来显示欢迎信息。

【技术分析】

1. 设置本地域名

在 Linux 系统中可以通过修改/etc/hostname 文件来设置主机名，并与/etc/hosts 文件提供的 IP 地址 hostname 相对应。hosts 文件的作用相当于 DNS，Windows 系统对应的文件是 C:\Windows\System32\drivers\etc\hosts。

例 1-8　假设本地域名为 auth.sso.com，需要挟持到测试站点 127.0.0.1。

在 Windows 7 中，打开 C:\Windows\System32\drivers\etc\hosts 文件，首先将其改成非只读属性，设置管理员权限，并在代码中添加一行“127.0.0.1 auth.sso.com”命令。

然后在开始搜索栏里面输入“cmd”命令，按回车键，在 Windows 命令行窗口中输入“ping auth.sso.com”命令，如果 IP 地址已经是 127.0.0.1，则说明挟持成功。如果没有，则可以更新 DNS，在 Windows 命令行窗口中输入“ipconfig/flushdns”，或者重启计算机。

关闭或重启所有浏览器，访问 http:// auth.sso.com 查看是否能够正常显示。若正常显示则可联系信息与网络中心修改 DNS。

2. 统一认证处理

```
    public void doPost(HttpServletRequest request, HttpServletResponse
response)
            throws ServletException, IOException {

        System.out.println("进入 Servlet 了");
            /*
             * DomainName 和 CookName 这 2 个参数在 web.xml 的 context-param 标签
中定义
             */
            DomainName=
request.getSession().getServletContext().getInitParameter("DomainName");
            CookName                                                    =
request.getSession().getServletContext().getInitParameter("CookieName");

            System.out.println("---------"+DomainName+"---------------- 跳
转了-------------"+CookName+"----------------");
            //定义登录页面
            String location =request.getContextPath()+"/login.jsp";
            //判断附加码是否相等
            String ccode =(String) request.getSession().getAttribute("ccode");
            String checkcode =request.getParameter("checkcode");
            if(!checkcode.equals(ccode)){
```

```
                //若附加码不相等，则跳转登录页面
                response.sendRedirect(location);
            }else{
                //登录账户是否正确
                String username =request.getParameter("username");
                String userpassword =request.getParameter("userpassword");
                String key =accounts.get(username);
                if(key==null){
                 //若密码为空，则重新登录
                   response.sendRedirect(location);
                }else{
                   if(key.equals(userpassword)){
                     //账户正确，保存 sessionId 到 Cookie 便于实现 Web SSO
                       String gotoURL = request.getParameter("goto");
                       String sessionId =request.getSession().getId();
                       Cookie  cookie =new Cookie(CookName,sessionId);
//                     cookie.setDomain(gotoURL);
                       cookie.setMaxAge(100);
//                     cookie.setValue(sessionId);
                       cookie.setPath("/");
                        response.addCookie(cookie);
                        if (gotoURL != null) {
                             //跳转到主页面
                              response.sendRedirect(gotoURL);
                              System.out.println("登录成功!!!! "+cookie+"------
----------"+sessionId);
                          }else{
                            response.sendRedirect(location);
                          }
                   }else{
                       response.sendRedirect(location);
                   }
                }
            }
    }


    //用户账号数组
    static private ConcurrentMap<String, String> accounts;
    String CookName;//保留 sessionId 的 Cookie
    String DomainName;//域名
```

```
    /**
     * 在初始化 Servlet 时，定义用户账号
     * @param config
     * @throws ServletException
     */
    @Override
    public void init(ServletConfig config) throws ServletException {

//      SSOIDs = new ConcurrentHashMap<String, String>();
        accounts=new ConcurrentHashMap<String, String>();
        accounts.put("joylife", "123456");
        accounts.put("admin", "123456");
        accounts.put("json", "123456");
    }
```

3. 统一认证跳转

1）初始化参数

启动一个 Web 项目的时候，Tomcat 会读取其配置文件 web.xml 的两个节点：<listener></listener>和<context-param></context-param>。容器将<context-param></context-param>节点转化为键值对，并交给 ServletContext 容器创建<listener></listener>节点中的类实例，即创建监听。在监听中会有 contextInitialized(ServletContextEvent args)初始化方法，在此方法中得到如下值。

- ServletContext = ServletContextEvent.getServletContext();
- context-param 的值 = ServletContext.getInitParameter("context-param 的键");

得到这个 context-param 的值之后，就可以进行一些操作了。这个时候 Web 项目还没有完全启动。

对<context-param>节点中的键值对的操作，将在 Web 项目完全启动之前执行。因此可以利用其进行一些初始化工作。

例如，在 web.xml 文件中增加<web-app>标签，并在其<context-param>子标签中增加 2 个键值对参数，参数 CookieName 用于表示单点登录的标记；参数 SSOLoginPage 用于表示统一认证的地址。

```
<context-param>
   <param-name>CookieName</param-name>
   <param-value>
       ssoid
   </param-value>
</context-param>
<context-param>
```

```
        <param-name>SSOLoginPage</param-name>
        <param-value>
            http:// auth.sso.com:8080/SSOAuth/login.jsp
        </param-value>
</context-param>
```

2）统一认证

在 login.sso.com 页面中的 login.jsp 页面读取参数 CookieName 和 SSOLoginPage 并处理，参考程序如下。

```
<%@ page language="java"  pageEncoding="UTF-8"%>

<%
String SSOLoginPage =request.getSession().getServletContext(). getInitParameter
("SSOLoginPage");
String CookieName =request.getSession().getServletContext(). getInitParameter
("CookieName");
CookieName =CookieName.toLowerCase().trim();
Cookie[] cookies=   request.getCookies();
Cookie loginCookie =null;
String cookname ="";
if(cookies!=null){
    for(Cookie cookie:cookies){
        cookname =cookie.getName().trim().toLowerCase();
        if(CookieName.equals(cookname)){
            loginCookie =cookie;
            break;
        }
    }
}
if(loginCookie==null){
    String url =request.getRequestURL().toString();
    response.sendRedirect(SSOLoginPage+"?goto="+url);
}
%>

<!DOCTYPE HTML PUBLIC "-//W3C//DTD HTML 4.01 Transitional//EN">
<html>
  <head>
    <title>ssowebdemo1</title>
    <meta http-equiv="pragma" content="no-cache">
    <meta http-equiv="cache-control" content="no-cache">
    <meta http-equiv="expires" content="0">
```

```
    <meta http-equiv="keywords" content="keyword1,keyword2,keyword3">
    <meta http-equiv="description" content="This is my page">
  </head>
  <body>
    <h1 align="center">WELCOME SsoWebDemo2 !</h1><br>
  </body>
</html>
```

第 2 章　云数据库

2.1　数据库主从复制

MySQL 数据库自身提供主从复制功能，可以方便地实现数据的多处自动备份和数据库的拓展。数据的多处自动备份不仅可以加强数据的安全性，还可以通过实现读写分离进一步提升数据库的负载性能。

MySQL 主从复制

【实例】在 Linux 系统中，实现两台 MySQL 服务器的主从复制。

1．问题分析

在两台 MySQL 版本相同的服务器中实现主、从服务器的复制。为了避免这两台服务器用户以 root 用户的身份登录，需要在各自的系统中创建新用户。接下来使用这两个新用户实现彼此连接，完成主、从服务器的复制。

2．实现方法

MySQL 主、从服务器的配置主要有以下操作。

1）配置主、从服务器的 ID

通过 my.cnf 配置文件实现主、从服务器 ID 的配置。主、从服务器的 server_id 不能相同，一般选取各自 IP 地址的最后一段作为 server_id。配置完成后需要重新启动服务器。

2）在主服务器上创建用户并授权给从服务器

3）从服务器连接至主服务器

在连接时需要根据主服务器的状态参数设置连接信息。能否连接成功主要由从服务器状态中的 Slave_IO_Running 和 Slave_SQL_Running 参数确定，如果参数都为“Yes”表示成功连接，否则表示错误的状态。

3．实现过程

首先，准备好两台安装好 MySQL 的服务器。本实例中这两台服务器地址分别是 192.168.1.200 和 192.168.1.201。其中地址为 192.168.1.200 的服务器作为主服务器（Master），地址为 192.168.1.201 的服务器作为从服务器（Slave）。

1）为 MySQL 创建新用户

在实现 MySQL 主从复制时，尽量避免使用 MySQL 的顶级用户 root。因此，需要在主服务器和从服务器的数据库中重新创建新的用户。首先在主服务器的数据库中，创建用户 mymaster，然后将在所有数据库的所有表中进行所有操作的权限分配给用户 mymaster，命令如下。

```
mysql> CREATE USER 'mymaster' IDENTIFIED BY "master";
Query OK, 0 rows affected (0.02 sec)

mysql> GRANT ALL PRIVILEGES ON *.* TO mymaster IDENTIFIED BY "master";
Query OK, 0 rows affected, 1 warning (0.00 sec)
```

接着使用同样的方法在从服务器的数据库中，创建用户 myslave，并将在所有数据库的所有表中进行所有操作的权限分配给用户 myslave，命令如下。

```
mysql> CREATE USER 'myslave' IDENTIFIED BY 'slave';
Query OK, 0 rows affected (0.04 sec)
mysql> GRANT ALL PRIVILEGES ON *.* TO myslave IDENTIFIED BY "slave";
Query OK, 0 rows affected, 1 warning (0.00 sec)
```

2）修改主、从服务器配置

修改主服务器的配置文件 my.cnf，命令如下。

```
[client]
port = 3306
socket = /tmp/mysql.sock

[mysqld]
log-bin=mysql-bin
server_id=200
character_set_server=utf8
init_connect='SET NAMES utf8'
basedir=/usr/local/mysql
datadir=/usr/local/mysql/data
socket=/tmp/mysql.sock
log-error=/var/log/mysqld.log
```

其中，log-bin=mysql-bin 为必需项，表示启用二进制日志；server_id=200 为必需项，表示服务器的唯一 ID，一般选取 IP 地址的最后一段。

修改从服务器的配置文件 my.cnf，命令如下。

```
[client]
port = 3306
socket = /tmp/mysql.sock

[mysqld]
log-bin=mysql-bin
```

```
server-id=201
character_set_server=utf8
init_connect='SET NAMES utf8'
basedir=/usr/local/mysql
datadir=/usr/local/mysql/data
socket=/tmp/mysql.sock
log-error=/var/log/mysqld.log
```

其中，log-bin=mysql-bin 不是必需项，表示启用二进制日志；server-id=201 为必需项，表示服务器的唯一 ID，默认为“1”，一般选取 IP 地址为最后一段。

3）重启两台服务器的 MySQL

```
[root@masternode mysql]# service mysql restart
Redirecting to /bin/systemctl restart mysql.service
[root@masternode mysql]#
```

4）在主服务器上创建用户并授权从服务器

命令如下。

```
mysql> GRANT REPLICATION SLAVE ON *.* TO 'myslave'@'%' IDENTIFIED BY
'slave';
Query OK, 0 rows affected, 1 warning (0.01 sec)
```

一般不使用 root 用户，这里授权给从服务器的 myslave 用户。“%”表示只要用户、密码正确，所有服务器都可以连接。此处可以使用具体客户端服务器的 IP 地址代替，如 192.168.1.201，以提高安全性。

5）登录主服务器的 MySQL，查询主服务器的状态

命令如下。

```
mysql> show master status;
+------------------+----------+--------------+------------------+-------------------+
| File             | Position | Binlog_Do_DB | Binlog_Ignore_DB | Executed_Gtid_Set |
+------------------+----------+--------------+------------------+-------------------+
| mysql-bin.000004 |      440 |              |                  |                   |
+------------------+----------+--------------+------------------+-------------------+
1 row in set (0.00 sec)
```

6）配置并启动从服务器

命令如下。

```
mysql> CHANGE MASTER TO MASTER_HOST = '192.168.1.200', MASTER_USER=
'mymaster', MASTER_PASSWORD = 'master', MASTER_LOG_FILE = 'mysql-bin.000004',
MASTER_LOG_POS = 440;
Query OK, 0 rows affected, 2 warnings (0.02 sec)
```

注意命令语句不要断开，数字440的前、后无单引号。接下来将启动从服务器复制功能，命令如下。

```
mysql>start slave;
```

7）检查从服务器复制功能的状态

命令如下。

```
mysql> show slave status\G
*************************** 1. row ***************************
               Slave_IO_State: Waiting for master to send event
                  Master_Host: 192.168.1.200
                  Master_User: mymaster
                  Master_Port: 3306
                Connect_Retry: 60
              Master_Log_File: mysql-bin.000004
          Read_Master_Log_Pos: 440
               Relay_Log_File: slavenode-relay-bin.000002
                Relay_Log_Pos: 320
        Relay_Master_Log_File: mysql-bin.000004
             Slave_IO_Running: Yes
            Slave_SQL_Running: Yes
              Replicate_Do_DB:
          Replicate_Ignore_DB:
           Replicate_Do_Table:
       Replicate_Ignore_Table:
      Replicate_Wild_Do_Table:
  Replicate_Wild_Ignore_Table:
                   Last_Errno: 0
                   Last_Error:
                 Skip_Counter: 0
          Exec_Master_Log_Pos: 440
              Relay_Log_Space: 531
              Until_Condition: None
               Until_Log_File:
                Until_Log_Pos: 0
           Master_SSL_Allowed: No
           Master_SSL_CA_File:
           Master_SSL_CA_Path:
              Master_SSL_Cert:
            Master_SSL_Cipher:
               Master_SSL_Key:
```

```
          Seconds_Behind_Master: 0
  Master_SSL_Verify_Server_Cert: No
                  Last_IO_Errno: 0
                  Last_IO_Error:
                 Last_SQL_Errno: 0
                 Last_SQL_Error:
    Replicate_Ignore_Server_Ids:
               Master_Server_Id: 200
                    Master_UUID: bfdcdd75-4db6-11e8-8278-000c29d04ef6
               Master_Info_File:   /usr/local/mysql-5.7.20-linux-glibc2.12-
x86_64/data/master.info
                      SQL_Delay: 0
            SQL_Remaining_Delay: NULL
        Slave_SQL_Running_State: Slave has read all relay log; waiting for
more updates
             Master_Retry_Count: 86400
                    Master_Bind:
        Last_IO_Error_Timestamp:
       Last_SQL_Error_Timestamp:
                 Master_SSL_Crl:
             Master_SSL_Crlpath:
             Retrieved_Gtid_Set:
              Executed_Gtid_Set:
                  Auto_Position: 0
           Replicate_Rewrite_DB:
                   Channel_Name:
             Master_TLS_Version:
  1 row in set (0.00 sec)
```

其中，Master_Host: 192.168.2.200 表示主服务器地址；Master_User: mymaster 表示授权用户，尽量避免使用 root 用户；Master_Port: 3306 为数据库端口，部分版本没有此行；Read_Master_Log_Pos: 440 用于同步读取二进制日志的位置，大于或等于 Exec_Master_Log_Pos；Slave_IO_Running: Yes 表示此状态参数必须为“Yes”；Slave_SQL_Running: Yes 表示此状态参数必须为“Yes”。

注意

Slave_IO_Running 及 Slave_SQL_Running 进程必须可以正常运行，即状态参数为“Yes”，否则都是错误的状态。

在部署 MySQL 主从复制架构时，如果通过复制虚拟机建立主、从服务器，会提示“Last_IO_Error: Fatal error: The slave I/O thread stops because master and slave have equal

MySQL server UUIDs; these UUIDs must be different for replication to work.”这个错误。

查看主、从服务器的auto.cnf文件（一般在data目录中），主、从服务器的server-uuid的确相同了，原因是二者为复制得到的虚拟机。此时，可以先修改任意一台服务器的auto.cnf文件名，再重启服务器，这里会生成新的不同的server_uuid，解决提示的错误。最后最好使用如下MySQL命令，验证主、从服务器的server_uuid是否与之前不一样。

```
show variables like 'server_uuid';
```

以上操作过程成功，表示主、从服务器配置完成。

8）主、从服务器测试

为主服务器建立数据库，并在这个数据库中创建表格并插入一条数据，命令如下。

```
mysql> create database erp;
Query OK, 1 row affected (0.01 sec)

mysql> use erp;
Database changed

mysql> create table clerk(id int(3), name char(10));
Query OK, 0 rows affected (0.02 sec)

mysql> insert into clerk values(001,'wang');
Query OK, 1 row affected (0.01 sec)

mysql> show databases;
+--------------------+
| Database           |
+--------------------+
| information_schema |
| erp                |
| mysql              |
| performance_schema |
| sys                |
+--------------------+
5 rows in set (0.00 sec)
```

在从服务器中查询，命令如下。

```
mysql> show databases;
+--------------------+
| Database           |
+--------------------+
```

```
| information_schema |
| erp                |
| mysql              |
| performance_schema |
| sys                |
+--------------------+
5 rows in set (0.00 sec)

mysql> use erp;
Reading table information for completion of table and column names
You can turn off this feature to get a quicker startup with -A

Database changed
mysql> select * from clerk;
+------+------+
| id   | name |
+------+------+
|    1 | wang |
+------+------+
1 row in set (0.00 sec)
```

主服务器数据的任何变化都能反映在从服务器中，说明从服务器能够成功复制数据。

4. 技术分析

1）概述

MySQL 的复制功能是构建大型、高性能应用程序的基础。将 MySQL 的数据分布到多个系统上去，这种分布的机制是通过将 MySQL 的某一台主机的数据复制到其他主机（从服务器）上，并重新执行一遍来实现的。在复制过程中一个服务器当作 Master，而一个或多个其他服务器当作 Slave。Master 将更新写入二进制日志事件，并设置事件的一个索引用来跟踪日志循环。这些日志事件可以记录发送到 Slave 的更新。当一个 Slave 连接 Master 时，将通知 Master 在 Slave 日志中读取最后一次成功更新的位置。Slave 先接收从那时起发生的所有更新，再封锁并等待 Master 通知的新的更新。

在进行复制时，对复制的表的所有更新必须在上 Master 进行。否则，必须要避免用户对 Master 上的表的更新，与对 Slave 上的表的更新之间的冲突。

（1）MySQL 支持的复制类型。

- 基于语句的复制：在 Master 上执行的 SQL 语句，并在 Slave 上执行同样的语句。MySQL 默认采用基于语句的复制，效率比较高。
- 基于行的复制：把更新后的内容复制到 Slave 上，而不是把命令在 Slave 上执行一遍。
- 混合类型的复制：默认采用基于语句的复制，一旦发现基于语句的无法精确的复制，就会采用基于行的复制。

（2）MySQL 复制技术有以下一些特点。

- 数据分布（Data Distribution）。
- 负载平衡（Load Balancing）。
- 备份（Backup）。
- 高可用性和容错性（High Availability and Failover）。

（3）复制的步骤。

整体上来说，复制有 3 个步骤。

- Master 将更新记录到二进制日志（Binary Log）中，这些记录被称为二进制日志事件（Binary Log Events）。
- Slave 将 Master 的二进制日志事件复制到其中继日志（Relay Log）。
- Slave 重新继续执行日志中的事件，更新 Slave 中的数据。

图 2-1 描述了 MySQL 的主、从服务器的复制过程。

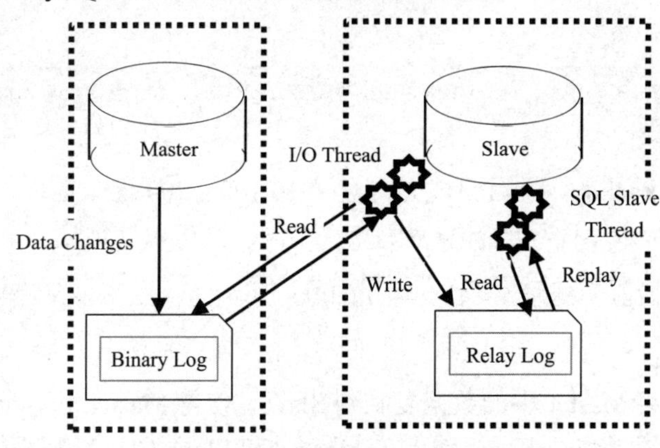

图 2-1　主、从服务器的复制过程

该过程的第一部分就是 Master 记录二进制日志。在每个事件更新数据完成之前，Master 在二进制日志中记录这些更新。MySQL 将事件串行写入二进制日志，即使事件中的语句都是交叉执行的。在事件写入二进制日志后，Master 通知存储引擎提交事务。

该过程的第二部分就是 Slave 将 Master 的二进制日志复制到它自己的中继日志。首先，Slave 开始一个工作线程——I/O 线程（I/O Thread），I/O 线程在 Master 上打开一个普通的连接。然后，开始二进制日志转储进程（Binlog Dump Process）。Binlog Dump Process 从 Master 的二进制日志中读取事件，如果已经连接上 Master，它将睡眠并等待 Master 产生新的事件。I/O 线程将这些事件写入中继日志。

SQL 从线程（SQL Slave Thread）处理该过程的最后一步。SQL 从线程从中继日志读取事件，并重放其中的事件来更新 Slave 的数据，使其与 Master 中的数据一致。只要该线程与 I/O 线程保持一致，中继日志通常会位于 OS 的缓存中，因此中继日志占用的空间很小。

此外，在 Master 中也有一个工作线程：与其他 MySQL 的连接一样，Slave 在 Master

中打开一个连接也会使 Master 开始一个线程。复制过程有一个很重要的限制——复制操作在 Slave 上是串行的，也就是说 Master 上的并行更新操作不能在 Slave 上并行操作。

2）复制配置

有两台 MySQL 数据库服务器 Master 和 Slave。在初始状态时，Master 和 Slave 中的数据信息相同，当 Master 中的数据发生变化时，Slave 中的数据也跟着发生相应的变化，使 Master 和 Slave 的数据信息同步，达到备份的目的。

负责在 Master 和 Slave 中传输各种修改动作的媒介是 Master 的二进制日志，这个日志记载着需要传输给 Slave 的各种修改动作。因此，Master 必须激活二进制日志功能。Slave 必须具备使其连接 Master 并请求 Master 把二进制日志传输给它的权限。

（1）创建复制用户。

在 Master 的数据库中建立一个备份用户：每个 Slave 使用标准的 MySQL 用户名和密码连接 Master。进行复制操作的用户会被赋予 REPLICATION SLAVE 权限。用户名和密码都会存储在文本文件 master.info 中。

命令如下。

```
mysql > GRANT REPLICATION SLAVE,RELOAD,SUPER ON *.*  TO backup@'10.100.0.200'
IDENTIFIED BY '1234';
```

建立一个用户 backup，并且只能允许登录 10.100.0.200 这个地址，密码是“1234”。如果因为 MySQL 版本不同导致新旧密码算法不同，则可以使用如下命令设置。

```
set password for 'backup'@'10.100.0.200'=old_password('1234')
```

（2）复制数据。

关闭 Master，将 Master 中的数据复制到 Slave，使得 Master 和 Slave 中的数据同步，并且确保在全部设置操作结束前，**禁止在 Master 和 Slave 中进行写操作，使得两个数据库中的数据一定要相同。**

（3）配置 Master。

接下来对 Master 进行配置，包括打开二进制日志，指定唯一的 server_id。例如，在配置文件加入如下值。

```
server_id=1
log_bin=mysql-bin
```

server_id 为 Master A 的 ID 值；log_bin 为二进制日志的值。

重启 Master，运行“SHOW MASTER STATUS”命令。

（4）配置 Slave。

Slave 的配置与 Master 类似，同样需要重启 Slave 的 MySQL，命令如下。

```
log_bin= mysql-bin
server_id= 2
relay_log= mysql-relay-bin
log_slave_updates = 1
```

```
read_only= 1
```

server_id 是必需的，而且是唯一的。Slave 没有必要开启二进制日志，但是在一些情况下，必须设置。例如，如果 Slave 为其他 Slave 的 Master，则必须设置 bin_log。这里开启了二进制日志，并且显示名称（默认名称为 hostname，如果 hostname 改变则会出现问题）。

relay_log 用于配置中继日志，log_slave_updates 用于表示 Slave 将复制的事件写进自己的二进制日志中。

有时先开启 Slave 的二进制日志，却没有设置 log_slave_updates，再查看 Slave 的数据是否改变，这是一种错误的配置方式。因此，尽量使用 read_only，防止改变数据（特殊的线程除外）。但 read_only 很实用，特别是对于那些需要在 Slave 上创建表的应用。

（5）启动 Slave。

接下来就是让 Slave 连接 Master，并开始重新执行 Master 的二进制日志中的事件。不应该使用配置文件执行该操作，而应该使用“CHANGE MASTER TO”语句，该语句可以完全取代对配置文件的修改，而且它可以为 Slave 指定不同的 Master，而不需要停止服务器。

其中，MASTER_LOG_POS 的值为 0，表示日志的开始位置。

可以使用“SHOW SLAVE STATUS”语句查看 Slave 的设置是否正确。

Slave_IO_State、Slave_IO_Running 和 Slave_SQL_Running 的值是“No”，表明 Slave 还没有开始复制过程。日志的位置为“4”而不为“0”，这是因为“0”只是日志文件的开始位置，并不是日志位置。实际上，MySQL 知道的第一个事件的位置是“4”。

可以运行“START SLAVE”命令开始复制。

在这里主要查看如下参数。

```
Slave_IO_Running=Yes
Slave_SQL_Running=Yes
```

Slave 的 I/O 线程和 SQL 从线程都已经开始运行，而且 Seconds_Behind_Master 的值不再是 NULL。日志的位置增加，意味着一些事件被获取并执行了。如果在 Master 上进行修改，则可以在 Slave 上查看到各种日志文件的位置的变化，同样，也可以查看到数据库中数据的变化。

在 Master 上输入命令“show processlist\G”可查看 Master 和 Slave 上 I/O 线程的状态。在 Master 上，可以看到 Slave 的 I/O 线程创建的连接。

（6）添加新 Slave。

假如 Master 已经运行很久了，想对新安装的没有 Master 数据的 Slave 进行数据同步。

此时，有几种方法可以使 Slave 从另一个服务开始，例如，从 Master 复制数据，或者从另一个 Slave 复制，从最近的备份开始一个 Slave。当 Slave 与 Master 同步时，需要如下 3 个部分。

① Master 的某个时刻的数据快照。

② Master 当前的日志文件及生成数据快照时的字节偏移。这 2 个值可以被称为日志文件坐标（Log File Coordinate），因为它们确定了一个二进制日志的位置，可以使用

“SHOW MASTER STATUS”命令找到日志文件的坐标。

③ Master 的二进制日志文件。

可以通过以下几种方法来复制一个 Slave。

① 冷复制（Cold Copy）：停止 Master，首先将 Master 的文件复制到 Slave，然后重启 Master。这种操作的缺点很明显。

② 热复制（Warm Copy）：如果仅复制 MyISAM 表，则可以执行“mysqlhotcopy”命令，即使服务器处在运行状态。

③ mysqldump 方法：使用 mysqldump 方法得到一个数据快照可分为以下几步。

- 锁表：如果还没有锁表，则应该先对表加锁，防止其他服务器连接并修改数据库，否则，得到的数据可能是不一致的，锁表命令如下。

```
mysql> FLUSH TABLES WITH READ LOCK;
```

- 在另一个连接的 Slave 使用 mysqldump 方法创建一个进行复制的数据库的转储，命令如下。

```
shell> mysqldump --all-databases --lock-all-tables >dbdump.db
```

- 对表释放锁，命令如下。

```
mysql> UNLOCK TABLES;
```

3）深入了解复制

前面已经介绍了关于复制的一些基本内容，下面将深入介绍复制。

（1）基于语句的复制（Statement-Based Replication）。

MySQL 5.0 版本及之前的版本仅支持基于语句的复制（即逻辑复制，Logical Replication），这在数据库中并不常见。首先 Master 记录下数据的更新日志，然后 Slave 从中继日志中读取事件并执行，这些 SQL 语句与 Master 执行的语句一样。

这种方式的优点就是实现简单。此外，基于语句的复制的二进制日志可以很好地进行压缩，而且日志的数据量也较小，占用带宽少。例如，一个更新 GB 级的数据的查询仅需要数十字节的二进制日志。使用“mysqlbinlog”语句可以十分方便地对基于语句的日志进行处理。

但是，基于语句的复制并不像其看起来那么简单，一个问题就是一些查询语句依赖 Master 的特定条件。例如，Master 与 Slave 可能有不同的时间。所以，MySQL 的二进制日志的格式不仅可以用于查询语句，还可以包括一些元数据信息，如当前的时间戳。即使如此，还有一些语句，如 CURRENT USER()函数，不能正确地复制。此外，存储过程和触发器也是一个问题。

另外一个问题就是基于语句的复制必须是串行化的。这要求大量特殊的代码、配置，如 InnoDB 的 next-key 锁等。并不是所有的存储服务器都支持基于语句的复制。

（2）基于记录的复制（Row-Based Replication）。

MySQL 增加了基于记录的复制功能。在二进制日志中记录下实际数据的改变，这与其他一些数据库管理系统（Database Management System，DBMS）的实现方式类似。这种方式既有优点，也有缺点。优点就是任何语句都能被正确执行，使用某些语句的效率更高。主要的缺点就是二进制日志可能会很大，而且不直观，所以不能使用"mysqlbinlog"语句来查看二进制日志。

可以使用一些语句，使基于记录的复制更有效地执行，语句如下。

```
mysql> INSERT INTO summary_table(col1, col2, sum_col3)
    -> SELECT col1, col2, sum(col3)
    -> FROM enormous_table
    -> GROUP BY col1, col2;
```

假设，只有三种唯一的 col1 和 col2 的组合，但是，该查询命令会扫描原表的许多行，而仅能返回三条记录。此时，使用基于记录的复制效率更高。

如下语句使用基于语句的复制更有效。

```
mysql> UPDATE enormous_table SET col1 = 0;
```

此时使用基于记录的复制的代价会非常高。由于这两种方式均不能对所有情况都进行很好的处理，所以 MySQL 5.1 支持在基于语句的复制和基于记录的复制之前可以进行动态交换，通过设置 Session 变量 binlog_format 值来进行控制。

（3）复制相关的文件。

除了二进制日志和中继日志文件，还有如下的其他一些与复制相关的文件。

- mysql-bin.index：服务器一旦开启二进制日志，会产生一个与二进制日志文件同名、以".index"为结尾的文件，用于跟踪磁盘上存在的二进制日志文件。MySQL 使用它来定位二进制日志文件。
- mysql-relay-bin.index：该文件的功能与 mysql-bin.index 文件类似，但是它针对的是中继日志，而不是二进制日志，文件内容如下。

```
.\mysql-02-relay-bin.000017
.\mysql-02-relay-bin.000018
```

- master.info：用于保存 Master 的相关信息。该文件不能删除，否则在 Slave 重启后不能连接 Master。
- relay-log.info：该文件包含 Slave 中当前的二进制日志和中继日志的信息。

（4）发送复制事件到其他 Slave。

当设置 log_slave_updates 时，可以让 Slave 扮演其他 Slave 的 Master。此时，Slave 首先把 SQL 线程执行的事件写入自己的二进制日志，然后它的 Slave 可以获取这些事件并执行。

（5）复制过滤（Replication Filters）。

使用复制过滤可以只复制服务器中的一部分数据，有以下两种复制过滤方式：在 Master 上过滤二进制日志中的事件，以及在 Slave 上过滤中继日志中的事件。

4）复制的常用体系结构

复制的体系结构有如下一些基本原则。

- 每个 Slave 只能有一个 Master。
- 每个 Slave 只能有一个唯一的服务器 ID。
- 每个 Master 可以有很多 Slave。
- 如果设置 log_slave_updates，则 Slave 可以是其他 Slave 的 Master，从而扩散 Master 的更新。

MySQL 不支持多主服务器复制（Multimaster Replication），即一个 Slave 可以有多个 Master。但是，通过一些简单的组合可以建立灵活而强大的复制体系结构。

（1）单一 Master 和多 Slave。

由一个 Master 和一个 Slave 组成复制体系结构是最简单的情况。多个 Slave 之间并不相互通信，只能与 Master 通信。

在实际应用场景中，MySQL 复制方式 90%以上都是从一个 Master 复制到一个或多个 Slave 的模式，主要用于读压力比较大的应用的数据库端的廉价的扩展解决方案。因为只要 Master 和 Slave 的压力不是太大（尤其是 Slave 端的压力），异步复制的延时时间一般都很短。尤其是将 Slave 端的复制方式改成两个线程处理之后，更是减少了 Slave 端的延时时间。对于数据实时性要求不是特别关键的应用，只需要通过廉价的计算机服务器来扩展 Slave 的数量，将读压力分散到多个 Slave 上面，即可通过分散单个数据库服务器的读压力来解决数据库端的读性能瓶颈，毕竟在大多数数据库应用系统中的读压力还是要比写压力大得多。这很大程度地解决了目前很多中小型网站的数据库读写性能的瓶颈问题，甚至有些大型网站也在使用类似方式解决数据库的瓶颈问题。单一 Master 和多 Slave 的结构如图 2-2 所示。

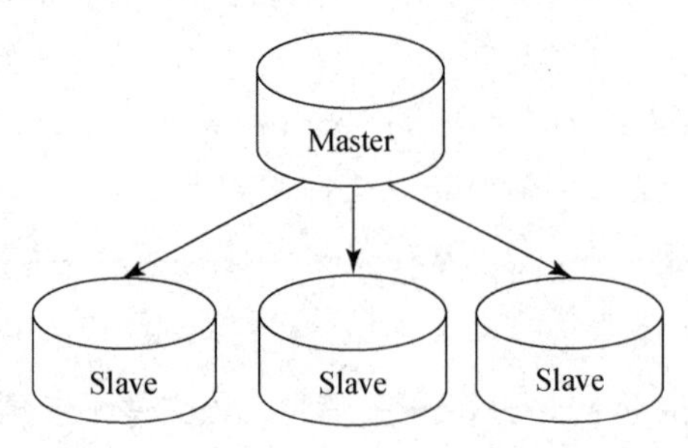

图 2-2　单一 Master 和多 Slave 的结构

如果写操作较少，而读操作较多时，则可以采用这种结构。可以将读操作分布到其他的 Slave 上，从而减小 Master 的压力。但是，当 Slave 增加到一定数量时，Slave 对 Master 的负载及网络带宽都会成为一个严重的问题。

这种结构虽然简单，但是非常灵活，能够满足大多数的应用需求。建议如下。

- 不同的 Slave 起到不同的作用（例如，使用不同的索引，或者不同的存储引擎）。
- 使用一个 Slave 作为备用 Master，只进行复制。
- 使用一个远程的 Slave，用于灾难恢复。

从一个 Master 节点可以复制出多个 Slave 节点。一个 Slave 节点是否可以从多个 Master 节点上面进行复制呢？从目前来看，这是 MySQL 不支持的。

MySQL 不支持一个 Slave 节点从多个 Master 节点来进行复制，主要是为了避免冲突，防止多个数据源之间的数据出现冲突的情况，而造成最后数据的不一致性。

（2）主动模式的 Master-Master（Master-Master in Active-Active Mode）。

Master-Master 复制的两台服务器，既是 Master，又是另一台服务器的 Slave。这样，任何一方做出的变更，都会通过复制变更到另外一方的数据库中。

搭建复制环境之后，会造成两台 MySQL 服务器之间循环复制，因此应在 MySQL 的二进制日志中记录当前 MySQL 服务器的 server_id 参数，这个参数是在搭建 MySQL 复制时必须明确指定的，而且需要 Master 和 Slave 的 server_id 参数值不一致才能使 MySQL 复制搭建成功。一旦有了 server_id 参数的值之后，MySQL 就很容易判断某个变更是哪一个 MySQL 服务器最初产生的，这样就能够避免出现循环复制的情况。如果不打开记录 Slave 的二进制日志的选项（--log-slave-update），MySQL 就不用记录复制过程中的变更到二进制日志中，更不用担心可能会出现循环复制的情况了。图 2-3 所示为主动模式的 Master-Master 结构。

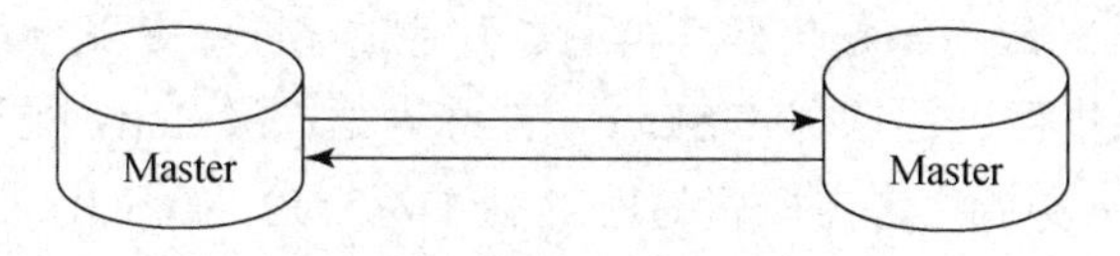

图 2-3 主动模式的 Master-Master 结构

主动模式的 Master-Master 复制有一些特殊的用处。例如，地理分布不同的两个部分都需要有自己的可写的数据副本。使用这种结构最大的问题就是会导致更新冲突。假设一个表中只有一行（或一列）数据，其值为“1”，如果两个服务器分别同时执行如下命令。

在第一台服务器上执行如下命令。

```
mysql> UPDATE tbl SET col=col + 1;
```

在第二台服务器上执行如下命令。

```
mysql> UPDATE tbl SET col=col * 2;
```

那么结果是多少呢？一台服务器的结果是“4”，另一台服务器的结果是“3”，但是这并不会产生错误。

实际上，MySQL 并不支持其他一些 DBMS 支持的多主服务器复制，这是 MySQL 的复制功能的一个限制（多 Master 的难点在于解决更新冲突）。如果有这种需求，则可以采用 MySQL 集群（MySQL Cluster），以及将 MySQL Cluster 和 Multimaster Replication 结合起来，建立强大的、高性能的数据库平台。还可以通过其他的一些方式来模拟这种多主服务器复制。

（3）主动-被动模式的 Master-Master（Master-Master in Active-Passive Mode）。

这是由 Master-Master 结构变化而来的，避免了 Master-Master 的缺点。这是一种具有容错性和高可用性的系统。它的不同点在于其中一个服务只能进行只读操作，如图 2-4 所示。

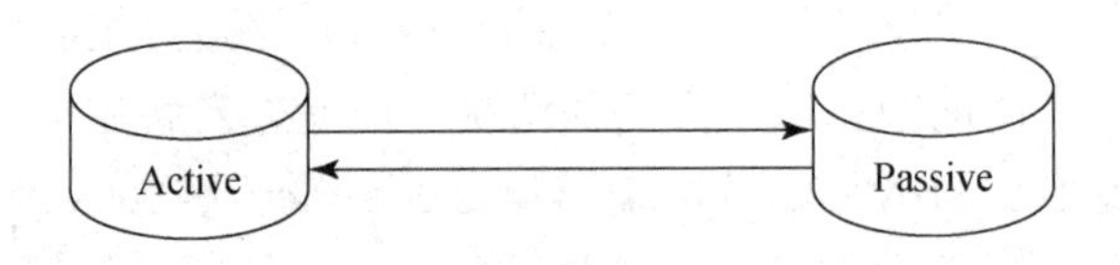

图 2-4　主动-被动模式的 Master-Master 结构

（4）级联复制结构 Master-Slaves-Slaves。

在一些应用场景中，可能读写压力的差别比较大，其中读压力特别大，一个 Master 可能需要十几个甚至更多的 Slave 才能够支撑住读压力。这时候，Master 就会比较吃力了，因为连接 Slave 的 I/O 线程比较多，这样在写压力稍微大一点时，Master 因为复制操作就会消耗较多的资源，很容易造成复制的延时。

这种情况就可以利用 MySQL。首先，在 Slave 中记录复制产生变更的二进制日志信息的功能，也就是打开 log-slave-update 选项。然后，通过二级（或更高级别）复制来减少 Master 因复制带来的压力，即先通过少数几台 MySQL 服务器从 Master 进行复制，这几台服务器被称为第一级 Slave 集群，再通过其他的 Slave 从第一级 Slave 集群进行复制。从第一级 Slave 集群进行复制的 Slave，被称为第二级 Slave 集群。若有需要，可以继续增加更多层级的复制。这样很容易就控制了每一台 MySQL 服务器上面所附属的 Slave 的数量。这种结构被称为级联复制结构（Master-Slaves-Slaves）。

这种级联复制结构，很容易就解决了 Master 因为附属的 Slave 太多而造成的瓶颈问题。图 2-5 所示为级联复制结构。

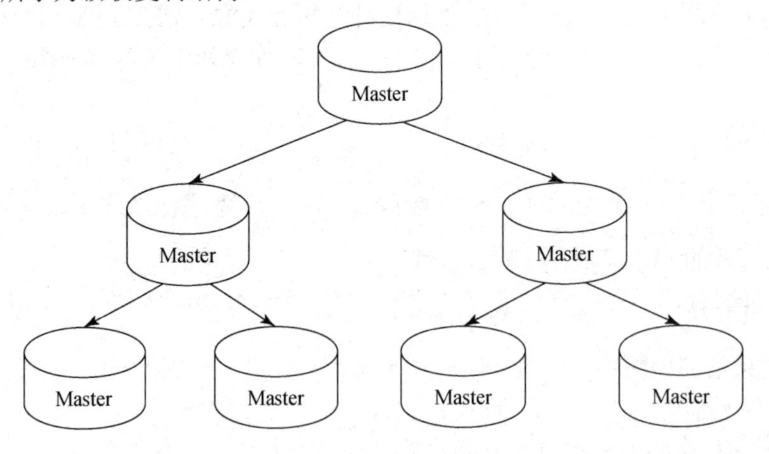

图 2-5　级联复制结构

如果条件允许，建议通过将其拆分成多个复制集群来解决上述瓶颈问题。毕竟 Slave 并没有减少写的量，所有 Slave 实际上仍然应用了所有的数据变更操作，并没有减少任何写 I/O 线程的量。相反，Slave 越多，整个集群的写 I/O 线程的总量就会越多，没有非常明显的减少，仅仅只是因为分散到了多台服务器上面，所以不是很容易表现出存在的问题。

此外，增加复制的级联层次，同一个变更传递到底层的 Slave 需要经过的 MySQL 服务器也会更多，同样可能造成延时时间较长的风险。

如果通过分拆集群的方式来解决，则可能就会要好很多了。当然分拆集群也需要更复杂的技术和更复杂的应用系统结构。

（5）带 Slave 的 Master-Master 结构（Master-Master with Slaves）。

这种结构的优点就是提供了冗余。在地理分布的复制结构，不存在单一节点故障的问题，而且还可以将读取密集型的请求放到 Slave 上，如图 2-6 所示。

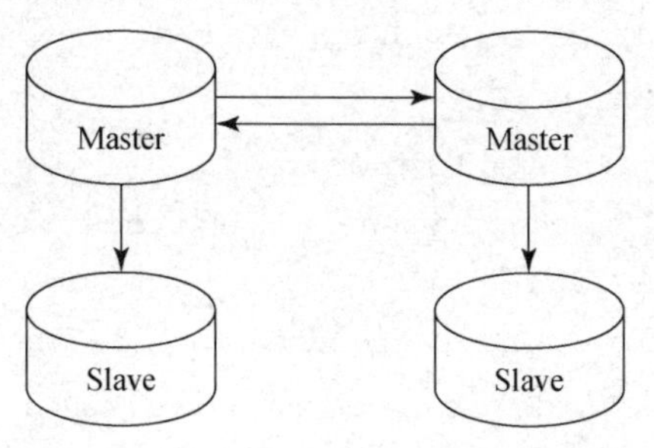

图 2-6　带 Slave 的 Master-Master 结构

级联复制在一定程度上确实解决了 Master 因为附属的 Slave 过多而成为瓶颈的问题，但是其并不能解决在人工维护和出现异常需要切换时可能存在的重新搭建 MySQL 复制结构的问题。这样就很自然地引申出了 DualMaster 与级联复制结合的 MySQL 复制结构，其被称为 Master-Master-Slaves 结构。

和 Master-Slaves-Slaves 结构相比，二者间的区别只是先将第一层级 Slave 集群换成了一个单独的 Master 作为备用 Master，再从这个备用的 Master 进行复制到另一层级 Slave 集群。

这种 DualMaster 与级联复制结合的 MySQL 复制结构，最大的好处就是既可以避免 Master 的写入操作不会受到 Slave 集群的复制带来的影响，同时在 Master 需要切换时也基本上不会出现重新搭建 MySQL 复制结构的问题。但这个结构也有一个弊端，即备用的 Master 有可能成为“瓶颈”。因为如果后面的 Slave 集群比较大的话，备用 Master 则可能会因为过多的 Slave 的 I/O 线程请求而成为“瓶颈”。当然，当该备用 Master 不提供任何读服务的时候，瓶颈出现的可能性并不是特别大，若出现瓶颈，则可以在备用 Master 后面再次进行级联复制，搭建多层级 Slave 集群。当然，级联复制的层级越多，Slave 集群可能出现的数据延时也会更为明显，因此考虑使用多层级联复制架构之前，也需要评估数据延时对应用系统的影响。

5．问题与思考

（1）在 Linux 系统中的两台 MySQL 数据库上实现主从数据复制。请读者在 Master 中建立 ERP 数据库，建立包含 ID 和 name 的表格 Client。在 Master 中插入数据，查看 Slave 中数据是否发生相应变化。

（2）请读者在 Linux 系统中的两台 MySQL 数据库上实现双主互备。

提示

操作步骤参考如下。

（1）主从配置：Master 中的 my.cnf 文件配置（注意下面的黑体部分），内容如下。

```
[mysql]

[mysqld]
pid-file    = /var/run/mysqld/mysqld.pid
socket      = /var/run/mysqld/mysqld.sock
datadir     = /var/lib/mysql
#log-error = /var/log/mysql/error.log
# By default we only accept connections from localhost
#bind-address   = 127.0.0.1
# Disabling symbolic-links is recommended to prevent assorted security
risks
symbolic-links=0

lower_case_table_names = 1 #不区分大小写
character_set_server = utf8 #字符编码

log-bin=mysql-bin # 开启 bin-log 日志，MySQL 主从配置，必须开启
log-bin-index=mysql-bin

server_id=1 # 唯一的标识，与 Slave 不同

log-slave-updates = true # 双主互备必须开启，否则只是主从关系
relay-log= relaylog
relay-log-index=relaylog
relay-log-purge=on

binlog-do-db=erp #开启同步的数据库
binlog-do-db=test
```

Slave 的 my.cnf 文件中配置（注意下面的黑体部分）内容如下。

```
[mysql]

[mysqld]
pid-file    = /var/run/mysqld/mysqld.pid
socket      = /var/run/mysqld/mysqld.sock
datadir     = /var/lib/mysql
#log-error = /var/log/mysql/error.log
# By default we only accept connections from localhost
#bind-address   = 127.0.0.1
# Disabling symbolic-links is recommended to prevent assorted security
```

```
risks
    symbolic-links=0

    lower_case_table_names = 1 #不区分大小写
    character_set_server = utf8 #字符编码

    log-bin=mysql-bin # 开启bin-log日志，MySQL主从配置，必须开启
    log-bin-index=mysql-bin

    server_id=2 # 唯一的标识，与Master不同

    log-slave-updates = true # 双主互备必须开启，否则只是主从关系
    relay-log= relaylog
    relay-log-index=relaylog
    relay-log-purge=on

    binlog-do-db=erp #开启同步的数据库
    binlog-do-db=test
```

（2）启动 Master 和 Slave。

（3）开启 Slave。

登录 Master，查看 Master 状态。

```
    mysql> show master status;
    +------------------+----------+--------------+------------------+--------
-----------+
    | File             | Position | Binlog_Do_DB | Binlog_Ignore_DB | Executed_Gtid_Set |
    +------------------+----------+--------------+------------------+--------
-----------+
    | mysql-bin.000007 |      154 | erp,test     |                  |                   |
    +------------------+----------+--------------+------------------+--------
-----------+
    1 row in set (0.00 sec)
```

登录 Slave，开启 Slave。

```
    mysql>  change  master  to  master_host='10.200.132.168',master_user='root',
master_password='123456',master_port=3307, master_log_file='mysql-bin.000007',
master_log_pos=154;
    Query OK, 0 rows affected, 2 warnings (0.01 sec)

    mysql> start slave;
    Query OK, 0 rows affected (0.01 sec)
```

```
mysql> show slave status\G;
:
            Slave_IO_Running: Yes
           Slave_SQL_Running: Yes
:
```

其中，“change master to”命令用于配置 Master 的信息和日志文件同步起始位置；“start slave”命令用于开启 Slave；“show slave status\G”命令用于查看 Slave 的同步情况。重点关注 Slave_IO_Running 和 Slave_SQL_Running 这两个参数的值，如果这两个参数的值都是“Yes”，则表示同步成功；否则任意一个参数的值为“No”，都表示同步异常。

配置成功后可以测试 Slave 是否可以复制 Master 的数据。

（4）互备。

以上操作只开启单向同步，即把 Master 的数据同步到 Slave，适合读写分离机制。如果要把 Slave 的数据同步到 Master，那么上面配置操作基本一样，步骤如下。

登录 Slave，查看 Slave 的 Master，命令如下。

```
mysql> show master status;
+------------------+----------+--------------+------------------+--------
-----------+
| File             | Position | Binlog_Do_DB | Binlog_Ignore_DB | Executed_Gtid_Set |
+------------------+----------+--------------+------------------+--------
-----------+
| mysql-bin.000006 |     1948 | erp,test     |                  |                   |
+------------------+----------+--------------+------------------+--------
-----------+
1 row in set (0.00 sec)
```

登录 Master，开启 Master 的 Slave，命令如下。

```
mysql> change master to master_host='10.200.132.168',master_user='root',
master_password='123456',master_port=3308, master_log_file='mysql-bin.000006',
master_log_pos=1948;
Query OK, 0 rows affected, 2 warnings (0.01 sec)

mysql> start slave;
Query OK, 0 rows affected (0.01 sec)

mysql> show slave status\G;
:
            Slave_IO_Running: Yes
           Slave_SQL_Running: Yes
:
```

此时，修改 Slave 的表数据，并测试一下 Master 是否有更新。

（5）常见异常处理。

常见错误有两条，第一个错误提示如下。

```
ERROR 1872 (HY000): Slave failed to initialize relay log info structure
from the repository
```

错误原因是 mysql.slave_relay_log_info 表中保留了以前的复制信息，导致新的 Slave 在启动时无法找到对应文件，只要清理掉该表中的记录就可以了。但注意不要手动删除该表数据，必须使用 MySQL 提供的工具 reset slave 进行删除。reset slave 的功能有以下几点。

- 删除 slave_master_info 和 slave_relay_log_info 两个表中的数据。
- 删除所有 relay log 文件，并重新创建新的 relay log 文件。
- 不会改变 gtid_executed 或 gtid_purged 的值。

在 Slave 端分别执行"reset slave, change master to"命令和"start slave"命令可以解决该问题。

第二个错误提示如下。

```
Got fatal error 1236 from master when reading data from binary log:
'Could not open log file'
```

解决的方法是先在 Master 上运行"flush logs"命令后，使用"show master status"命令查看状态；再在 Slave 执行"reset slave"命令、"change master to"命令和"start slave"命令以解决该问题。

2.2　Redis 技术

2.2.1　Redis 的安装与基本操作

Redis 是完全在内存中保存数据的数据库，使用磁盘只是为了数据保存的持久性。Redis 比许多键值数据存储系统有更加丰富的数据类型。Redis 可以将数据复制到任意数量的从服务器中。此外，Redis 还有以下优点。

Redis 的安装及 5 种数据类型

Redis 其他操作

- 异常快速。

Redis 运行速度非常快，每秒可以执行大约 110 000 次设置操作和 81 000 次读取操作。

- 支持丰富的数据类型。

Redis 支持大多数开发人员已经知道的如字符串、哈希、列表、集合、有序集合等数据类型。这使得应用可以很容易地解决各种问题，方便开发人员选择更适合的数据类型。

- 操作都是原子的。

所有 Redis 的操作都是原子的，从而确保当两个客户同时访问 Redis 服务器时，得到的是更新后的值（最新值）。

- MultiUtility 工具。

MultiUtility 是 Redis 的一个多功能实用工具，可以在很多如缓存、消息传递队列中使用（Redis 默认支持发布/订阅）。在应用程序中，如 Web 应用程序会话、网站页面点击量等任何短暂的数据中使用。

1. 安装

可以在 Redis 官网获得相关软件安装包。如果系统没有安装编译工具，可以使用如下命令安装。

```
yum -y install gcc gcc-c++    #安装编译工具
```

在安装编译工具后，就可以使用如下命令安装 Redis。

```
[root@localhost  data]#  wget  http://download.redis.io/releases/redis-3.2.8.tar.gz
[root@localhost data]# tar xzf redis-3.2.8.tar.gz
[root@localhost data]# cd redis-3.2.8
[root@localhost data]# make
[root@localhost data]# mv redis-3.2.8 /usr/local/redis
```

注意

可直接使用“yum install redis -y”命令安装 Redis。

接下来启动 Redis，默认启动 6379 端口，命令如下。

```
[root@oa src]# ./redis-server
9125:C 14 Nov 2019 22:23:58.588 # oO0OoO0OoO0Oo Redis is starting oO0OoO0OoO0Oo
9125:C 14 Nov 2019 22:23:58.588 # Redis version=5.0.5, bits=64, commit=00000000, modified=0, pid=9125, just started
9125:C 14 Nov 2019 22:23:58.588 # Warning: no config file specified, using the default config. In order to specify a config file use ./redis-server /path/to/redis.conf
9125:M 14 Nov 2019 22:23:58.590 * Increased maximum number of open files to 10032 (it was originally set to 1024).
                _._
           _.-``__ ''-._
      _.-``    `.  `_.  ''-._           Redis 5.0.5 (00000000/0) 64 bit
  .-`` .-```.  ```\/    _.,_ ''-._
 (    '      ,       .-`  | `,    )     Running in standalone mode
 |`-._`-...-` __...-.``-._|'` _.-'|     Port: 6379
 |    `-._   `._    /     _.-'    |     PID: 9125
  `-._    `-._  `-./  _.-'    _.-'
```

```
|'-._'-._    '-.__.-'    _.-'_.-'|
|    '-._'-._        _.-'_.-'    |         http://redis.io
 '-._    '-._'-.__.-'_.-'    _.-'
|'-._'-._    '-.__.-'    _.-'_.-'|
|    '-._'-._        _.-'_.-'    |
 '-._    '-._'-.__.-'_.-'    _.-'
     '-._    '-.__.-'    _.-'
         '-._        _.-'
             '-.__.-'

    9125:M 14 Nov 2019 22:23:58.592 # WARNING: The TCP backlog setting of 511 cannot be enforced because /proc/sys/net/core/somaxconn is set to the lower value of 128.
    9125:M 14 Nov 2019 22:23:58.592 # Server initialized
    9125:M 14 Nov 2019 22:23:58.592 # WARNING overcommit_memory is set to 0! Background save may fail under low memory condition. To fix this issue add 'vm.overcommit_memory = 1' to /etc/sysctl.conf and then reboot or run the command 'sysctl vm.overcommit_memory=1' for this to take effect.
    9125:M 14 Nov 2019 22:23:58.592 # WARNING you have Transparent Huge Pages (THP) support enabled in your kernel. This will create latency and memory usage issues with Redis. To fix this issue run the command 'echo never > /sys/kernel/mm/transparent_hugepage/enabled' as root, and add it to your /etc/rc.local in order to retain the setting after a reboot. Redis must be restarted after THP is disabled.
    9125:M 14 Nov 2019 22:23:58.593 * DB loaded from disk: 0.000 seconds
    9125:M 14 Nov 2019 22:23:58.593 * Ready to accept connections
```

在系统启动后，等待连接。

使用“redis-cli”命令验证Redis是否启动，在同一个目录中执行“redis-cli”命令和“redis-server”命令，使用“telnet”命令连接或重新创建一个命令行窗口，并在该窗口中利用“redis-cli”命令进行验证。

提示

在命令行界面，通过快捷键“Ctrl+Alt+(F1～F6)”来切换不同的终端，一共有6个终端可以切换。

验证结果如下。

```
[root@oa src]# ./redis-cli -p 6379
127.0.0.1:6379> keys *
(empty list or set)
127.0.0.1:6379> set k1 v1
OK
```

```
127.0.0.1:6379> get k1
"v1"
127.0.0.1:6379>
```

表示 Redis 成功启动了。

提示

如果要在 Ubuntu 上安装 Redis，则可以按照下面步骤。

```
$ apt-get update
$ apt-get install <strong>redis</strong>-server
```

查看 Redis 是否还在运行，命令如下。

```
$ <strong>redis</strong>-cli
```

这将会打开一个 Redis 提示符，提示信息如下。

```
1    <strong>redis</strong> 127.0.0.1:6379>
```

提示信息中“127.0.0.1”是本机的 IP 地址，“6379”是 Redis 服务器运行的端口。现在输入“ping”命令，提示如下。

```
<strong>redis</strong> 127.0.0.1:6379> ping
PONG
```

这说明已经成功在计算机上安装了 Redis。

要在 Ubuntu 上安装 Redis 桌面管理，可以在 http://redisdesktop.com/download 网站中下载软件安装包并安装。

如果不配置命令环境，则每次输入“redis”命令都要输入完整的路径。因此，最好将路径添加到 PATH 变量中。在/etc/profile 文件中添加如下命令。

```
export PATH=$PATH:/usr/local/redis/src
```

注意

在/etc/profile 文件修改后需要使用“source”命令重新加载该配置文件，命令如下。

```
source /etc/profile
```

2. Redis 数据类型

Redis 支持以下 5 种数据类型。

1）字符串

Redis 字符串是一个字节序列。在 Redis 中字符串是二进制的，这意味着其没有任何特殊终端字符来确定长度，因此可以存储任何长度为 512 MB 的字符串。

示例如下。

```
127.0.0.1:6379> SET name "Tiger"
```

```
OK
127.0.0.1:6379> GET name
"Tiger"
127.0.0.1:6379>
```

在上面的例子中，“SET”和“GET”是Redis命令，“name”和“Tiger”分别是存储在Redis的键和字符串值。

2）哈希

Redis中哈希是键值对的集合。Redis中哈希是字符串字段和字符串值之间的映射，用来表示对象。

[示例]将多对值赋予一个键，命令如下。

```
127.0.0.1:6379> HMSET user:1 name "redis tutorial" description "redis basic commands for caching" likes 20 visitors 23000
OK
127.0.0.1:6379> HGETALL user:1
1)"name"
2)"redis tutorial"
3)"description"
4)"redis basic commands for caching"
5)"likes"
6)"20"
7)"visitors"
8)"23000"
127.0.0.1:6379>
```

上面的示例中user:1是一个键。“HGETALL”命令用于将所有的字段和值返回哈希表中。与“HMSET”命令不同的是，“HSET”命令只能将一对值赋予键。

3）列表

Redis中列表是简单的字符串列表，通过插入顺序排序，可以将一个元素添加到列表的头部或尾部。

示例如下。

```
127.0.0.1:6379> lpush tutoriallist <strong>redis</strong>
(integer) 1
127.0.0.1:6379> lpush tutoriallist Lion
(integer) 2
127.0.0.1:6379> lpush tutoriallist Cat
(integer) 3
127.0.0.1:6379> lrange tutoriallist 0 10
1) "Cat"
2) "Lion"
```

```
3) "<strong>redis</strong>"
127.0.0.1:6379>
```

Redis 列表的最大长度为（$2^{32}-1$）（4 294 967 295，每个列表的元素超过四十亿个）。

4）集合

Redis 中集合是字符串的无序集合。Redis 中添加、删除和测试成员存在的时间复杂度为 $O(1)$。

示例如下。

```
127.0.0.1:6379> sadd animal Chicken
(integer) 1
127.0.0.1:6379> sadd animal Sheep
(integer) 1
127.0.0.1:6379> sadd animal Sheep
(integer) 0
127.0.0.1:6379> sadd animal Horse
(integer) 1
127.0.0.1:6379> smembers animal
1) "Chicken"
2) "Sheep"
3) "Horse"
127.0.0.1:6379>
```

在上面的实例中 Sheep 被添加两次，但由于集合具有唯一性，第二次不会成功。集合中的成员最大数量为（$2^{32}-1$）（4 294 967 295，每个集合有超过四十亿条记录）。

5）有序集合

一个有序集合的每个成员都可以排序，为了能够按有序集合的排序获取它们，通常需要按成员的权重值将它们从小到大排序。虽然每个成员都是独一无二的，但是成员的权重值可能会重复。

表 2-1 所示是网络帖子和帖子回复量。

表 2-1　网络帖子和帖子回复量

序号	帖子	帖子回复量
1	11	102
2	12	141
3	13	159
4	14	72
5	15	203
6	16	189
7	17	189
8	18	395
9	19	184

使用集合来处理，帖子 11 的回复量是 102。

```
127.0.0.1:6379> zadd hotmessage 102 11
(integer) 1
127.0.0.1:6379>
```

接下来继续操作。

```
127.0.0.1:6379> zadd hotmessage 141 12
(integer) 1
127.0.0.1:6379> zadd hotmessage 141 12
(integer) 0
127.0.0.1:6379> zadd hotmessage 159 13
(integer) 1
127.0.0.1:6379> zadd hotmessage 72 14
(integer) 1
127.0.0.1:6379> zadd hotmessage 203 15
(integer) 1
127.0.0.1:6379> zadd hotmessage 189 16
(integer) 1
127.0.0.1:6379> zadd hotmessage 189 16
(integer) 0
127.0.0.1:6379> zadd hotmessage 191 17
(integer) 1
127.0.0.1:6379> zadd hotmessage 305 18
(integer) 1
127.0.0.1:6379> zadd hotmessage 184 19
(integer) 1
127.0.0.1:6379>
```

注意

中间两次重复加入相同的值未成功，出现“(integer) 0”提示。

现在找出帖子回复量前五名的帖子，命令如下。

```
127.0.0.1:6379> zrevrange hotmessage 0 4
1) "18"
2) "15"
3) "17"
4) "16"
5) "19"
127.0.0.1:6379>
```

按帖子回复量从多到少依次排序。帖子 18 是回复量最多的。

使用如下命令删除帖子回复量排名在指定范围的帖子，删除帖子回复量最少的帖子。

```
127.0.0.1:6379> zremrangebyrank hotmessage 0 0
(integer) 1
127.0.0.1:6379> zrevrange hotmessage 0 100
1) "18"
2) "15"
3) "17"
4) "16"
5) "19"
6) "13"
7) "12"
8) "11"
127.0.0.1:6379>
```

以上实例使用“zremrangebyrank hotmessage 0 0”命令删除了一个帖子回复量最少的帖子。使用“zrevrange hotmessage 0 100”命令显示结果，删除的是帖子 14（帖子回复量最低，仅 72 条）。

使用“zrem key member”命令删除指定的元素，使用“zincrby hotmessage”命令为帖子加权。例如，为帖子 17 的权重增加 200，命令如下。

```
127.0.0.1:6379> zincrby hotmessage 200 17
"391"
127.0.0.1:6379> zrevrange hotmessage 0 100
1) "17"
2) "18"
3) "15"
4) "16"
5) "19"
6) "13"
7) "12"
8) "11"
127.0.0.1:6379>
```

使用“zrank key member”命令按帖子回复量从少到多排序，使用“zcard hotmessage”命令计算数量，命令如下。

```
127.0.0.1:6379> zcard hotmessage
(integer) 8
127.0.0.1:6379>

"zscore hotmessage 17" 从帖子 17 找到帖子回复量的信息
127.0.0.1:6379> zscore hotmessage 17
"391"
127.0.0.1:6379>
```

3．其他操作

1）HyperLogLog

HyperLogLog 是用来统计基数的算法，HyperLogLog 的优点是在输入元素的数量或体积非常大时，使用该算法统计基数所需空间总是固定的，并且是很小的。

在 Redis 中，每个 HyperLogLog 键只需要占用 12KB 内存，就可以统计接近 2^{64} 个不同元素的基数。这与在统计基数时元素越多耗费内存就越多的集合形成了鲜明的对比。但是，因为 HyperLogLog 只会根据输入元素来统计基数，而不会保存输入元素本身，所以 HyperLogLog 不能像集合那样，返回输入的各元素。

下面的示例说明了 HyperLogLog**Redis** 的工作原理。

```
127.0.0.1:6379> PFADD tutorials "<strong>redis</strong>
Invalid argument(s)
127.0.0.1:6379> PFADD tutorials "<strong>redis</strong>"
(integer) 1
127.0.0.1:6379> PFADD tutorials "mongodb"
(integer) 1
127.0.0.1:6379> PFADD tutorials "mysql"
(integer) 1
127.0.0.1:6379> PFCOUNT tutorials
(integer) 3
127.0.0.1:6379>
```

2）Redis 订阅和发布

Redis 订阅和发布实现了通信系统的作用，发件人（Redis 的术语称为发布者）发送邮件，而接收器（订户）接收邮件。信息传输的链路称为通道。Redis 的一个客户端可以订阅任意数量的通道。

以下例子用于说明订阅和发布用户如何工作。

例 2-1　给出一个客户端订阅的通道并命名为“redisChat”，命令如下。

```
127.0.0.1:6379> SUBSCRIBE redisChat
Reading messages… (press Ctrl-C to quit)
1) "subscribe"
2) "redisChat"
3) (integer) 1
```

现在，两个客户端都在同一个名为“redisChat”的通道上发布消息，上述订阅的客户端接收消息。先令一个客户端在通道 redisChat 上发布消息，命令如下。

```
    127.0.0.1:6379> PUBLISH redisChat "<strong>Redis</strong> is a great
caching technique"
    (integer) 1
    127.0.0.1:6379>
```

此时通道信息显示如下。

```
127.0.0.1:6379> SUBSCRIBE redisChat
Reading messages… (press Ctrl-C to quit)
1) "subscribe"
2) "redisChat"
3) (integer) 1
1) "message"
2) "redisChat"
3) "<strong>Redis</strong> is a great caching technique"
```

再令另一个客户端在通道 redisChat 上发布消息，命令如下。

```
127.0.0.1:6379> PUBLISH redisChat "Learn <strong>redis</strong> by
tutorials point"
(integer) 1
127.0.0.1:6379>
```

此时看到通道 redisChat 追加了刚刚发布的消息，显示如下。

```
127.0.0.1:6379> SUBSCRIBE redisChat
Reading messages… (press Ctrl-C to quit)
1) "subscribe"
2) "redisChat"
3) (integer) 1
1) "message"
2) "redisChat"
3) "<strong>Redis</strong> is a great caching technique"
1) "message"
2) "redisChat"
3) "Learn <strong>redis</strong> by tutorials point"
```

3）Redis 事务

Redis 事务允许一组命令在单一步骤中执行。Redis 事务有两个属性，说明如下。

在一个 Redis 事务中的所有命令可以作为单个独立的操作来顺序执行。在 Redis 事务的执行过程中向另一客户端发出请求是不可以的。Redis 事务是原子的。原子意味着要么所有的命令都执行，要么都不执行。

例 2-2 Redis 事务先由“MULTI”命令发起，之后需要在整个事务中传递，最后由“EXEC”命令执行所有命令，命令如下。

```
127.0.0.1:6379> MULTI
OK
127.0.0.1:6379> EXEC
(empty list or set)
127.0.0.1:6379>
```

例 2-3　如下命令说明 Redis 事务是如何开始和执行的。

```
127.0.0.1:6379> MULTI
OK
127.0.0.1:6379> SET tutorial <strong>redis</strong>
QUEUED
127.0.0.1:6379> GET tutorial
QUEUED
127.0.0.1:6379> INCR visitors
QUEUED
127.0.0.1:6379> EXEC
1) OK
2) "<strong>redis</strong>"
3) (integer) 1
127.0.0.1:6379>
```

4）Redis 脚本

Redis 脚本是使用内置 Lua 解释脚本来评估（计算）的。从 Redis 2.6.0 版本开始内置这个解释脚本。“EVAL”命令用于执行脚本命令。

“EVAL”命令的基本语法如下。

```
127.0.0.1:6379> EVAL script numkeys key [key …] arg [arg …]
```

参数说明如下。

- script：该参数是一段 Lua 5.1 解释脚本程序。解释脚本不能（也不应该）定义为一个 Lua 函数。
- numkeys：用于指定键名参数的个数。
- key [key …]：从“EVAL”命令中的第三个参数开始算起，表示在 Redis 解释脚本中用到的 Redis 键（key），这些键名参数可以在 Lua 解释脚本中通过全局变量 KEYS 数组，使用“1”为基址的形式访问（KEYS[1]、KEYS[2]等，以此类推）。
- arg [arg …]：用于表示附加参数，在 Lua 脚本中通过全局变量 ARGV 数组访问，访问的形式和 KEYS 变量类似（ARGV[1]、ARGV[2]等，诸如此类）。

例 2-4　如下命令说明 Redis 脚本是如何工作的。

```
127.0.0.1:6379> EVAL "return {KEYS[1],KEYS[2],ARGV[1],ARGV[2]}" 2 key1 
key2 first second
1) "key1"
2) "key2"
3) "first"
4) "second"
127.0.0.1:6379>
```

5）Redis 连接

Redis 连接命令基本上都用于管理 Redis 服务器与客户端的连接。

例 2-5 如下命令用于说明一个客户端在 Redis 服务器上，如何检查 Redis 服务器是否正在运行并验证。

```
127.0.0.1:6379> AUTH PASSWORD
(error) ERR Client sent AUTH, but no password is set
127.0.0.1:6379> CONFIG SET requirepass "mypass"
OK
127.0.0.1:6379> AUTH mypass
OK
127.0.0.1:6379>
```

6）Redis 备份

Redis 的“SAVE”命令用于创建当前 Redis 数据库的备份。

Redis 的“SAVE”命令的基本语法如下。

```
127.0.0.1:6379> SAVE
```

例 2-6 如下命令用于显示如何在 Redis 的当前数据库中创建备份。

```
127.0.0.1:6379> auth "mypass"
OK
127.0.0.1:6379> SAVE
OK
127.0.0.1:6379>
```

注意

上面的示例中设置了密码，因此在进入客户端后需先使用“auth "mypass"”命令验证，否则如果直接使用“SAVE”命令，则会提示如下错误。

```
(error) NOAUTH Authentication required.
```

在执行此命令之后，将在 Redis 目录中创建一个 dump.rdb 文件。

7）恢复 Redis 数据

恢复 Redis 数据只需要将 Redis 的备份文件 dump.rdb 放到 Redis 的目录中，并启动服务器。如果想要知道 Redis 目录在什么位置，则可使用“CONFIG”命令，如下所示。

```
127.0.0.1:6379> CONFIG get dir
1) "dir"
2) "/usr/local/redis/src"
127.0.0.1:6379>
```

由上可知执行命令后的输出为“/usr/local/**redis**/src”，即使用的 Redis 目录位置，也就是 Redis 的服务器安装的目录位置。

8）BGSAVE

创建 Redis 的备份也可以使用“BGSAVE”命令。执行该命令将启动备份，并在后台运行，命令如下。

```
127.0.0.1:6379> BGSAVE
Background saving started
127.0.0.1:6379>
```

9）Redis 的安全

Redis 数据库可以配置安全保护，任何客户端在连接执行命令时需要进行身份验证。为了确保 Redis 的安全，需要在配置文件中设置密码。

例 2-7　如下步骤可用来确保 Redis 示例的安全。

```
127.0.0.1:6379> CONFIG get requirepass
1) "requirepass"
2) "mypass"
127.0.0.1:6379>
```

在默认情况下此属性值不是 mypass，而是空值，这意味着此示例没有设置密码。可以通过执行"CONFIG set requirepass "mypass" "命令来修改此属性值为 mypass。参考 Redis 连接的示例。

如果在客户端运行命令时无须验证设置密码，则出现 NOAUTH（错误）后需要加以验证。如果提示错误则返回。因此，客户端需要使用"AUTH"命令来验证用户的身份信息。

"AUTH"命令的基本语法如下。

```
127.0.0.1:6379> AUTH password
```

10）Redis 的基准性能测试

Redis 的基准性能测试是通过同时运行 n 个命令以检查 Redis 基准性能的工具。

Redis 的基准性能测试的基本语法如下。

```
redis-benchmark [option] [option value]
```

下面给出的示例是通过调用 100 000 个（次）命令来检查 Redis 的基准性能。

```
[root@oa src]# ./redis-benchmark -n 100000
====== PING_INLINE ======
  100000 requests completed in 1.30 seconds
  50 parallel clients
  3 bytes payload
  keep alive: 1

98.95% <= 1 milliseconds
99.88% <= 2 milliseconds
99.95% <= 4 milliseconds
99.98% <= 5 milliseconds
```

```
100.00% <= 5 milliseconds
76982.29 requests per second

====== PING_BULK ======
  100000 requests completed in 1.28 seconds
  50 parallel clients
  3 bytes payload
  keep alive: 1

99.71% <= 1 milliseconds
100.00% <= 1 milliseconds
77881.62 requests per second

====== SET ======
  100000 requests completed in 1.32 seconds
  50 parallel clients
  3 bytes payload
  keep alive: 1

99.70% <= 1 milliseconds
100.00% <= 2 milliseconds
100.00% <= 2 milliseconds
75528.70 requests per second

====== GET ======
  100000 requests completed in 1.32 seconds
  50 parallel clients
  3 bytes payload
  keep alive: 1

99.57% <= 1 milliseconds
99.97% <= 2 milliseconds
100.00% <= 2 milliseconds
75930.14 requests per second

====== INCR ======
  100000 requests completed in 1.31 seconds
  50 parallel clients
  3 bytes payload
  keep alive: 1
```

```
99.62% <= 1 milliseconds
99.97% <= 2 milliseconds
100.00% <= 2 milliseconds
76161.46 requests per second

====== LPUSH ======
  100000 requests completed in 1.34 seconds
  50 parallel clients
  3 bytes payload
  keep alive: 1

99.25% <= 1 milliseconds
99.96% <= 2 milliseconds
100.00% <= 2 milliseconds
74794.31 requests per second

====== RPUSH ======
  100000 requests completed in 1.33 seconds
  50 parallel clients
  3 bytes payload
  keep alive: 1

99.55% <= 1 milliseconds
99.96% <= 2 milliseconds
100.00% <= 2 milliseconds
75414.78 requests per second

====== LPOP ======
  100000 requests completed in 1.31 seconds
  50 parallel clients
  3 bytes payload
  keep alive: 1

99.52% <= 1 milliseconds
99.98% <= 2 milliseconds
100.00% <= 2 milliseconds
76277.65 requests per second

====== RPOP ======
  100000 requests completed in 1.30 seconds
  50 parallel clients
```

```
  3 bytes payload
  keep alive: 1

99.71% <= 1 milliseconds
99.97% <= 2 milliseconds
100.00% <= 2 milliseconds
76628.36 requests per second

====== SADD ======
  100000 requests completed in 1.31 seconds
  50 parallel clients
  3 bytes payload
  keep alive: 1

99.73% <= 1 milliseconds
100.00% <= 1 milliseconds
76161.46 requests per second

====== HSET ======
  100000 requests completed in 1.33 seconds
  50 parallel clients
  3 bytes payload
  keep alive: 1

99.64% <= 1 milliseconds
99.97% <= 2 milliseconds
100.00% <= 2 milliseconds
75244.55 requests per second

====== SPOP ======
  100000 requests completed in 1.32 seconds
  50 parallel clients
  3 bytes payload
  keep alive: 1

99.62% <= 1 milliseconds
99.95% <= 2 milliseconds
100.00% <= 2 milliseconds
75585.79 requests per second

====== LPUSH (needed to benchmark LRANGE) ======
```

```
  100000 requests completed in 1.33 seconds
  50 parallel clients
  3 bytes payload
  keep alive: 1

99.62% <= 1 milliseconds
99.90% <= 2 milliseconds
100.00% <= 2 milliseconds
75301.21 requests per second

====== LRANGE_100 (first 100 elements) ======
  100000 requests completed in 1.33 seconds
  50 parallel clients
  3 bytes payload
  keep alive: 1

99.71% <= 1 milliseconds
99.98% <= 2 milliseconds
100.00% <= 2 milliseconds
75244.55 requests per second

====== LRANGE_300 (first 300 elements) ======
  100000 requests completed in 1.37 seconds
  50 parallel clients
  3 bytes payload
  keep alive: 1

99.10% <= 1 milliseconds
99.94% <= 2 milliseconds
100.00% <= 2 milliseconds
73260.07 requests per second

====== LRANGE_500 (first 450 elements) ======
  100000 requests completed in 1.36 seconds
  50 parallel clients
  3 bytes payload
  keep alive: 1

99.14% <= 1 milliseconds
99.96% <= 2 milliseconds
100.00% <= 2 milliseconds
```

```
73367.57 requests per second

====== LRANGE_600 (first 600 elements) ======
  100000 requests completed in 1.36 seconds
  50 parallel clients
  3 bytes payload
  keep alive: 1

99.49% <= 1 milliseconds
99.97% <= 2 milliseconds
100.00% <= 2 milliseconds
73691.97 requests per second

====== MSET (10 keys) ======
  100000 requests completed in 1.45 seconds
  50 parallel clients
  3 bytes payload
  keep alive: 1

99.21% <= 1 milliseconds
99.95% <= 2 milliseconds
100.00% <= 2 milliseconds
68917.99 requests per second


[root@oa src]#
```

11）Redis 客户端连接

如果启用了 Redis 的接受配置监听功能，则 Redis 客户端可在 TCP 端口上与 UNIX 套接字连接。在执行以下命令后新的客户端可以连接服务器。

客户端套接字为非阻塞状态，因为 Redis 使用复用和非阻塞的 I/O 线程；设定 TCP_NODELAY 选项以确保不会在连接时延迟；创建一个可读的文件事件，以便 Redis 能够尽快收集客户端的查询信息，可以作为新的数据被套接字读取。

12）Redis 客户端最大连接数量

在 Redis 的配置文件 redis.conf 中有一个属性 maxclients，用于描述可以连接到 Redis 的客户的最大数量，命令如下。

```
127.0.0.1:6379> config get maxclients
1) "maxclients"
2) "10000"
127.0.0.1:6379>
```

在默认情况下，此属性值设置为10 000（取决于OS的文件标识符限制最大数量），但可以修改这个属性值。

[示例]如下示例代码先设置客户端最大连接数量为100 000，再重新启动服务器。

```
[root@oa src]# ./redis-server --maxclients 100000
1496:C 23 Sep 2020 02:44:57.810 # oO0OoO0OoO0Oo Redis is starting
oO0OoO0OoO0Oo
1496:C 23 Sep 2020 02:44:57.810 # Redis version=5.0.5, bits=64,
commit=00000000, modified=0, pid=1496, just started
1496:C 23 Sep 2020 02:44:57.810 # Configuration loaded
1496:M 23 Sep 2020 02:44:57.812 * Increased maximum number of open files
to 100032 (it was originally set to 1024).
1496:M 23 Sep 2020 02:44:57.816 # Could not create server TCP listening
socket *:6379: bind: Address already in use
[root@oa src]#
```

13）Redis 管道

Redis 是一个 TCP 服务器，支持请求 / 响应协议。在 Redis 中完成一个请求需要进行如下步骤。

（1）客户端发送一个查询请求给服务器，并从套接字中读取，通常服务器的响应在一个封闭的环境下完成。

（2）服务器处理命令并将响应返回给客户端。

管道的基本含义是：客户端可以首先发送多个请求给服务器，不用等待请求全部响应，然后在单个步骤中读取所有响应。

如果要检查 Redis 管道，则只需要启动 Redis 实例，并在终端输入如下命令。

Redis 管道技术可以在服务端未响应时，客户端可以继续向服务端发送请求，并最终一次性读取所有服务端的响应。

Linux 系统中的“nc”命令可以实现任意 TCP/UDP 端口的侦听。Redis 的“INCR”命令将 key 参数的参数值加 1。

[示例]如下示例代码把 Redis 的几个命令结果通过 Redis 管道传输给“nc”命令。

```
$(echo -en "PING\r\n SET tutorial <strong>redis</strong>\r\nGET tutorial\
r\nINCR visitor\r\nINCR visitor\r\nINCR visitor\r\n"; sleep 10) | nc
localhost 6379

+PONG
+OK
<strong>redis</strong>
:1
:2
:3
```

注意

如果提示没有“nc”命令，则可以通过“yum install nc”命令来安装。

在上面的示例中，在了解使用“ping”命令连接 Redis 之后，在 Redis 中设定一个名为“tutorial”字符串，之后读取这个键对应的值并将其增加为访问用户的三倍。在结果中，可以看到所有的命令都将提交给 Redis 一次，Redis 单步输出所有命令。

这种技术的好处是能够显著提高 TCP 的性能。Redis 管道 localhost 可以获得至少达到百倍的网络连接速度。

14）Redis 分区

Redis 分区是将数据分割成多个 Redis 实例，使每个实例只包含键子集的过程。

（1）分区的好处是允许部署更大的数据库，可以使用多台计算机的内存总和。如果 Redis 不分区，则只有一台计算机有限的内存可以支持数据存储。允许按比例在多内核、多台计算机及网络带宽向多台计算机和网络适配器进行计算。

（2）分区的劣势是通常不支持涉及多个键的操作。例如，如果键被存储在不同的 Redis 实例中，则不能在两个集合之间执行交集操作。在涉及多个键时，Redis 事务无法使用。分区粒度作为一个键，不能使用一个键和一个非常大的有序集合分享一个数据集。

当使用分区时，数据的处理比较复杂。例如，要处理多个 RDB/AOF 文件时，数据备份需要在多个实例和计算机的聚集持久性文件中进行。

添加和删除的容量可能会很复杂。例如，Redis 的 Cluster 支持数据在运行时，添加和删除节点是透明、平衡的，但其他系统如客户端的分区和代理服务器不支持此功能。

（3）Redis 提供两种类型的分区。假设有 4 个 Redis 实例：R0、R1、R2、R3 分别用于表示用户如 user:1、user:2、user:3、user:4。

（4）范围分区被映射对象指定，在一定范围内完成 Redis 实例。

在示例中，用户 ID 值为“0”至 ID 值为“10000”的对象进入实例 R0，而用户 ID 值为“10001”至 ID 值为“20000”的对象进入实例 R1 等。

（5）散列分区是一个散列函数（如模数函数），用于将键转换为数字数据，并存储在不同的 Redis 实例中。

4．问题与思考

（1）请读者发布一个订阅，设置通道名为“compusChat”。至少有 2 个客户端通过这个通道发布消息。

（2）请读者编写 Java 程序，实现本节实例中的 SET/GET、哈希（HMSET）、列表和集合操作。

提示

Java 开发包为 Jedis，Jedis 相关网站 http://www.oschina.net/p/jedis 中有 Redis 的官方首选 Java 开发包。在 Maven 项目中的依赖关系如下。

```
<!--Redis -->
```

```
<dependency>
    <groupId>redis.clients</groupId>
    <artifactId>jedis</artifactId>
    <version>2.0.0</version>
    <type>jar</type>
    <scope>compile</scope>
</dependency>
```

参考代码如下。

```
public class JedisTest {
    JedisPool pool;
    Jedis jedis;
    /*可在构造方法中得到操作对象jedis*/
    public void JesTest() {
        pool = new JedisPool(new JedisPoolConfig(), "192.168.1.160");
        jedis = pool.getResource();
        //jedis.auth("password");
    }

    public void testGetAndSet(){
        /*jedis.set()和jedis.get()相当于SET和GET命令*/
        /*jedis.del()删除一个k/v*/
        /*jedis.mset()相当于多个SET命令，例如:
         * jedis.set("first","one");
         * jedis.set("second","two");
         * jedis.mset("first","one","second","two");
        */
    }

    /**
     * jedis操作Map
     */
    @Test
    public void testMap(){
        Map<String,String> user=new HashMap<String,String>();
        user.put("name","minxr");
        user.put("pwd","password");
        jedis.hmset("user",user);
        /*
         * jedis.hmget返回一个列表
         */
        List<String> rsmap = jedis.hmget("user", "name");
```

```
        //jedis.hdel 删除 map 中的某个键值,如: jedis.hdel("user","pwd");
        /*jedis.hlen("user"); 返回 key 为 user 的键中存放的值的个数 1 */
        /*jedis.exists("user") 是否存在 key 为 user 的记录，返回 true */
        /*jedis.hkeys("user")返回 map 对象中的所有 key  [pwd, name] */
        /*jedis.hvals("user")返回 map 对象中的所有 value*/
        Iterator<String> iter=jedis.hkeys("user").iterator();
        while (iter.hasNext()){
            String key = iter.next();
            System.out.println(key+":"+jedis.hmget("user",key));
        }
    }
    /**
     * jedis 操作 List
     */
    public void testList(){
        //开始前，移除所有的内容
        jedis.del("java framework");
        System.out.println(jedis.lrange("java framework",0,-1));
        //先向 key java framework 中存放三条数据
        jedis.lpush("java framework","spring");
        jedis.lpush("java framework","struts");
        jedis.lpush("java framework","hibernate");
        //再取出所有数据 jedis.lrange，是按范围取出的,
        // 第一个是 key，第二个是起始位置，第三个是结束位置，jedis.llen 获取长度，-
1 表示取出所有
        System.out.println(jedis.lrange("java framework",0,-1));
    }
    /**
     * jedis 操作 Set
     */
    public void testSet(){
        //添加
        jedis.sadd("sname","minxr");
        jedis.sadd("sname","jarorwar");
        jedis.sadd("sname","闵晓荣");
        jedis.sadd("sanme","noname");
        //移除 noname
        jedis.srem("sname","noname");
        System.out.println(jedis.smembers("sname"));//获取所有加入的 value
        System.out.println(jedis.sismember("sname",   "minxr"));// 判 断
minxr 是否是 sname 集合的元素
```

```
        System.out.println(jedis.srandmember("sname"));
        System.out.println(jedis.scard("sname"));//返回集合的元素个数
    }

    public void test() throws InterruptedException {
        //keys 中传入的可以用通配符
        /*jedis.keys("*")返回当前库中所有的 key*/
        /*jedis.keys("*name")返回的 sname*/
        /*jedis.del("sanmdde")删除 key 为 sanmdde 的对象；删除成功返回 1，删除失
败(或者不存在)返回 0*/
        /*jedis.ttl("sname")返回给定 key 的有效时间，如果是-1 则表示永远有效*/
        /*jedis.setex("timekey", 10, "min");通过此方法，可以指定 key 的存活(有
效时间) 时间为秒*/
        Thread.sleep(5000);//睡眠 5 秒后，剩余时间将为<=5
        /*jedis.ttl("timekey")输出结果为 5 */
        /*jedis.setex("timekey", 1, "min");设为 1 后，下面再看剩余时间就是 1 了*/
        System.out.println(jedis.ttl("timekey"));  //输出结果为 1
        /*jedis.exists("key")检查 key 是否存在*/
        //jedis 排序
        //注意，此处的 rpush 和 lpush 是 List 的操作。是一个双向链表(但从表现来看的)
        jedis.del("a");//先清除数据，再加入数据进行测试
        jedis.rpush("a", "1");
        jedis.lpush("a","6");
        jedis.lpush("a","3");
        jedis.lpush("a","9");
        /*jedis.lrange("a",0,-1)的结果：[9, 3, 6, 1]*/
        /*jedis.sort("a")的结果：[1, 3, 6, 9] */
    }
}
```

Redis 会定时将数据保存到硬盘上。

2.2.2　使用 Redis 实现高可用

使用 Redis 实现高可用

1. 单机多实例

创建不同实例的数据存放目录，分别创建 6380、6381、6382 这 3 个实例，在每个实例目录中分别创建 conf、db、log 目录，并复制配置文件到 conf 目录中，命令和目录结构如下。

```
[root@oa src]# mkdir -p /data/redis/{6380,6381,6382}/{conf,db,log}
[root@oa src]# cp /usr/local/redis/redis.conf /data/redis/6380/conf/
[root@oa src]# cp /usr/local/redis/redis.conf /data/redis/6381/conf/
```

```
[root@oa src]# cp /usr/local/redis/redis.conf /data/redis/6382/conf/
[root@oa src]# cd /data/redis
[root@oa redis]# tree
.
├── 6380
│   ├── conf
│   │   └── redis.conf
│   ├── db
│   └── log
├── 6381
│   ├── conf
│   │   └── redis.conf
│   ├── db
│   └── log
└── 6382
    ├── conf
    │   └── redis.conf
    ├── db
    └── log

12 directories, 3 files
[root@oa redis]#
```

提示

如果在 Linux 系统中没有“tree”命令，则可以自行安装。

1）网络下安装

（1）包管理器安装。

在 CentOS 系统中使用“yum -y install tree”命令，在 Ubuntu 系统中使用“apt-get install tree”命令，如果需要设置权限，则在命令前面加上“sudo”。

（2）源代码编译安装，代码如下。

```
wget ftp://mama.indstate.edu/linux/tree/tree-1.6.0.tgz
tar xzvf tree-1.6.0.tgz
cd tree-1.6.0
make && make install
```

最后可以使用“cp tree /bin”命令。

2）无网络的安装

提前从 ftp://mama.indstate.edu/linux/tree/中下载源代码文件，将准备好的源代码文件放在 root 目录中，依次使用以下命令安装。

（1）tar zxvf tree-1.7.0.tgz。

（2）cd tree-1.7.0。

（3）make。

（4）cp tree /bin。

在 Linux 系统中一切皆为文件，所以这个“tree”命令也是文件形式。

redis.conf 文件中的配置主要包括以下几个参数。

- daemonize：表示 daemonize 进程。
- port：表示端口。
- pidfile：表示进程 ID 存放文件。
- logfile：表示日志目录。
- dir：表示 db 目录。

例如，在配置完成后，使用如下命令显示各参数。

```
grep "6380\|daemonize" 6380/conf/redis.conf
```

查看相关的参数如下所示。

```
[root@oa redis]# grep "6380\|daemonize" 6380/conf/redis.conf
port 6380
# Note that Redis will write a pid file in /var/run/redis.pid when
daemonized.
daemonize yes
# When the server runs non daemonized, no pid file is created if none is
# specified in the configuration. When the server is daemonized, the pid file
pidfile /data/redis/6380/redis.pid
# output for logging but daemonize, logs will be sent to /dev/null
logfile /data/redis/6380/log/redis.log
dir /data/redis/6380/db/
# cluster-announce-bus-port 6380

[root@oa redis]# grep "6381\|daemonize" 6381/conf/redis.conf
port 6381
# Note that Redis will write a pid file in /var/run/redis.pid when
daemonized.
daemonize yes
# When the server runs non daemonized, no pid file is created if none is
# specified in the configuration. When the server is daemonized, the pid file
pidfile /data/redis/6381/redis.pid
# output for logging but daemonize, logs will be sent to /dev/null
logfile /data/redis/6381/log/redis.log
dir /data/redis/6381/db/
```

```
[root@oa redis]# grep "6382\|daemonize" 6382/conf/redis.conf
port 6382
# Note that Redis will write a pid file in /var/run/redis.pid when
daemonized.
daemonize yes
# When the server runs non daemonized, no pid file is created if none is
# specified in the configuration. When the server is daemonized, the pid file
pidfile /data/redis/6382/redis.pid
# output for logging but daemonize, logs will be sent to /dev/null
logfile /data/redis/6382/log/redis.log
dir /data/redis/6382/db/
[root@oa redis]#
```

启动 Redis 实例，命令如下。

```
[root@oa redis]# redis-server /data/redis/6380/conf/redis.conf
[root@oa redis]# redis-server /data/redis/6381/conf/redis.conf
[root@oa redis]# redis-server /data/redis/6382/conf/redis.conf
[root@oa redis]# netstat -ntlp|grep -E ":6380|:6381|:6382"
tcp 0 0 127.0.0.1:6380 0.0.0.0:* LISTEN 3198/redis-server 1
tcp 0 0 127.0.0.1:6381 0.0.0.0:* LISTEN 3203/redis-server 1
tcp 0 0 127.0.0.1:6382 0.0.0.0:* LISTEN 3208/redis-server 1
[root@oa redis]#
```

这个时候可以使用“redis-cli -p 6380”“redi-cli -p 6381”“redis-cli -p 6382”等命令验证。

2．Redis 高可用的三种模式

高可用即 HA（High Availability），是在分布式系统架构设计中必须考虑的因素之一，它通常是指通过设计缩短系统不能提供服务的时间。

在实际操作中，如果 Redis 只部署一个服务器节点，则当发生故障时，整个系统都不可以提供服务了。这就是常说的单点故障。

如果 Redis 部署了多个服务器节点，则当一台或几台服务器发生故障时，整个系统依然可以对外提供服务，这样就提高了服务的可用性。

Redis 高可用的三种模式包括：主从模式、哨兵模式、集群模式。

1）主从模式

Redis 提供了复制（replication）功能，当一个 Redis 数据库中的数据发生了变化，这个变化会被自动地同步到其他的 Redis 服务器上去。

Redis 部署多个服务器节点时，这些服务器节点会被分成两类，一类是主节点（Master 节点），另一类是从节点（Slave 节点）。一般主节点可以进行读、写操作，而从节点只能进行读操作。同时由于主节点可以进行写操作，数据会发生变化。当主节点的数据发生

变化时，会将变化的数据同步给从节点，这样从节点的数据就可以和主节点的数据保持一致了。一个主节点可以有多个从节点，但是一个从节点只能有一个主节点，即一主多从结构。

（1）主从同步的配置。

下面的示例中，以6380为主节点数据（Master）库，以6381为从节点数据库（Slave）。

使用“grep”命令查看/data/redis/6381/conf/redis.conf文件中的配置节点replicaof，去掉注释，配置正确的Master IP和端口，命令如下。

```
[root@oa ~]# grep "replicaof" /data/redis/6381/conf/redis.conf
# Master-Replica replication. Use replicaof to make a Redis instance a
copy of
replicaof 127.0.0.1 6380
[root@oa ~]#
```

在Master中执行“info”命令，可以得到# Server、# Clients、# Memory、# Persistence、# Stats、# Replication、# CPU、# Cluster和# Keyspace的相关信息，命令如下。

```
[root@oa redis]# redis-server /data/redis/6380/conf/redis.conf
[root@oa redis]# redis-server /data/redis/6381/conf/redis.conf
[root@oa redis]# cd 6380
[root@oa 6380]# redis-cli -p 6380 "info"
:
# Replication
role:master
connected_slaves:1
slave0:ip=127.0.0.1,port=6381,state=online,offset=56,lag=0
master_replid:5f539c9461b53ea76d48b22fd586c915c00847ee
master_replid2:0000000000000000000000000000000000000000
master_repl_offset:56
second_repl_offset:-1
repl_backlog_active:1
repl_backlog_size:1048576
repl_backlog_first_byte_offset:1
repl_backlog_histlen:56
:
[root@oa 6380]#
```

主从信息在#Replication中显示，上面示例结果省略了其他信息的显示。可以看到当前示例是Master，连接了一个Slave。Slave的IP地址、端口等信息均由此显示。

再查看Slave 6381，命令如下。

```
[root@oa redis]# cd 6381
[root@oa 6380]# redis-cli -p 6381 "info"
```

```
:
# Replication
role:slave
master_host:127.0.0.1
master_port:6380
master_link_status:up
master_last_io_seconds_ago:1
master_sync_in_progress:0
slave_repl_offset:1022
slave_priority:100
slave_read_only:1
connected_slaves:0
master_replid:5f539c9461b53ea76d48b22fd586c915c00847ee
master_replid2:0000000000000000000000000000000000000000
master_repl_offset:1022
second_repl_offset:-1
repl_backlog_active:1
repl_backlog_size:1048576
repl_backlog_first_byte_offset:1
repl_backlog_histlen:1022
:
[root@oa 6381]#
```

这里同样忽略其他信息，只关注# Replication。可以看到 Slave 6381 为 Slave 示例，它的 Slave 的 IP 地址、端口等标识为 6380。

下面验证 Master 和 Slave 的工作模式。先在 Master 上写入数据，命令如下。

```
[root@oa 6380]# redis-cli -p 6380
127.0.0.1:6380> set k1 v1
OK
127.0.0.1:6380> keys *
1) "k1"
127.0.0.1:6380> get k1
"v1"
127.0.0.1:6380> exit
```

再在 Slave 上查看是否已同步，命令如下。

```
[root@oa 6380]# cd ..
[root@oa redis]# cd 6381
[root@oa 6381]# redis-cli -p 6381
127.0.0.1:6381> keys *
1) "k1"
```

```
127.0.0.1:6381> get k1
"v1"
127.0.0.1:6381> exit
[root@oa 6381]#
```

在 Master 中删除数据，命令如下。

```
[root@oa 6380]# redis-cli -p 6380
127.0.0.1:6380> keys *
1) "k1"
127.0.0.1:6380> del k1
(integer) 1
127.0.0.1:6380> keys *
(empty list or set)
127.0.0.1:6380> exit
```

在 Slave 中查看数据，命令如下。

```
[root@oa 6380]# cd ..
[root@oa redis]# cd 6381
[root@oa 6381]# redis-cli -p 6381
127.0.0.1:6381> keys *
(empty list or set)
127.0.0.1:6381> exit
[root@oa 6381]#
```

（2）主从模式的优、缺点如下。

主从模式的优点主要有如下几点。

- 支持主从复制，Master 会自动将数据同步到 Slave，可以进行读写分离。
- 为了分载 Master 的读操作压力，Slave 可以为客户端提供只读操作的服务，写服务依然必须由 Master 来完成。
- Slave 同样可以接收其他 Slave 的连接和同步请求，这样可以有效地分载 Master 的同步压力。
- Master 以非阻塞的方式为 Slave 提供服务。因此在 Master-Slave 同步期间，Slave 仍然可以提交查询或修改请求。
- Slave 同样以阻塞的方式完成数据同步。在同步期间，如果有 Slave 提交查询请求，Redis 则返回同步之前的数据。

主从模式的缺点主要有如下几点。

- Redis 不具备自动容错和恢复功能，Master 或 Slave 的宕机都会导致前端部分读写请求失败，需要等待服务器重启，或者手动切换前端的 IP 地址才能恢复。
- Master 宕机前有部分数据未能及时同步到 Slave，在切换 IP 地址后还会出现数据不一致的问题，降低了系统的可用性。

- 如果多个 Slave 宕机了，在需要重启的时候，尽量不要在同一时间段内进行重启。因为只要 Slave 启动，就会发送 sync 请求与 Master 全量同步，当多个 Slave 重启时，可能导致 Master 连接数剧增导致宕机。
- Redis 较难支持在线扩容，在集群容量达到上限时在线扩容会变得很复杂。
- Redis 的主节点和从节点中的数据是一样的，会降低内存的可用性。

2）哨兵模式

（1）基本原理。

哨兵模式基于主从复制模式，引入哨兵（Sentinel）来监控与自动处理故障，Redis 服务器与哨兵的关系如图 2-7 所示。

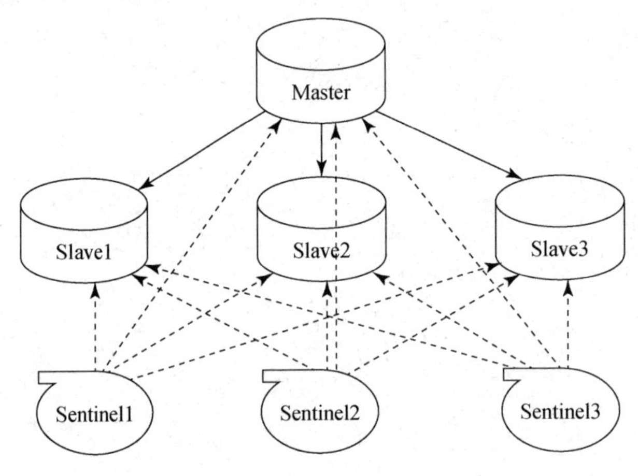

图 2-7　Redis 服务器与哨兵的关系

哨兵就是用来为 Redis 集群站岗放哨的，一旦发现问题能应对处理。其功能包括如下几点。

- 监控 Master、Slave 是否正常运行。
- 当 Master 出现故障时，能自动将一个 Slave 转换为 Master。
- 多个哨兵可以监控同一个 Redis，哨兵之间也会自动监控。

哨兵模式的配置是通过“sentinel monitor <master-name> <ip> <redis-port> <quorum>”命令来指定 Master 的名称、IP 地址、端口等的，一个哨兵可以监控多个 Master，只需要提供多个配置项。哨兵启动后，会与要监控的 Master 建立两条链接。一条链接用来订阅 Master 的_sentinel_:hello 频道，以及获取其他监控该 Master 的哨兵节点信息；另一条链接用于定期向 Master 发送“INFO”等命令获取 Master 本身的信息。

在与 Master 建立链接后，哨兵会执行如下 3 个操作。

- 定期（一般 10s 一次，当 Master 被标记为主观下线（Subjectively Down，SDOWN）时，改为 1s 一次）向 Master 和 Slave 发送“INFO”命令。
- 定期向 Master 和 Slave 的_sentinel_:hello 频道发送自己的信息。

- 定期（1s 一次）向 Master、Slave 和其他哨兵发送“ping”命令。

发送“INFO”命令可以获取当前服务器的相关信息，从而实现新节点的自动发现。因此，哨兵只需要配置 Master 数据库信息就可以自动发现其 Slave 数据库信息。在获取到 Slave 信息后，哨兵也会与 Slave 建立两条链接进行监控。通过“INFO”命令，哨兵可以获取 Master 和 Slave 中数据库的最新信息，并进行相应的操作，如角色变更等。

接下来哨兵向 Master 和 Slave 的_sentinel_:hello 频道发送信息，并且与同样在监控这些数据库的哨兵共享自己的信息，发送内容为哨兵的 IP 端口、运行 ID、配置版本、Master 名称、Master 的 IP 端口还有 Master 的配置版本。这些信息有如下用处。

- 其他哨兵可以通过该信息判断发送者是否为新被发现的哨兵，如果是，则会创建一个到该哨兵的链接用于发送“ping”命令。
- 其他哨兵通过该信息可以判断 Master 的版本，如果该版本高于直接记录的版本，将会更新。
- 当实现了自动发现 Slave 和其他哨兵节点后，哨兵就可以通过定期发送“ping”命令来监控这些数据库和节点有没有停止服务。

如果被“ping”命令操作的数据库或节点超时（通过 sentinel down-after-milliseconds master-name milliseconds 配置）未回复，则哨兵会认为其主观下线。如果主观下线的是 Master，则哨兵会向其他哨兵发送命令询问它们是否也认为该 Master 主观下线。如果达到一定数目（即配置文件中的 quorum）的哨兵投票认为该 Master 主观下线，则哨兵会认为该 Master 已经客观下线（Objectively Down，ODOWN），并选举领头的哨兵对主从系统发起故障恢复。如果没有足够的哨兵进程同意 Master 下线，则 Master 的客观下线状态会被移除，如果 Master 重新向哨兵进程发送的“ping”命令返回有效回复，则 Master 的主观下线状态就会被移除。

在 Master 客观下线后，故障恢复的操作需要由被选举出来的领头哨兵来执行，在选举时采用 Raft 算法。

- 发现 Master 下线的哨兵（我们称其为 A）向每个哨兵发送命令，要求对方选举自己为领头哨兵。
- 如果目标哨兵没有选举过其他人，则会同意选举 A 为领头哨兵。
- 如果有超过一半的哨兵同意选举 A 为领头哨兵，则 A 当选。
- 如果有多个哨兵同时参选领头哨兵，此时有可能存在一轮投票后无竞选者胜出，则每个参选的哨兵会等待一个随机时间再次发起参选请求，并进行下一轮投票选举，直至选举出领头哨兵。

在选举出领头哨兵后，领头哨兵开始对系统进行故障恢复，在出现故障的 Master 的从数据库中挑选一个来当选新的 Master，选择规则如下。

- 所有在线的 Slave 中选择优先级最高的，优先级可以通过 slave-priority 配置。
- 如果有多个最高优先级的 Slave，则选取复制偏移量最大（即复制最完整）的当选。

- 如果以上条件都一样，则选取 ID 最小的 Slave。

在挑选出新的 Slave 后，首先由领头哨兵向该服务器发送命令使其变更为 Master，然后再向其他 Slave 发送命令接受新的 Master，最后更新数据。将已经停止的旧的 Master 更新为新的 Master 的 Slave，使其恢复服务后以 Slave 的身份继续运行。

（2）哨兵模式的优缺点如下。

优点有如下几点。

- 哨兵模式基于主从复制模式，因此主从复制模式有的优点，哨兵模式也有。
- 在哨兵模式下，Master 下线可以自动进行切换，系统可用性更高。

缺点有如下几点。

- 同样也继承了在主从模式下很难在线扩容的缺点，Redis 的容量受限于单机配置。
- 需要额外的资源来启动哨兵进程，实现相对复杂一点，同时 Slave 节点作为备份节点不提供服务。

3）集群模式

（1）基本原理。

哨兵模式虽然解决了主从复制不能自动转移故障且达不到高可用的问题，但还是存在难以在线扩容且 Redis 容量受限于单机配置的问题。集群模式实现了 Redis 的分布式存储，即每个节点存储不同的内容，来解决在线扩容的问题，Redis 的集群模式如图 2-8 所示。

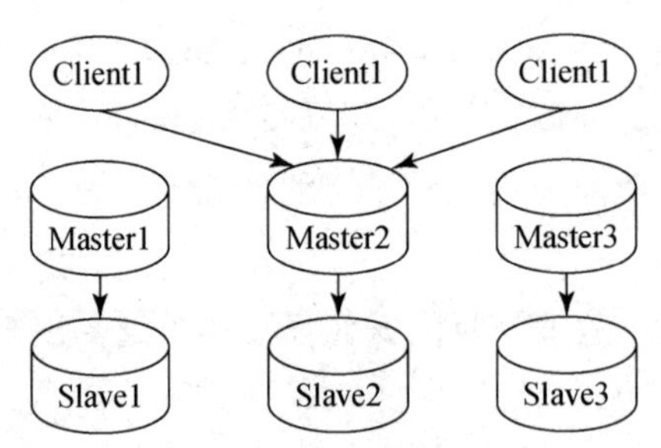

图 2-8　Redis 的集群模式

集群模式采用无中心结构，其特点如下。

- 所有的 Redis 节点彼此互联（PING-PONG 机制），内部使用二进制协议优化传输速度和带宽。
- fail 节点是在集群中超过半数的节点检测失效时才生效的。
- 客户端与 Redis 节点直接连接，不需要中间代理层。客户端不需要连接集群所有节点，连接集群中任何一个可用节点即可。

在集群模式下，Redis 的每个节点都有一个插槽（slot），取值范围为 0～16 383。

当存取 key 的时候，Redis 会首先根据 CRC16 的算法得出一个结果，然后把结果对 16 384 求余数，这样每个 key 都会对应一个编号在 0～16 383 的哈希槽。通过这个值，可以找到对应的插槽所对应的节点，并直接自动跳转到这个对应的节点上进行存取操作。

为了保证高可用，集群模式也引入主从复制模式，一个主节点对应一个或多个从节点，当主节点宕机时，就会启用从节点。

当其他主节点对一个主节点 A 执行“ping”命令时，如果半数以上的主节点与主节点 A 通信超时，则可以认为主节点 A 宕机了。如果主节点 A 和它的从节点都宕机了，则该集群就无法再提供服务了。

集群模式的集群节点最小配置为 6 个节点（3 个主节点和 3 个从节点），其中主节点提供读写操作，从节点作为备用节点不能提供请求，只作为故障转移使用。

（2）集群模式的优缺点。

优点如下。

- 无中心架构，数据按照插槽分布在多个节点。
- 集群中的每个节点都是平等的关系，每个节点都保存了各自的数据和整个集群的状态。每个节点都和其他所有节点连接，而且这些连接保持活跃，这样就保证了只需要连接集群中的任意一个节点，就可以获取到其他节点的数据。
- 可以线性扩展到 1000 多个节点，节点可以动态地添加或删除。
- 能够实现自动故障转移，节点之间通过 GOSSIP 协议交换状态信息，使用投票机制完成 Slave 到 Master 的角色转换。

缺点如下。

- 客户端实现复杂，驱动要求实现 Smart Client，缓存插槽映射信息并及时更新，提高了开发难度。目前仅 Jedis Cluster 相对成熟，异常处理还不完善，如常见的“max redirect exception”异常。
- 节点会因为某些原因发生阻塞（阻塞时间大于 cluster-node-timeout）而被判断为下线，这种故障转移是没有必要的。
- 数据是通过异步复制的，不能保证数据的强一致性。
- 使用 Slave 充当“冷备”，不能缓解读压力。
- 批量操作限制，目前只支持具有相同插槽值的 key 执行批量操作，对 mset、mget、sunion 等操作的支持不友好。
- key 事务操作支持有限，只支持多 key 在同一节点的事务操作，在多 key 分布不同节点时无法使用事务功能。
- 不支持多数据库空间，单机 Redis 可以支持 16 个 db 目录，在集群模式下只能使用一个，即 db 目录个数为 0。

Redis 集群模式不建议使用 pipeline 操作和 multi-keys 操作，减少最大重定向操作而产生的场景。

总之，在 Redis 集群方案的三种模式中，主从复制模式能实现读写分离，但是不能实现自动故障转移；哨兵模式基于主从复制模式，能实现自动故障转移，达到高可用，但与主从复制模式一样，不能在线扩容，容量受限于单机的配置；集群模式通过无中心化架构，实现分布式存储，可进行线性扩展，也能实现高可用，但对批量操作、事务操作等的支持性不够好。这三种模式各有优缺点，可根据实际场景进行选择。

3．问题与思考

除示例中的 Slave 6381 外，请读者再配置一个 Slave 6382，从而使 Master 6380 同时有两个 Slave。

第3章 云部署

3.1 Tomcat 在 Linux 系统中的安装与配置

3.1.1 Tomcat 的安装

如果在 Linux 系统中开发 Web 程序，则 Apache 的 Tomcat 功能是需要用到的。相比 Windows 系统中的图像界面，Tomcat 在 Linux 系统中一般是通过命令行实现安装过程的。

下面将介绍 Linux 系统中 Tomcat 安装和使用。

【实例】在 Linux 系统中，安装 JDK 环境，并支持 Tomcat 的启动。

1. 问题分析

Tomcat 作为一个高性能的 Web 容器，需要配置 Java 环境。因此在 Linux 系统中安装与配置 Tomcat 前需要安装 JDK 环境。

1）JDK 的安装

如果安装压缩包是 RPM 包，则可以使用如下命令直接安装。

```
# rpm -ivh jdk-7u55-linux-x64.rpm
```

如果安装压缩包是.tar.gz 包，则需要将其解压缩到指定目录安装，使用如下命令完成安装。

```
# tar -zxvf /software/jdk-7u55-linux-x64.tar.gz
```

为方便操作，生成如下链接以便版本升级。

```
# ln -s jdk1.7.0_55 jdk7
```

在 JDK 安装好后，还需要在/etc/profile 文件中配置环境变量。

2）Tomcat 的安装

把安装压缩包复制到/usr/local/目录中，使用如下命令解压缩并进行安装。

```
# tar -zxvf /software/apache-tomcat-7.0.54.tar.gz
```

生成如下链接以便版本升级。

```
# ln -s apache-tomcat-7.0.54 tomcat7
```

2. 实现方法

1）JDK 环境变量设置

在/etc/profile 文件中添加如下命令。

```
export JAVA_HOME=/usr/local/jdk7
export JRE_HOME=/usr/local/jdk7/jre
export CLASSPATH=.:$JAVA_HOME/lib/dt.jar:$JAVA_HOME/lib/tools.jar
export PATH=$JAVA_HOME/bin:$JRE_HOME/bin:$PATH
```

2）添加指定端口到防火墙中

语法格式如下。

```
iptables -I INPUT -p 协议 --dport 端口号 -j ACCEPT
```

该命令用于将端口指定到防火墙。例如，如下命令可以分别把端口 161、8080 指定到防火墙。

```
iptables -I INPUT -p udp --dport 161 -j ACCEPT
iptables -I INPUT -p tcp --dport 8080 -j ACCEPT
```

3. 实现过程

在安装前，可以在下面地址下载 JDK 与 Tomcat，JDK 下载地址为 http://www.oracle.com/technetwork/java/javase/downloads/jdk7-downloads-1880260.html。Tomcat 下载地址为 http://tomcat.apache.org/download-70.cgi。

1）JDK 安装与配置

这里以.tar.gz 包为例，需要将其解压缩到指定目录中安装。例如，要安装在/usr/local 目录中，可以使用如下命令。

```
# cd /usr/local
# tar -zxvf /software/jdk-7u55-linux-x64.tar.gz
```

为方便操作，生成如下链接以便版本升级。

```
# ln -s jdk1.7.0_55 jdk7
```

接下来，配置环境变量。使用“vi /etc/profile”命令在/etc/profile 目录中添加如下配置。

```
export JAVA_HOME=/usr/local/jdk7
export JRE_HOME=/usr/local/jdk7/jre
export CLASSPATH=.:$JAVA_HOME/lib/dt.jar:$JAVA_HOME/lib/tools.jar
export PATH=$JAVA_HOME/bin:$JRE_HOME/bin:$PATH
```

使用如下命令使配置生效。

```
# source /etc/profile
```

使用如下命令测试 JDK 的安装是否完成。

```
# java -version
java version "1.7.0_55"
Java(TM) SE Runtime Environment (build 1.7.0_55-b13)
Java HotSpot(TM) 64-Bit Server VM (build 24.55-b03, mixed mode)
```

2）Tomcat 的安装

把安装压缩包复制到/usr/local/目录，使用如下命令解压缩并安装。

```
# cd /usr/local/tomcat
# tar -zxvf /software/apache-tomcat-7.0.54.tar.gz
```

生成如下链接以便版本升级。

```
# ln -s apache-tomcat-7.0.54 tomcat7
```

启动 Tomcat 显示如下。

```
# cd /usr/local/tomcat7/bin
# ./startup.sh
Using CATALINA_BASE:   /usr/local/tomcat7
Using CATALINA_HOME:   /usr/local/tomcat7
Using CATALINA_TMPDIR: /usr/local/tomcat7/temp
Using JRE_HOME:        /usr/local/jdk7/jre
Using CLASSPATH:       /usr/local/tomcat7/bin/bootstrap.jar:/usr/local/
tomcat7/bin/tomcat-juli.jar
Tomcat started.
```

以上信息表明 Tomcat 已经正常启动，下面继续测试 Tomcat。打开防火墙，使其能从外部访问，命令如下。

```
# /sbin/iptables -I INPUT -p tcp --dport 8080 -j ACCEPT
# service iptables save
# service iptables restart
```

或者直接修改文件/etc/sysconfig/iptables，命令如下。

```
# vi /etc/sysconfig/iptables
-A INPUT -p tcp -m tcp --dport 8080 -j ACCEPT
# service iptables restart
```

在浏览器中输入网址 http://192.168.16.133:8080，在本机中可以输入网址 http://localhost:8080，出现 Tomcat 的页面表示安装成功。

如果要停止 Tomcat，则可以使用如下的命令。

```
# ./shutdown.sh
```

4．技术分析

以下使用的 Linux 版本为 Redhat Enterprise Linux 7.0 x86_64，Tomcat 版本为 Tomcat-7.0.54.

1）配置 Web 管理账户

修改文件 conf/tomcat-users.xml，在 tomcat-users 元素中添加用户和密码，并指定角色，命令如下。

```
# vi /usr/local/tomcat/server/conf/tomcat-users.xml
  <tomcat-users>
    <user name="admin" password="admin" roles="admin-gui,manager-gui" />
  </tomcat-users>
```

2）配置 Web 访问端口

配置 Web 访问端口可以修改 conf 目录中的文件 server.xml，修改 Connector 元素（Tomcat 的默认端口是 8080），并重新启动 Tomcat 服务才能生效，命令如下。

```
# vi /usr/local/tomcat/server/conf/server.xml
  <Connector  port="80"  protocol="HTTP/1.1"  connectionTimeout="20000"
redirectPort="8443" />
```

3）虚拟主机的配置

可以指定虚拟主机名称，修改文件 conf/server.xml，并添加 host 元素，命令如下。

```
<host name="hostname.domainname" appBase="/webapps">
    <Context path="/webapp" docBase="/webapps/webapp"/>
</host>
```

例如，在如下代码中，需要设置 DNS 解析（host 文件或 DNS 系统）。

```
<host name="www.163.com" appBase="/webapps">
</host>
<host name="mail.163.com" appBase="/mailapps">
</host>
```

4）Web 应用和虚拟目录的映射

可以修改 XML 配置文件的 Context 元素来设置 Web 应用和虚拟目录的映射，命令如下。

```
conf/server.xml              //在<host>元素下添加<Context  path="/webdir"
docBase="/webappdir"/>,需要重新启动 Tomcat 服务生效，不建议使用。
```

例如，除了名为“localhost”的 Host 元素，还定义了另外两个 Host 元素，并分别命名为“oa”和“edu”，命令如下。

```
:
   <Host name="oa"  appBase="webapps"
          unpackWARs="true" autoDeploy="true"
          xmlValidation="false" xmlNamespaceAware="false">
        <Alias>oa.yafengsoft.cn</Alias>
     </Host>
```

```
    <Host name="edu"  appBase="webapps"
          unpackWARs="true" autoDeploy="true"
          xmlValidation="false" xmlNamespaceAware="false">
        <Alias>edu.yafengsoft.cn</Alias>
      </Host>
</Engine>
```

这两个 Host 元素还有自己的别名，分别为“oa.yafengsoft.cn”和“edu.yafengsoft.cn”。当在浏览器中指定这两个别名时，会对应项目部署，命令如下。

```
conf/context.xml        //添加 Context 元素所有 Web 应用有效。
conf/[enginename]/[hostname]/context.xml.default    //[enginename]一般是“Catalina”，主机[hostname]的所有 Web 应用有效。
conf/[enginename]/[hostname]/    //在目录中任意建一个文件（扩展名为“.xml”），文件名即虚拟目录名。多级目录使用“#”分割 <Context docBase="/webappdir"/>。
```

默认值 Web 应用文件可以被定义为 ROOT.xml，添加<Context docBase="/webappdir"/>,需要重新启动 Tomcat 服务器。例如，C:\tomcat8\conf\Catalina\edu\ROOT.xml 文件的内容如下。

```
<?xml version="1.0" encoding="UTF-8"?>
<Context path="" reloadable="false" docBase="c:/web/oa" crossContext="true">
    <WatchedResource>WEB-INF/web.xml</WatchedResource>
    <Manager pathname="" />
</Context>
```

另一个 C:\tomcat8\conf\Catalina\edu\ROOT.xml 文件的内容如下。

```
<?xml version="1.0" encoding="UTF-8"?>

<Context path="" reloadable="false" docBase="c:/web/edu" crossContext="true">
    <WatchedResource>WEB-INF/web.xml</WatchedResource>
    <Manager pathname="" />
</Context>
```

此时还需要在 C:/web/oa 目录中和 C:/web/edu 目录中部署项目，例如，在 C:/web/oa 目录中 oa 项目部署如图 3-1 所示。

接下来在浏览器地址栏中输入 http://oa.yafengsoft.cn:8080/，界面就会转向主机 oa，输入 http://edu.yafengsoft.cn:8080/则会转向主机和 edu。

```
META-INF/context.xml    //
```

可以将 Web 应用放在 webapps 目录中让 Tomcat 服务器自动映射，适应开发环境，实际运用环境中不需要自动映射。

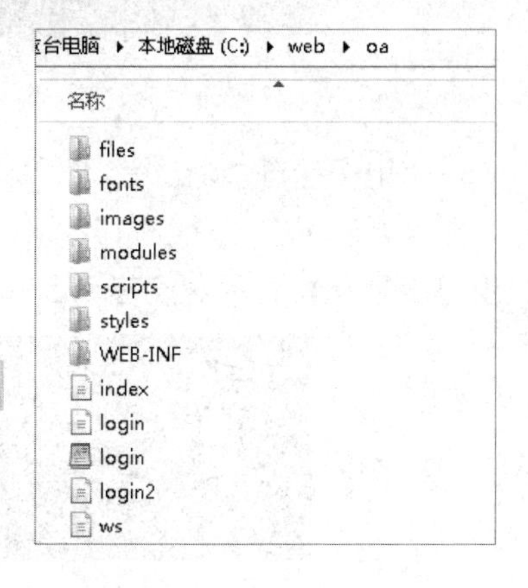

图 3-1 oa 项目部署

如果没有修改配置文件，在 Web 应用目录为 ROOT 时则为默认 Web 应用。

5）修改 Tomcat 内存配置

进入 Tomcat 的 bin 目录，输入如下命令。

```
#cd /usr/local/tomcat/bin/
#vim catalina.sh
```

在第 85 行下添加如下命令。

```
JAVA_OPTS="-server -Xms800m -Xmx800m -XX:PermSize=64M -XX:MaxNewSize=256m
-XX:MaxPermSize=128m -Djava.awt.headless=true "
```

该命令可以配置内存大小，在修改完成后保存配置。

6）在 Linux 系统中 Tomcat 的常用命令

（1）查看 Tomcat 进程是否关闭，使用“ps-ef|grep java”命令，如图 3-2 所示。

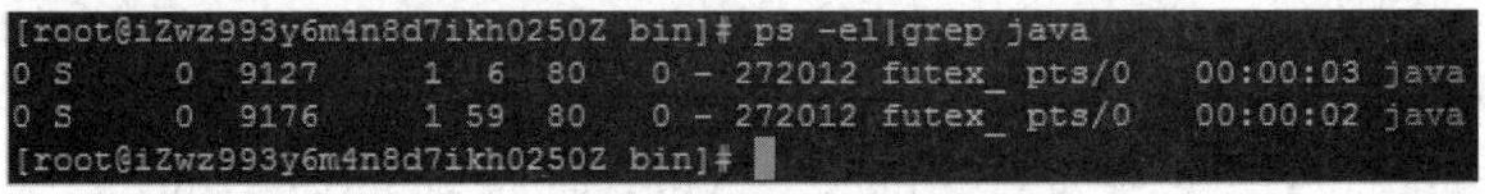

```
[root@iZwz993y6m4n8d7ikh0250Z bin]# ps -el|grep java
0 S     0  9127     1  6  80   0 - 272012 futex_ pts/0    00:00:03 java
0 S     0  9176     1 59  80   0 - 272012 futex_ pts/0    00:00:02 java
[root@iZwz993y6m4n8d7ikh0250Z bin]#
```

图 3-2　查看 Tomcat 进程是否关闭

（2）使用“kill”命令关闭 Tomcat 进程。

（3）查看日志。

进入 tomcat/logs 目录执行“tail-f catalina.out”命令就可以动态查看日志信息，如图 3-3 所示。

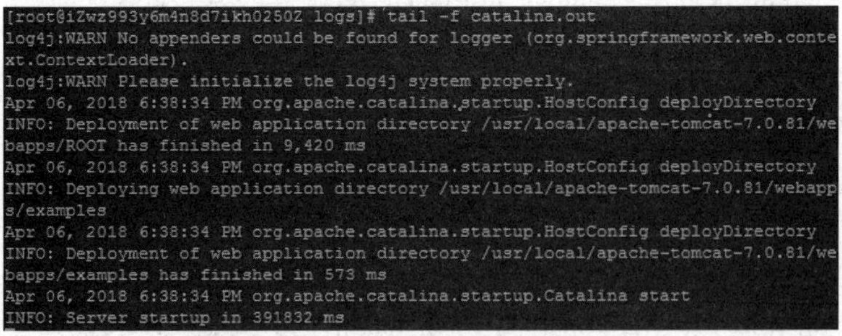

```
[root@iZwz993y6m4n8d7ikh0250Z logs]# tail -f catalina.out
log4j:WARN No appenders could be found for logger (org.springframework.web.conte
xt.ContextLoader).
log4j:WARN Please initialize the log4j system properly.
Apr 06, 2018 6:38:34 PM org.apache.catalina.startup.HostConfig deployDirectory
INFO: Deployment of web application directory /usr/local/apache-tomcat-7.0.81/we
bapps/ROOT has finished in 9,420 ms
Apr 06, 2018 6:38:34 PM org.apache.catalina.startup.HostConfig deployDirectory
INFO: Deploying web application directory /usr/local/apache-tomcat-7.0.81/webapp
s/examples
Apr 06, 2018 6:38:34 PM org.apache.catalina.startup.HostConfig deployDirectory
INFO: Deployment of web application directory /usr/local/apache-tomcat-7.0.81/we
bapps/examples has finished in 573 ms
Apr 06, 2018 6:38:34 PM org.apache.catalina.startup.Catalina start
INFO: Server startup in 391832 ms
```

图 3-3　动态查看日志信息

使用快捷键“Ctrl+C”可以退出“tail”命令；使用快捷键“Alt+E+R”可以重置。

（4）使用“netstat-tln”命令查看端口信息。有时候启动了 Tomcat 访问没反应，可以使用该命令来查看有没有 8080 这个端口，如图 3-4 所示。

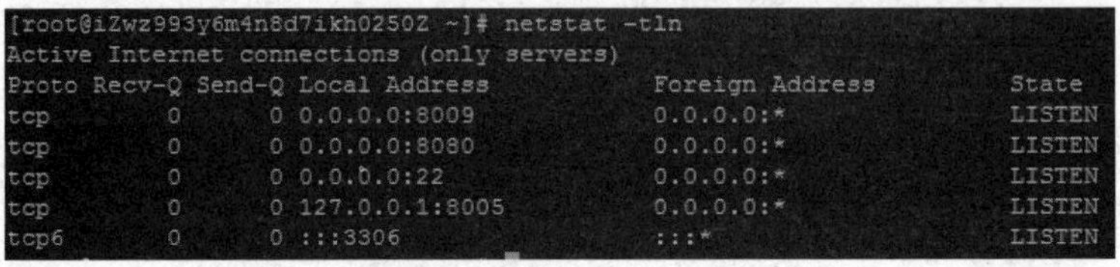

```
[root@iZwz993y6m4n8d7ikh0250Z ~]# netstat -tln
Active Internet connections (only servers)
Proto Recv-Q Send-Q Local Address           Foreign Address         State
tcp        0      0 0.0.0.0:8009            0.0.0.0:*               LISTEN
tcp        0      0 0.0.0.0:8080            0.0.0.0:*               LISTEN
tcp        0      0 0.0.0.0:22              0.0.0.0:*               LISTEN
tcp        0      0 127.0.0.1:8005          0.0.0.0:*               LISTEN
tcp6       0      0 :::3306                 :::*                    LISTEN
```

图 3-4　查看端口信息

找出指定的运行端口，使用“netstat -an | grep ':8080'”命令，结果如图 3-5 所示。

```
[root@iZwz993y6m4n8d7ikh0250Z ~]# netstat -an|grep ':8080'
tcp        0      0 0.0.0.0:8080            0.0.0.0:*               LISTEN
```

图 3-5 找出指定的运行端口命令

7）使用“systemctl”命令管理防火墙

在 Linux 系统或 CentOS 7 系统中使用“systemctl”命令来管理防火墙。这个时候要使用“firewalld”命令替换“iptables”命令，“systemctl”命令替换“service”命令。

下面介绍使用“systemctl”命令管理防火墙。

（1）使用“systemctl”命令管理防火墙。

查看防火墙状态，命令如下。

```
systemctl status firewalld
```

临时关闭防火墙，在 Linux 系统重启之后，防火墙自动启动，命令如下。

```
systemctl stop firewalld
```

一旦永久关闭防火墙，即便在系统重启之后，防火墙也不会自动启动，命令如下。

```
systemctl disable firewalld
```

启动防火墙命令如下。

```
systemctl enable firewalld
```

使用“systemctl”命令关闭防火墙如下。

```
systemctl stop firewalld.service
```

（2）启动 iptables 管理。

如果要停止“systemctl”命令，重新使用“iptables”命令来管理防火墙，需要安装 iptables-services。先暂时停止“systemctl”命令，命令如下。

```
systemctl stop firewalld
systemctl mask firewalld
```

接下来安装 iptables-services，命令如下。

```
yum install iptables-services
```

设置开机启动，命令如下。

```
systemctl enable iptables
systemctl [stop|start|restart] iptables
```

或者使用如下命令。

```
service iptables [stop|start|restart]
service iptables save
```

又或者使用如下命令。

```
/usr/libexec/iptables/iptables.init save
```

使用以上命令安装 iptables-services 并启动防火墙管理。

5. 问题与思考

请读者在 Linux 系统中安装 Tomcat，并发布一个输出“hello world!”的 Servlet 或 JSP 页面。

3.1.2 使用 Tomcat 配置 HTTPS

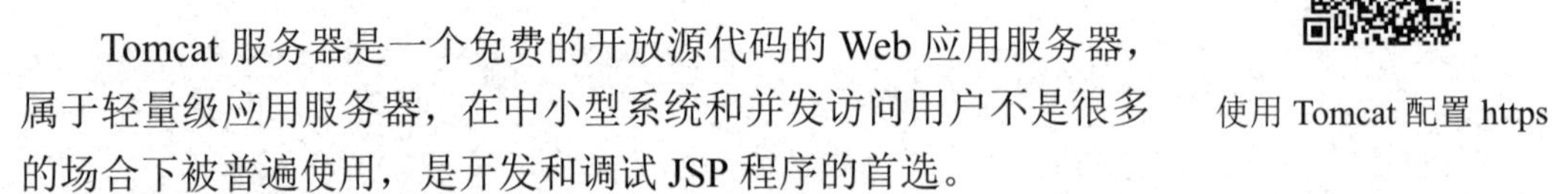

使用 Tomcat 配置 https

Tomcat 服务器是一个免费的开放源代码的 Web 应用服务器，属于轻量级应用服务器，在中小型系统和并发访问用户不是很多的场合下被普遍使用，是开发和调试 JSP 程序的首选。

超文本传输协议（Hyper Text Transfer Protocol，HTTP）是互联网上应用最广泛的一种网络协议。所有的 WWW 文件都必须遵守这个协议。

超文本传输安全协议（Hyper Text Transfer Protocol over Secure Socket Layer，HTTPS）是以安全为目标的 HTTP 通道，简单地讲是 HTTP 的安全版。

【实例】在 Windows 系统环境下，配置 Tomcat 的 HTTPS。

1. 问题分析

（1）HTTP 是超文本传输协议，其信息是明文传输的，HTTPS 则是具有安全性的安全层套接（Secure Socket Layer，SSL）加密传输协议。

（2）HTTPS 需要到 CA 申请证书，一般免费证书很少，需要交费。

（3）HTTP 和 HTTPS 使用的是完全不同的连接方式，使用的端口也不一样，HTTP 的端口是 80，HTTPS 的端口是 443。

（4）HTTP 的连接很简单，是无状态的；HTTPS 是由 SSL+HTTP 构建的可进行加密传输、身份认证的网络协议，比 HTTP 安全。

2. 实现方法

（1）添加域名解析：在自己的域名解析服务商处，添加一条 A 记录指向服务器 IP 地址即可。

（2）申请证书：为刚才添加的域名申请一个 SSL 证书。

（3）上传证书到 Tomcat 目录：在 Tomcat 目录新建一个 SSL 目录，将证书文件上传到该目录。

（4）修改 server.xml 文件：使用“vim”命令打开 server.xml 文件，添加 SSL 连接器。

（5）修改 host 配置。

（6）重启 Tomcat 服务。

（7）查询端口是否监听。

（8）测试访问。

3. 实现过程

假定在 Windows 系统环境下，已经成功安装了 Tomcat。下面在此基础上为服务器和浏览器生成证书，使 Tomcat 和浏览器之间实现双向证书认证。

1）为服务器生成证书

这里使用%JAVA_HOME%/bin 目录中的 Key Tool 文件为 Tomcat 服务器生成证书，假定目标机器的域名是“localhost”，keystore 文件想要存放在 D:\home\tomcat.keystore 目录下，口令为“123456”，使用如下命令生成。

```
D:\Java\bin>keytool -genkey -v -alias ssl-tomcat -keyalg RSA -keystore F:\experiment\tomcat.keystore -validity 36500 -keysize 1024 -dname "CN = localhost, OU = soft, O = sziit, L = sz, ST =gd, C = cn" -storepass server -keypass 123456 -deststoretype pkcs12
警告：PKCS12 密钥库不支持其他存储和密钥口令。正在忽略用户指定的-keypass 值。
正在为以下对象生成 1024 位 RSA 密钥对和自签名证书 (SHA256withRSA) (有效期为 36,500 天):
        CN=localhost, OU=soft, O=sziit, L=sz, ST=gd, C=cn
[正在存储 F:\experiment\tomcat.keystore]
D:\Java\bin>
```

注意

当证书为 PKCS12 密钥库时，密码被忽视，命令运行结果提示“警告: PKCS12 密钥库不支持其他存储和密钥口令。正在忽略用户指定的-keypass 值”。

在命令中，“F:\experiment\tomcat.keystore”为证书文件的保存路径。其中，“F:\experiment”是自己新建的，而“tomcat.keystore”是自动生成的，因此要提前在 F 盘中新建 experiment 文件夹，以便存放自动生成的文件。文件夹的名字可以自己设定，后边统一都使用这个文件夹来存放自动生成的证书文件。

此外，证书文件的名称是“tomcat.keystore”；“-validity 36500”是证书有效期，“36500”表示 100 年，如果没有设置则其默认值是 90 天；“ssl-tomcat”为自定义的证书名称。

在实例中，证书密码是“123456”（由于其为 PCKS12 证书，这里被忽略），证书库密码是“server”。

“-dname”中的“CN”是必填项，并且必须是 Tomcat 部署主机的域名或 IP 地址（如 gbcom.com 或 10.1.25.251）（就是将要在浏览器中输入的访问地址），否则浏览器会弹出警告窗口，提示用户证书与所在域名不匹配。在本地开发测试时，应填入“localhost”。

继续使用-list 选项查询 keystore 的信息，命令如下。

```
D:\Java\bin>keytool -list -v -keystore F:\experiment\tomcat.keystore -storepass server
```

```
密钥库类型: JKS
密钥库提供方: SUN

您的密钥库包含 1 个条目

别名: ssl-tomcat
创建日期: 2020-10-6
条目类型: PrivateKeyEntry
证书链长度: 1
证书[1]:
所有者: CN=localhost, OU=soft, O=sziit, L=sz, ST=gd, C=cn
发布者: CN=localhost, OU=soft, O=sziit, L=sz, ST=gd, C=cn
序列号: 36c66e49
有效期开始日期: Tue Oct 06 14:25:47 CST 2020, 截止日期: Thu Sep 12 14:25:47
CST
2120
证书指纹:
         MD5: 97:B5:A9:FD:12:EA:CB:60:4E:F2:44:86:B8:3E:8F:DC
         SHA1:
5D:FF:5C:9D:7C:5F:99:1D:D2:D3:C4:7E:72:C1:04:57:85:3B:A3:0D
         SHA256:
39:8C:2C:46:15:98:97:1A:A7:41:95:77:7F:07:06:34:53:03:04:F0:7A:
AD:A5:D7:2D:8C:6E:E3:DF:A0:C7:77
         签名算法名称: SHA256withRSA
         版本: 3

扩展:

#1: ObjectId: 2.5.29.14 Criticality=false
SubjectKeyIdentifier [
KeyIdentifier [
0000: 8D D3 E3 DC A3 9D C7 87   CE 9F D9 93 6E 20 0F 3F  ............n .?
0010: 39 B3 B5 00                                        9...
]
]


*******************************************
*******************************************
```

```
D:\Java\bin>
```

从上面的信息可以看到密钥库类型是 JKS。在默认情况下，“-list”命令打印证书的 MD5 指纹。而如果指定了-v 选项，将以可读格式打印证书；如果指定了-rfc 选项，将以可打印的编码格式输出证书。

2）修改 Tomcat 配置文件 server.xml

将配置文件 server.xml 中的端口从 8443 修改为 443，并添加证书文件信息，修改内容如下。

```
    <Connector port="443" protocol="org.apache.coyote.http11.Http11NioProtocol"
               maxThreads="150" SSLEnabled="true">
        <SSLHostConfig>
            <Certificate certificateKeystoreFile="F:\experiment\
tomcat.keystore"
                         certificateKeystoreType="JKS"
                         certificateKeystorePassword="server"
                          type="RSA" />
        </SSLHostConfig>
    </Connector>
    :
    <Engine name="Catalina" defaultHost="localhost">
    :
```

其中，“certificateKeystoreFile”用于表示证书文件存放位置；“certificateKeystoreType”用于表示证书文件类型；“certificateKeystorePassword”用于表示证书库密码。

3）重启 Tomcat 服务

如果是 Windows 系统，可以直接运行“%TOMCAT%\bin\startup.bat”批命令来重启 Tomcat 服务。

4）浏览器测试

在浏览器地址栏中输入地址 https://localhost，浏览器测试页面如图 3-6 所示。

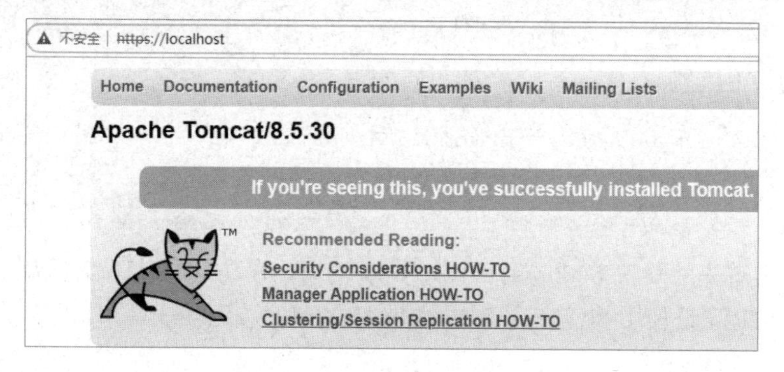

图 3-6　浏览器测试页面

由于通过 Key Tools 工具生成的证书文件，一些浏览器会提示证书不受信任等信息。

5）配置 HTTP 自动跳转到 HTTPS

上面实现了 HTTPS 访问，但是客户使用 HTTP 访问，依然是不安全的，没有达到需求，下面配置 HTTP 自动跳转到 HTTPS。

（1）修改 web.xml 文件。

在%TOMCAT%\conf\web.xml 文件中</welcome-file-list>的后面，也就是代码的倒数第二行里，加上如下配置。

```
<login-config>
    <!-- Authorization setting for SSL -->
    <auth-method>CLIENT-CERT</auth-method>
    <realm-name>Client Cert Users-only Area</realm-name>
</login-config>
<security-constraint>
    <!-- Authorization setting for SSL -->
    <web-resource-collection>
    <web-resource-name>SSL</web-resource-name>
    <url-pattern>/*</url-pattern>
    </web-resource-collection>
    <user-data-constraint>
    <transport-guarantee>CONFIDENTIAL</transport-guarantee>
    </user-data-constraint>
</security-constraint>
```

（2）修改 sever.xml 文件。

修改非 SSL 连接器的请求跳转到 SSL 连接器上的配置。

原来的配置如下。

```
<Connector port="8080" protocol="HTTP/1.1"
        connectionTimeout="20000"
        redirectPort="8443" />
```

修改为如下配置。

```
<Connector port="80" protocol="HTTP/1.1"
        connectionTimeout="20000"
        redirectPort="443" />
```

以上配置首先将默认 8080 端口修改为 80 端口，在访问时就不需要添加 8080 端口了，因为 HTTP 默认使用 80 端口；然后将 8443 端口修改为 443 端口，即来自 80 端口的请求都跳转至 443 端口。

（3）重启 Tomcat 服务并在浏览器端查看。

重启服务端 Tomcat 服务后，可以在浏览器地址栏中输入地址 http://localhost，会看到和输入地址 https://localhost 一样的结果。

提示

在 Linux 系统中，可以直接使用“curl”命令测试，例如，输入命令如下。

```
curl -I http://localhost
```

至此，使用 Tomcat 配置 HTTP 自动跳转 HTTPS 就已经完成了。

4．技术分析

1）HTTP 与 HTTPS 的区别

HTTP 传输的数据都是未加密的，即是明文的，因此使用 HTTP 传输隐私信息非常不安全。为了保证这些隐私数据能加密传输，Netscape 公司设计了 SSL 协议用于对 HTTP 传输的数据进行加密，从而就诞生了 HTTPS。简单来说，HTTPS 是由 SSL+HTTP 构建的可进行加密传输、身份认证的网络协议，要比 HTTP 安全。

2）SSL 证书

要想使用 HTTPS，首先需要有 SSL 证书，SSL 证书可以通过以下两个渠道获得。

（1）公开、可信的认证机构。

例如，通过证书授权（Certificate Authority，CA）获得 SSL 证书，但一般是收费的，一般一年的价格为几百元到几千元。

（2）自己生成。

虽然自己生成的 SSL 证书的安全性不是那么高，但成本低。

目前证书有以下常用文件格式：JKS（.keystore）、微软（.pfx）、PEM（.key + .crt）。其中 Tomcat 使用 JKS 格式，Nginx 使用 PEM 格式。

3）免费证书申请

虽然配置了 HTTPS，但是浏览器会对 HTTPS 设置危险标识。使用手机浏览器打开页面，也会像桌面浏览器一样弹出“是否加载不受信任”的提示；在微信中打开页面则会出现一片空白。以上情况，会导致自己生成的证书无法在生产环境使用。

为解决以上问题，需要购买 CA 的证书。不过，在阿里云上可以进行免费的证书申请。申请及安装过程如下。

（1）申请证书。

申请过程这里不再赘述，按照阿里云的提示一步一步进行操作即可，完成后会得到 PFX 类型的证书。

（2）Tomcat 配置 PFX 证书。

打开 Tomcat 配置文件 conf\server.xml。取消注释，并添加三个属性 keystoreFile、

keystoreType、keystorePass，代码如下。

```
  <Connector port="8443" protocol="HTTP/1.1" SSLEnabled="true"
              maxThreads="150" scheme="https" secure="true"
              clientAuth="false" sslProtocol="TLS" keystoreFile="/你的磁盘
目录/订单号.pfx"
     keystoreType="PKCS12"
     keystorePass="订单号" />
```

其中，“keystoreFile”是 PFX 证书文件地址；“keystorePass”是阿里云的订单号，“keystoreType”可以直接设置为“PKCS12”。

（3）测试真实域名。

重新启动 Tomcat，如果能访问自己的域名，则说明可以正常使用了。浏览器页面上会有绿色的域名标识，在移动设备上也能正常显示。至于 HTTP 域名下的 JavaScript，还需要更换为 HTTPS 才能正常加载。

对于是否使用 HTTPS，需要根据实际情况具体考虑。使用 HTTPS 会比 HTTP 慢一些，但是会更安全。

5. 问题与思考

1）请读者在 Linux 系统中安装配置 Tomcat 的 HTTPS 访问。

2）请读者为浏览器签发一张证书，实现服务器和浏览器之间的双向认证。

3.2 Nginx 的安装与部署

Nginx 是一款轻量级的 Web 服务器/反向代理服务器及电子邮件（IMAP/POP3）代理服务器。其由俄罗斯的程序设计师 Igor Sysoev 开发，可供俄罗斯大型的入口网站及搜索引擎 Rambler（Рамблер）使用。其特点是占内存少、并发能力强。

3.2.1 Nginx 的安装与使用

Nginx 的安装与使用

【实例】在 Linux 系统中，安装与使用 Nginx。

1. 问题分析

本实例先使用 Linux 系统的重要安装工具 Yum 来安装工具包 wget、vim 和 gcc。wget 是一个支持 HTTP、HTTPS、FTP 协议的自动下载工具；vim 是 Linux 系统中的一款强大的文本编辑器；GNU 编译器套件（GNU Compiler Collection，GCC）能将 C、C++语言源程序、汇编程序和目标程序编译、连接成可执行文件。

红帽企业 Linux（Red Hat Enterprise Linux，RHEL）中的 Yum 是收费的，系统需要先注册。如果使用 CentOS 系统的 Yum 是不收费的，但在安装前需要清除原有 RHEL 的 Yum 及相关软件包。

2. 实现方法

1）安装 Yum

命令如下。

```
rpm -ivh yum-metadata-parser-1.1.4-10.el7.x86_64.rpm
rpm -ivh yum-plugin-fastestmirror-1.1.31-45.el7.noarch.rpm  yum-3.4.3-158.el7.centos.noarch.rpm
```

2）安装工具包 wget、vim 和 gcc

通过“yum”命令安装工具包 wget、vim 和 gcc，命令如下。

```
yum install -y wget
yum install -y vim-enhanced
yum install -y make cmake gcc gcc-c++
```

3）下载及安装 Nginx

安装 Nginx 前，必须先安装依赖模块，主要有如下几个模块。

- zlib 库：gzip 模块需要。
- pcre 库：rewrite 模块需要。
- openssl 库：ssl 功能需要。

安装依赖包过程如下。

```
yum install -y pcre pcre-devel
yum install -y zlib zlib-devel
yum install -y openssl openssl-devel
```

解压缩 nginx-1.6.2.tar.gz，命令如下。

```
tar -zxvf nginx-1.6.2.tar.gz -C /usr/local/
```

接下来按照一般工具进行安装即可。

注意

Nginx 默认的端口是 80，需要使用防火墙工具打开。

3. 实现过程

1）安装 Yum

Yum 是 Linux 系统中的重要的安装工具。如果 RHEL 是要收费的，则系统需要先注册。解决的办法是使用 CentOS 系统的 Yum 库。因此，在安装前需要先清除原有 RHEL 的 Yum 及相关软件包，再安装 CentOS 系统的包。

如果是 CentOS 系统，则可以直接使用“yum”命令。

（1）在 Linux 系统中安装 Yum。

先卸载 Yum。卸载自带的 Yum 前需要查找自带的 Yum，使用如下命令。

```
shell>rpm -qa | grep yum
```

将查找出来的 Yum 需全部卸载，并卸载自带的 Yum，命令如下。

```
shell>rpm -e --nodeps [查询出来的名称]
```

运行效果如图 3-7 所示。

```
[root@datanode1 ~]# rpm -qa | grep yum
yum-3.4.3-158.el7.noarch
yum-rhn-plugin-2.0.1-6.el7.noarch
yum-metadata-parser-1.1.4-10.el7.x86_64
[root@datanode1 ~]# rpm -e --nodeps yum-3.4.3-158.el7.noarch
[root@datanode1 ~]# rpm -e --nodeps yum-rhn-plugin-2.0.1-6.el7.noarch
[root@datanode1 ~]# rpm -e --nodeps yum-metadata-parser-1.1.4-10.el7.x86_64
[root@datanode1 ~]# _
```

图 3-7　查找自带 Yum 并卸载

再查找与当前系统匹配的 CentOS 系统版本。

163 的镜像库（推荐）地址如下。

```
http://mirrors.163.com/centos/7/os/x86_64/Packages/
```

Kernel 镜像库地址如下。

```
https://mirrors.edge.kernel.org/centos/7/os/x86_64/Packages/
```

下载 RPM 包。安装 CentOS 系统的 Yum，需要下载如下 3 个 RPM 包。

- yum-3.4.3-158.el7.centos.noarch.rpm。
- yum-metadata-parser-1.1.4-10.el7.x86_64.rpm。
- yum-plugin-fastestmirror-1.1.31-45.el7.noarch.rpm。

接下来执行命令安装 Yum。

```
rpm -ivh yum-metadata-parser-1.1.4-10.el7.x86_64.rpm
rpm -ivh yum-plugin-fastestmirror-1.1.31-45.el7.noarch.rpm  yum-3.4.3-158.el7.centos.noarch.rpm
```

注意

yum-plugin-fastestmirror 和 yum-3.4.3 要一起安装。

在安装时可能出现依赖检测失败的错误提示，例如，下面的错误提示。

提示依赖检测失败：“rpm >= 0:4.11.3-22 被 yum-3.4.3-154.el7.centos.noarch 需要 yum >= 3.0 被 yum-plugin-fastestmirror-1.1.31-45.el7.noarch 需要”。

可以通过运行如下 2 条命令解决该错误。

```
wget http://mirrors.163.com/centos/7/os/x86_64/Packages/rpm-4.11.3-32.el7.x86_64.rpm
rpm -Uvh rpm-4.11.3-32.el7.x86_64.rpm -nodeps
```

（2）在 CentOS 系统中执行“yum”命令也经常出错，并显示如下错误。

```
One of the configured repositories failed (Unknown),
```

```
    and yum doesn't have enough cached data to continue. At this point the
only
    safe thing yum can do is fail. There are a few ways to work "fix" this:


        1. Contact the upstream for the repository and get them to fix the
problem.


        2. Reconfigure the baseurl/etc. for the repository, to point to a
working
           upstream. This is most often useful if you are using a newer
           distribution release than is supported by the repository (and the
           packages for the previous distribution release still work).


        3. Disable the repository, so yum won't use it by default. Yum will
then
           just ignore the repository until you permanently enable it again
or use
           --enablerepo for temporary usage:

               yum-config-manager --disable <repoid>


        4. Configure the failing repository to be skipped, if it is
unavailable.
           Note that yum will try to contact the repo. when it runs most
commands,
           so will have to try and fail each time (and thus. yum will be be
much
           slower). If it is a very temporary problem though, this is often
a nice
           compromise:

               yum-config-manager --save --setopt=<repoid>.skip_if_unavailable=
true
```

```
Cannot find a valid baseurl for repo: base/7/x86_64
```

遇到这种情况，主要是由于没有配置正确的 DNS 服务。因此需要在网卡配置文件（一般是 ifcfg-ens33）中配置 DNS 服务，并把 ONBOOT 的值修改为“yes”。在 CentOS 系统中最小化安装的网卡默认不跟随系统启用，因此 ONBOOT 默认值为“no”。

一般可以通过下面两种方法恢复“yum”命令。

一种方法是通过网卡设置。

首先打开 vi /etc/sysconfig/network-scripts/ifcfg-ens33，包含如下内容。

```
<strong>TYPE=Ethernet #网卡类型
DEVICE=eth0 #网卡接口名称
ONBOOT=no #系统启动时是否自动加载
BOOTPROTO=static #启用地址协议 --static:静态协议 --bootp 协议 --dhcp 协议
IPADDR=192.168.1.11 #网卡 IP 地址
NETMASK=255.255.255.0 #网卡网络地址
GATEWAY=192.168.1.1 #网卡网关地址
HWADDR=00:0C:29:13:5D:74 #网卡设备 MAC 地址
BROADCAST=192.168.1.255 #网卡广播地址</strong>
```

修改内容如下。

```
ONBOOT=yes
NM_CONTROLLED=no
BOOTPROTO=dhcp
DNS1=8.8.8.8
DNS2=4.2.2.2
```

然后重启网络，命令如下。

```
service network restart
```

第二种方法是直接修改 DNS 服务。

首先通过“vi /etc/resolv.conf”命令添加如下一行。

```
nameserver 114.114.114.114
```

这里使用的是中国的 DNS 服务器系统的地址，比较稳定。当然也可以使用谷歌的地址 8.8.8.8。

在修改完后执行“service network restart”命令进行重启，一般就可以执行“yum”命令了。如果还不可以，可以再进行下一步操作。

进入/etc/yum.repos.d 目录，编辑 vi CentOS-Base.repo 文件，修改下面加粗部分。对应文件中只需要第一行注释，删除第二行注释就可以了。

```
# CentOS-Base.repo
#
# The mirror system uses the connecting IP address of the client and the
```

```
# update status of each mirror to pick mirrors that are updated to and
# geographically close to the client.  You should use this for CentOS
updates
# unless you are manually picking other mirrors.
#
# If the mirrorlist= does not work for you, as a fall back you can try
the
# remarked out baseurl= line instead.
#
#

[base]
name=CentOS-$releasever - Base
#mirrorlist=http://mirrorlist.centos.org/?release=$releasever&arch=$ba
search&repo=os&infra=$infra
baseurl=http://mirror.centos.org/centos/$releasever/os/$basearch/
gpgcheck=1
gpgkey=file:///etc/pki/rpm-gpg/RPM-GPG-KEY-CentOS-7


#released updates
[updates]
name=CentOS-$releasever - Updates
#mirrorlist=http://mirrorlist.centos.org/?release=$releasever&arch=$ba
search&repo=updates&infra=$infra
baseurl=http://mirror.centos.org/centos/$releasever/updates/$basearch/
gpgcheck=1
gpgkey=file:///etc/pki/rpm-gpg/RPM-GPG-KEY-CentOS-7


name=CentOS-$releasever - Extras
#additional packages that may be useful
[extras]
#mirrorlist=http://mirrorlist.centos.org/?release=$releasever&arch=$ba
search&repo=extras&infra=$infra
baseurl=http://mirror.centos.org/centos/$releasever/extras/$basearch/
gpgcheck=1
gpgkey=file:///etc/pki/rpm-gpg/RPM-GPG-KEY-CentOS-7


#additional packages that extend functionality of existing packages
```

```
[centosplus]
name=CentOS-$releasever - Plus
#mirrorlist=http://mirrorlist.centos.org/?release=$releasever&arch=$basearch&repo=centosplus&infra=$infra
baseurl=http://mirror.centos.org/centos/$releasever/centosplus/$basearch/
gpgcheck=1
enabled=0
gpgkey=file:///etc/pki/rpm-gpg/RPM-GPG-KEY-CentOS-7
```

2）安装工具包 wget、vim 和 gcc

wget 是一个从网络上自动下载文件的自由工具，支持通过 HTTP、HTTPS、FTP 三个最常见的 TCP/IP 下载，并可以使用 HTTP 代理。"wget"这个名称来源于"World Wide Web"与"get"的结合。自动下载是指 wget 可以在用户退出系统后继续在后台执行，直到下载任务完成。

vim 是 Linux 系统中的一款强大的文本编辑器。

在 Linux 系统下的 GCC 编译器能将 C、C++语言源程序、汇程式化序和目标程序编译、连接成可执行文件，如果没有给出可执行文件的名字，GCC 将生成一个名为"a.out"的文件。

通过如下"yum"命令来安装 wget、vim 和 gcc 工具。

```
yum install -y wget
yum install -y vim-enhanced
yum install -y make cmake gcc gcc-c++
```

3）下载 Nginx 安装包

命令如下。

```
wget http://nginx.org/download/nginx-1.6.2.tar.gz
```

提示

如果 Linux 系统是 CentOS 8.1 版本，建议下载 nginx-1.18.0.tar.gz。

4）安装依赖包

命令如下。

```
yum install -y pcre pcre-devel
yum install -y zlib zlib-devel
yum install -y openssl openssl-devel
```

5）解压缩 nginx-1.6.2.tar.gz 文件到/usr/local/目录

命令如下。

```
tar -zxvf nginx-1.6.2.tar.gz -C /usr/local/
```

提示

该命令的作用是指定需要解压缩到的目录。

6）进行 configure 配置

进入 nginx-1.6.2 目录，执行如下“./configure”命令。

```
[root@localhost nginx-1.6.2]# ./configure --prefix=/usr/local/nginx
```

提示

–prefix 用于指定编译安装目录，因此/usr/local/nginx 目录需要真实存在。

7）编译安装

命令如下。

```
[root@localhost nginx-1.6.2]# make && make install
```

8）启动 Nginx

使用如下“/usr/local/nginx/sbin/nginx”命令启动 Nginx。

```
[root@localhost nginx-1.6.2]# /usr/local/nginx/sbin/nginx
```

在启动完成之后检查 Nginx 是否已经正常启动，看到如下信息说明正常启动。

```
[root@localhost nginx-1.6.2]# ps -ef | grep nginx
root 3751 1 0 04:24 ? 00:00:00 nginx: master process /usr/local/nginx/
sbin/nginx
nobody 3752 3751 0 04:24 ? 00:00:00 nginx: worker process
root 3754 1359 0 04:24 pts/0 00:00:00 grep --color=auto nginx
[root@localhost nginx-1.6.2]#
```

如果要关闭 Nginx，则可以使用如下命令。

```
[root@localhost nginx-1.6.2]# /usr/local/nginx/sbin/nginx -s stop
```

9）配置防火墙

```
Nginx 默认的端口是 80
[root@localhost nginx-1.6.2]# firewall-cmd --zone=public --add-port=
80/tcp --permanent
success
[root@localhost nginx-1.6.2]# firewall-cmd --reload
success
[root@localhost nginx-1.6.2]#
```

10）测试 Nginx

通过浏览器访问 Nginx 的欢迎页面，并在地址栏中输入 http:// http://192.168.174.128/（80 端口可以不输入）或 http://192.168.174.128:80/，如图 3-8 所示。

图 3-8　Nginx 的欢迎页面

4．技术分析

Nginx 是一个功能非常强大的 Web 服务器和反向代理服务器，同时又是邮件服务器。在项目使用时，使用最多的 3 个核心功能是反向代理、负载均衡和静态服务器。这 3 个功能的使用，都与 Nginx 服务器的配置密切相关。Nginx 服务器的配置信息主要集中在 nginx.conf 这个配置文件中，并且所有的可配置选项大致可分为如下几个部分。

```
main                    # 全局配置
event {                 # Nginx 工作模式配置
}
http {                  # HTTP 设置
    …
    server {            # 服务器主机配置
        …
        location {      # 路由配置
            …
        }
        location path {
            …
        }
        location otherpath {
            …
        }
    }
    server {
        …
        location {
            …
        }
    }
    upstream name { # 负载均衡配置
```

```
        ...
    }
}
```

如上述配置文件所示，Nginx 服务器主要由以下 6 个模块组成。

- main：用于进行 Nginx 全局信息的配置。
- event：用于 Nginx 工作模式的配置。
- http：用于进行 HTTP 协议信息的一些配置。
- server：用于进行服务器访问信息的配置。
- location：用于进行访问路由的配置。
- upstream：用于进行负载均衡的配置。

1）main 模块

观察如下配置代码。

```
# user nobody nobody;
worker_processes 2;
# error_log logs/error.log
# error_log logs/error.log notice
# error_log logs/error.log info
# pid logs/nginx.pid
worker_rlimit_nofile 1024;
```

上述配置都是存放在 main 全局配置模块中的配置项。

- user：用于指定 Nginx 进程运行用户及用户组，默认使用 nobody 用户运行。
- worker_processes：用于指定 Nginx 要开启的子进程数量，在运行过程中监控每个进程消耗内存（一般几兆至几十兆不等）根据实际情况进行调整，通常数量是 CPU 内核数量的整数倍。
- error_log：用于指定错误日志文件的位置及输出级别[debug/info/notice/warn/error/crit]。
- pid：用于指定进程 ID 的存储文件的位置。
- worker_rlimit_nofile：用于指定一个进程可以打开最多文件数量的描述。

2）event 模块

查看如下的配置。

```
event {
    worker_connections 1024;
    multi_accept on;
    use epoll;
}
```

上述配置是针对 Nginx 服务器的工作模式的一些操作配置。

- worker_connections：用于指定最大可以同时接收的连接数量，这里一定要注意，最大连接数量是和 worker_processes 共同决定的。

- multi_accept：用于指定 Nginx 在收到一个新连接通知后尽可能多地接收更多的连接。
- use epoll：用于指定线程轮询的方法，如果是 Linux2.6+版本，则使用 epoll；如果是 BSD 如 Mac，则使用 kqueue。

3）http 模块

作为 Web 服务器，http 模块是 Nginx 最核心的一个模块，配置项也比较多，在项目中会涉及很多的实际业务场景，需要根据硬件信息进行适当的配置。在常规情况下，使用默认配置即可，配置如下。

```
http {
    ##
    # 基础配置
    ##

    sendfile on;
    tcp_nopush on;
    tcp_nodelay on;
    keepalive_timeout 65;
    types_hash_max_size 2048;
    # server_tokens off;

    # server_names_hash_bucket_size 64;
    # server_name_in_redirect off;

    include /etc/nginx/mime.types;
    default_type application/octet-stream;

    ##
    # SSL 证书配置
    ##

    ssl_protocols TLSv1 TLSv1.1 TLSv1.2; # Dropping SSLv3, ref: POODLE
    ssl_prefer_server_ciphers on;

    ##
    # 日志配置
    ##

    access_log /var/log/nginx/access.log;
    error_log /var/log/nginx/error.log;

    ##
```

```
    # 使用gzip模块压缩配置
    ##

    gzip on;
    gzip_disable "msie6";

    # gzip_vary on;
    # gzip_proxied any;
    # gzip_comp_level 6;
    # gzip_buffers 16 8k;
    # gzip_http_version 1.1;
    #  gzip_types  text/plain  text/css  application/json  application/
javascript
  text/xml application/xml application/xml+rss text/javascript;

    ##
    # 虚拟主机配置
    ##

    include /etc/nginx/conf.d/*.conf;
    include /etc/nginx/sites-enabled/*;
```

（1）基础配置有如下几种。

- sendfile on：让 sendfile 发挥作用，将文件的回写过程交给数据缓冲来完成，而不是放在应用中完成，这样可以提升性能。
- tc_nopush on：用于指定 Nginx 在一个数据包中发送所有的头文件，而不是单独发送。
- tcp_nodelay on：用于指定 Nginx 不要缓存数据，而是一段段地发送，如果数据的传输有实时性的要求可以配置，发送完一小段数据就立刻能得到返回值，但是不要滥用。
- keepalive_timeout 65：用于给客户端分配连接超时时间，服务器会在这个时间后关闭连接。一般设置的时间较短，可以让 Nginx 工作持续性更好。
- client_header_timeout 10：用于设置请求头文件的超时时间。
- client_body_timeout 10：用于设置请求体文件的超时时间。
- send_timeout 10：用于指定客户端响应的超时时间，如果客户端两次操作间隔超过指定的时间，服务器就会关闭这个响应。
- limit_conn_zone $binary_remote_addr zone=addr:5m：用于保存各种 key 的共享内存的参数。
- limit_conn addr 100：用于为给定的 key 设置最大连接数。
- server_tokens off：虽然不会让 Nginx 执行速度更快，但是可以在错误页面关闭 Nginx 版本提示，可以提升网站安全性。

- include /etc/nginx/mime.types：用于指定在当前文件中包含另一个文件。
- default_type application/octet-stream：用于指定默认处理的文件类型是二进制。
- type_hash_max_size 2048：混淆数据，影响三列冲突率，值越大消耗内存越多，散列 key 冲突率会降低，检索速度更快；key 值越小，占用内存越少，冲突率越高，检索速度变慢。

（2）日志配置有如下两种。

- access_log /var/log/nginx/access.log：用于设置存储访问记录的日志。
- error_log/var/log/nginx/error.log：用于设置存储记录错误发生的日志。

（3）SSL 证书加密有如下几种。

- ssl_protocols：用于启动特定的加密协议，在 Nginx 1.1.13 和 Nginx 1.0.12 版本后默认是 ssl_protocols SSLv3 TLSv1 TLSv1.1 TLSv1.2，TLSv1.1 与 TLSv1.2 要确保 OpenSSL 的版本在 1.0.1 或以上。虽然 SSLv3 版本现在还在使用，但有不少容易被攻击的漏洞。
- ssl_prefer_server_cipherson：用于设置在协商加密算法时，优先使用服务端的加密套件，而不是客户端浏览器的加密套件。

（4）压缩配置有如下几种。

- gzip：用于告诉 Nginx 采用 Gzip 压缩的形式发送数据。这将会减少发送的数据量。
- gzip_disable：明确指定的客户端禁用 Gzip 功能，可设置成 IE6 或更低版本使方案能够广泛兼容。
- gzip_static：用于告诉 Nginx 在压缩资源之前，先查找是否有预先应用 Gzip 处理过的资源。这要求预先压缩此文件（在这个实例中被注释掉了），从而允许使用最高压缩比，这样 Nginx 就不用再压缩这些文件了。
- gzip_proxied：用于设置允许或禁止压缩基于请求和响应的响应流。将其设置为 any，可以压缩所有的请求。
- gzip_min_length：用于设置对数据启用压缩的最小字节数。如果一个请求小于 1000 字节，则最好不要将其压缩，因为压缩这些小的数据会降低处理此请求的所有进程的速度。
- gzip_comp_level：用于设置数据的压缩等级。这个等级可以是 1～9 的任意数值，设置为 9 则最慢，但是压缩比是最大的；设置为 4 则为一个比较折中的设置。
- gzip_type：用于设置需要压缩的数据格式。上面的实例中已经有一些数据格式了，也可以添加更多的格式。

（5）文件缓存配置有如下几种。

- open_file_cache：在打开缓存的同时也指定了缓存的最大数目及缓存的时间。可以将其设置为一个最大缓存时间，这样可以在不活动超过 20s 后清除缓存。
- open_file_cache_valid：用于在 open_file_cache 中指定检测正确信息的间隔时间。

- open_file_cache_min_uses：用于定义在 open_file_cache 中指定的参数不活动的时间里最小的文件数目。
- open_file_cache_errors：用于指定当搜索一个文件时是否缓存错误信息，以及是否再次给配置中添加文件。其中包括服务器模块，这些是在不同文件中定义的。如果服务器模块不在这些位置，则需要修改这一行来指定正确的位置。

4）server 模块

srever 模块配置是 http 模块中的一个子模块，用于定义一个虚拟访问主机，即一个虚拟服务器的配置信息。

```
server {
   listen       80;
   server_name localhost    192.168.1.100;
   root       /nginx/www;
   index       index.php index.html index.html;
   charset       utf-8;
   access_log    logs/access.log;
   error_log    logs/error.log;
   ......
}
```

核心配置信息如下。

- server：一个虚拟主机的配置，一个 http 模块中可以配置多个 server 模块。
- server_name：用于指定 IP 地址或域名，在多个配置之间使用空格分隔。
- root：用于表示整个 Server 虚拟主机内的根目录，所有当前主机中 Web 项目的根目录。
- index：用于设置用户访问 Web 网站时的全局首页。
- charset：用于设置 WWW/路径中配置的网页的默认编码格式。
- access_log：用于指定该虚拟主机服务器中的访问记录日志的存放路径。
- error_log：用于指定该虚拟主机服务器中访问错误日志的存放路径。

例 3-1　把 Nginx 配置为代理服务器，设置代理端口为 80，域名为 nginx.test.com。

在网络中，将 Nginx 安装在 IP 地址为 192.168.174.128 的主机上。修改 hosts 文件，设置域名为 nginx.test.com。

注意

在 Linux 系统中可以修改/etc/hostname 文件来设置主机名称，并通过/etc/hosts 文件提供 IP 地址 hostname 的对应位置。hosts 文件的作用相当于 DNS，Windows 系统对应的文件为 C:\Windows\System32\drivers\etc\hosts。为了实例中能解析到域名 nginx.test.com，两台主机的 hosts 文件都包含“192.168.174.128 nginx.test.com”，并实现对 nginx.test.com 域名的绑定。

在修改/etc/hosts 文件之后，正常情况下应该是在文件保存之后立即生效的，但有时不是这样的。使用“uname-a”命令可以查看 hostname，也可以查看修改是否生效。如果修改未生效，则可以使用如下策略。

（1）重启计算机。

（2）使用“/etc/init.d/network restart”命令重启网络服务。

（3）使用“hostname”命令定义的主机名称。

注意

hostname 的配置文件不完全是/etc/hosts。hosts 文件的作用相当于 DNS，可以提供 IP 地址到 hostname 的对应位置。

通过另一台主机（本实例中另一台主机是 Windows 7 系统），简单测试主机是否连通，以及测试连接域名，如图 3-9 所示。

```
C:\Users\Admin>ping nginx.test.com

正在 Ping nginx.test.com [192.168.174.128] 具有 32 字节的数据:
来自 192.168.174.128 的回复: 字节=32 时间<1ms TTL=64
来自 192.168.174.128 的回复: 字节=32 时间<1ms TTL=64
来自 192.168.174.128 的回复: 字节=32 时间<1ms TTL=64
来自 192.168.174.128 的回复: 字节=32 时间<1ms TTL=64

192.168.174.128 的 Ping 统计信息:
    数据包: 已发送 = 4, 已接收 = 4, 丢失 = 0 (0% 丢失),
往返行程的估计时间(以毫秒为单位):
    最短 = 0ms, 最长 = 0ms, 平均 = 0ms

C:\Users\Admin>
```

图 3-9　测试连接域名

主机能够收、发数据包，说明是连通的。接下来在 nginx.test.com 主机上启动防火墙，并查看 80 端口是否打开，如图 3-10 所示。

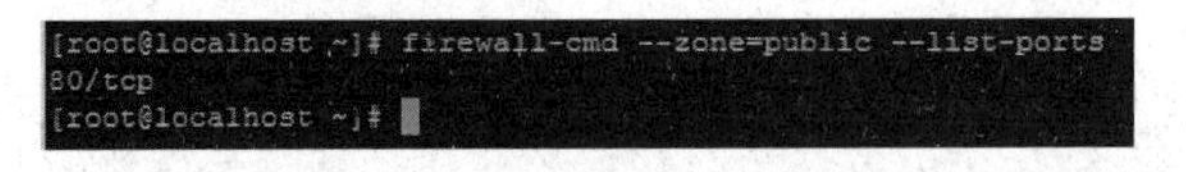

图 3-10　查看 80 端口是否打开

如果 80 端口没有打开，则可以使用“firewall-cmd --zone=public --add-port=80/tcp –permanent”命令打开 80 端口。接下来在浏览器的地址栏中输入地址“nging.test.com”，使用域名方式打开服务，如图 3-11 所示。

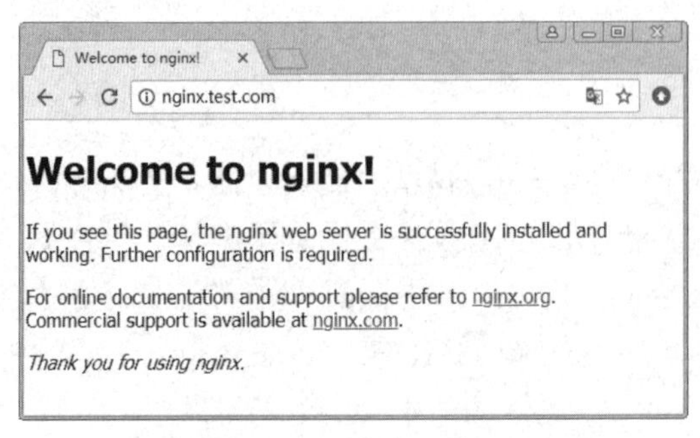

图 3-11　域名方式打开服务

注意

在早期的 Linux 系统中，默认使用的是 iptables 防火墙管理服务来配置防火墙。在 RHEL 7 系统中，firewalld 取代了 iptables。

5）location 模块

location 模块是在 Nginx 配置中出现最多的一个配置，主要用于配置路由访问信息。

在路由访问信息的配置中可以设置反向代理、负载均衡等功能，因此 location 模块也是一个非常重要的配置模块。

基本配置如下。

```
location / {
    root    /nginx/www;
    index    index.php index.html index.htm;
}
```

- location/：用于表示匹配的访问根目录。
- root：用于指定在访问根目录时，访问虚拟主机的 Web 目录。
- index：在不指定访问具体资源时，默认展示的资源文件列表。

下面介绍反向代理配置方式。通过反向代理服务器访问模式，使用 proxy_set 配置使客户端访问透明化。

```
location / {
    proxy_pass http://localhost:8888;
    proxy_set_header X-real-ip $remote_addr;
    proxy_set_header Host $http_host;
}
```

再查看 uwsgi 配置。在 wsgi 模式下的服务器配置访问方式。

```
location / {
    include uwsgi_params;
    uwsgi_pass localhost:8888
}
```

6）upstream 模块

upstream 模块主要负责负载均衡的配置，通过默认的轮询调度方式将请求分发到后端服务器中。

配置方式如下。

```
upstream name {
    ip_hash;
    server 192.168.1.100:8000;
    server 192.168.1.100:8001 down;
    server 192.168.1.100:8002 max_fails=3;
```

```
    server 192.168.1.100:8003 fail_timeout=20s;
    server 192.168.1.100:8004 max_fails=3 fail_timeout=20s;
}
```

核心配置信息如下。

- ip_hash：用于指定请求调度算法，默认使用权重轮询调度算法，可以指定其值。
- server host:port：用于分发服务器的列表配置。
- -- down：用于表示该主机暂停服务。
- -- max_fails：用于表示失败的最大次数，如果超过失败的最大次数则暂停服务。
- -- fail_timeout：用于表示请求受理失败，暂停服务时，在指定的时间之后重新发起请求。

5. 问题与思考

（1）请读者在 Linux 系统或 Windows 系统上安装 Nginx，配置域名为 nginx.myname.com。

（2）请读者分别在 8081 端口和 8082 端口安装两个 Tomcat，初始页面 index.jsp 显示为 Tomcat1 和 Tomcat2。当访问 8080 端口时，由 Nginx 反向代理实现跳转到 Tomcat1 和 Tomcat2，在 Nginx 中设置其权重分别是 1 和 5。

提示

加入的 IP 地址为 192.168.174.128 的 Nginx 配置文件，其中 upstream 模块和 server 模块的配置参考如下代码。

```
upstream tomcat_server{
    server 192.168.174.128:8081 weight=1;
    server 192.168.174.128:8082 weight=5;
   }

   server {
    listen 8080;
    server_name 192.168.174.128:8080;
    location / {
      proxy_pass http://tomcat_server;
    }
   }
```

3.2.2 Nginx 服务器的负载均衡策略

1. 简介

在服务器集群中，Nginx 起到代理服务器的作用（即反向代理），为了避免单个服务器压力过大，可以将来自用户的请求转发给不同的服务器，以实现负载均衡。

2．负载均衡策略

负载均衡策略是从 upstream 模块定义的后端服务器列表中选取一台服务器，用于接收用户的请求。一个最基本的 upstream 模块如下，其中模块内的 server 是服务器列表。

```
#动态服务器组
upstream dynamic_zuoyu {
    server localhost:8080;  #tomcat 7.0
    server localhost:8081;  #tomcat 8.0
    server localhost:8082;  #tomcat 8.5
    server localhost:8083;  #tomcat 9.0
}
```

在 upstream 模块配置完成后，需要让指定的访问反向代理到服务器列表。

```
#其他页面反向代理到 Tomcat 容器
location ~ .*$ {
    index index.jsp index.html;
    proxy_pass http://dynamic_zuoyu;
}
```

这就是最基本的负载均衡的用法，但这不足以满足实际需求；目前 Nginx 服务器的 upstream 模块支持 6 种负载均衡策略，如表 3-1 所示。

表 3-1　负载均衡策略

	负载均衡策略	含义
1	轮询	默认方式
2	weight	权重方式
3	ip_hash	依据 IP 地址分配方式
4	least_conn	最少连接方式
5	fair（第三方）	响应时间方式
6	url_hash（第三方）	依据 URL 分配方式

下面主要介绍 Nginx 自带的负载均衡策略和第三方的负载均衡策略。

1）轮询

最常用的负载均衡策略是轮询，即 upstream 模块默认的负载均衡策略。每个请求会按时间顺序逐一分配到不同的后端服务器中。

轮询策略的有关参数如表 3-2 所示。

表 3-2　轮询策略的有关参数

参数	含义
fail_timeout	与 max_fails 参数结合使用
max_fails	在 fail_timeout 参数设置的时间内最大的失败次数。如果在这个时间内，所有针对该服务器的请求都失败了，则该服务器会被认为是停机了

续表

参数	含义
fail_time	服务器被认为的停机的时间长度，默认为 10s
backup	用于指定该服务器为备用服务器。当主服务器停机时，请求会被发送到该服务器中
down	用于指定服务器永久停机

注意

在轮询策略中，如果服务器的参数为 down，则会自动剔除该服务器。默认使用轮询策略。此策略适合与服务器配置相当、无状态且“短、平、快”的服务使用。

2）weight

weight 为权重策略，用于在轮询策略的基础上指定轮询的概率，用法如下。

```
#动态服务器组
upstream dynamic_zuoyu {
    server localhost:8080   weight=2;  #tomcat 7.0
    server localhost:8081;  #tomcat 8.0
    server localhost:8082   backup;  #tomcat 8.5
    server localhost:8083   max_fails=3 fail_timeout=20s;  #tomcat 9.0
}
```

weight 参数用于指定被轮询的概率，weight 参数的默认值为 1；weight 参数的值与访问量之间成正比。例如，Tomcat 7.0 被访问的概率为其他服务器的 2 倍。

注意

权重越高的服务器分配到的需要处理的请求越多。
此策略可以与 least_conn 策略和 ip_hash 策略结合使用。
此策略比较适用于服务器的硬件配置差别比较大的情况。

3）ip_hash

ip_hash 为指定的负载均衡器按照基于客户端 IP 地址分配的分配策略，这个策略确保了相同的客户端的请求一直发送到相同的服务器中，以保证 Session 会话。这样每个访客都固定访问一个后端服务器，可以解决 Session 会话不能跨服务器的问题，用法如下。

```
#动态服务器组
    upstream dynamic_zuoyu {
        ip_hash;    #保证每个访客固定访问一个后端服务器
        server localhost:8080   weight=2;  #tomcat 7.0
        server localhost:8081;  #tomcat 8.0
        server localhost:8082;  #tomcat 8.5
        server localhost:8083   max_fails=3 fail_timeout=20s;  #tomcat 9.0
    }
```

注意

在 Nginx 1.3.1 版本之前，不能在 ip_hash 策略中使用权重策略。

ip_hash 策略不能与“backup”命令同时使用。

此策略适用于状态服务，如 Session 会话。

当有服务器需要被剔除时，则必须手动将其参数设置为 down。

4）least_conn

least_conn 策略用于把请求转发给连接数较少的后端服务器。轮询策略是把请求平均转发给各后端服务器，使它们的负载大致相同；但是，有些请求占用的时间很长，会导致其所在的后端服务器负载较高。在这种情况下，使用 least_conn 策略就可以达到更好的负载均衡效果，用法如下。

```
#动态服务器组
upstream dynamic_zuoyu {
    least_conn;      #把请求转发给连接数较少的后端服务器
    server localhost:8080   weight=2;  #tomcat 7.0
    server localhost:8081;             #tomcat 8.0
    server localhost:8082 backup;      #tomcat 8.5
    server localhost:8083   max_fails=3 fail_timeout=20s;  #tomcat 9.0
}
```

注意

此负载均衡策略适用于请求处理时间的长短不一而造成的服务器过载的情况。

5）第三方的负载均衡策略

第三方的负载均衡策略的实现需要安装第三方插件。第三方的负载均衡策略有如下两种。

（1）fair 策略：用于按照服务器端的响应时间来分配请求，响应时间短的优先分配，用法如下。

```
#动态服务器组
upstream dynamic_zuoyu {
    server localhost:8080;  #tomcat 7.0
    server localhost:8081;  #tomcat 8.0
    server localhost:8082;  #tomcat 8.5
    server localhost:8083;  #tomcat 9.0
    fair;    #实现响应时间短的优先分配
}
```

（2）url_hash 策略：用于按照访问 URL 的 hash 结果来分配请求，使每个 URL 分配到同一个后端服务器，要配合缓存命令来使用。同一个资源的多次请求，可能会被分配到不同的服务器上，不必要的多次下载会导致缓存效率不高，还会导致时间的浪费。而使用 url_hash 策略，可以使得同一个 URL（即同一个资源的请求）会被分配到同一台服务器，一旦缓存了资源，再次收到请求就可以从缓存中读取，用法如下。

```
#动态服务器组
upstream dynamic_zuoyu {
    hash $request_uri;        #实现每个 URL 分配到同一个后端服务器
    server localhost:8080; #tomcat 7.0
    server localhost:8081; #tomcat 8.0
    server localhost:8082; #tomcat 8.5
    server localhost:8083; #tomcat 9.0
}
```

以上是 6 种负载均衡策略的实现方式，其中除了轮询策略和权重策略，都是使用 Nginx 不同的算法实现的。在实际操作中，需要根据不同的场景有选择地使用，很多情况下使用多种策略结合以满足实际需求。

3. 当 Tomcat 服务器宕机时自动切换

在两台 Tomcat 服务器正常运行的情况下使用了 Nginx 负载均衡后，访问网址 http://localhost 的速度非常快。但如果一台 Tomcat 服务器宕机（强行关闭）后，再访问时会发现存在一半访问时间快，一半访问时间很慢的情况。

解决问题的办法主要是设置 proxy_connect_timeout 参数。该参数用于指定连接超时的时间，如果设置为 1，则表示在超时 1s 后会连接到另外一台服务器，用法如下。

```
#usernobody;
worker_processes1;
#error_loglogs/error.log;
#error_loglogs/error.lognotice;
#error_loglogs/error.loginfo;
#pidlogs/nginx.pid;
events {
worker_connections1024;
}
http {
includemime.types;
default_typeapplication/octet-stream;
upstream localhost {
#ip_hash;
server 127.0.0.1:8081;
server 127.0.0.1:8080;
}
#log_formatmain'$remote_addr - $remote_user [$time_local] "$request" '
```

```
#'$status $body_bytes_sent "$http_referer" '
#'"$http_user_agent" "$http_x_forwarded_for"';
#access_loglogs/access.logmain;
sendfileon;
#tcp_nopushon;
#keepalive_timeout0;
keepalive_timeout65;
#gzipon;
server {
listen80;
server_namelocalhost;
listen 80;
server_name localhost;
location /{
proxy_pass http://localhost;
proxy_set_header Host $host;
proxy_set_header X-Real-IP $remote_addr;
proxy_set_header X-Forwarded-For $proxy_add_x_forwarded_for;
proxy_connect_timeout 1;
proxy_read_timeout1;
proxy_send_timeout1;
}
#charset koi8-r;
#access_loglogs/host.access.logmain;
#error_page404/404.html;
# redirect server error pages to the static page /50x.html
#
error_page500 502 503 504/50x.html;
location = /50x.html {
roothtml;
}
# proxy the PHP scripts to Apache listening on 127.0.0.1:80
#
#location ~ \.php$ {
#proxy_passhttp://127.0.0.1;
#}
# pass the PHP scripts to FastCGI server listening on 127.0.0.1:9000
#
#location ~ \.php$ {
#roothtml;
#fastcgi_pass127.0.0.1:9000;
```

```
    #fastcgi_indexindex.php;
    #fastcgi_paramSCRIPT_FILENAME/scripts$fastcgi_script_name;
    #includefastcgi_params;
    #}
    # deny access to .htaccess files, if Apache's document root
    # concurs with nginx's one
    #
    #location ~ /\.ht {
    #denyall;
    #}
    }
    # another virtual host using mix of IP-, name-, and port-based
configuration
    #
    #server {
    #listen8000;
    #listensomename:8080;
    #server_namesomenamealiasanother.alias;
    #location / {
    #roothtml;
    #indexindex.html index.htm;
    #}
    #}
    # HTTPS server
    #
    #server {
    #listen443;
    #server_namelocalhost;
    #sslon;
    #ssl_certificatecert.pem;
    #ssl_certificate_keycert.key;
    #ssl_session_timeout5m;
    #ssl_protocolsSSLv2 SSLv3 TLSv1;
    #ssl_ciphersALL:!ADH:!EXPORT56:RC4+RSA:+HIGH:+MEDIUM:+LOW:+SSLv2:+EXP;
    #ssl_prefer_server_cipherson;
    #location / {
    #roothtml;
    #indexindex.html index.htm;
    #}
    #}
    }
```

4. 问题与思考

请读者使用 Nginx 的 ip_hash 策略，对 3 台以上的 Tomcat 服务器 Tomcat1、Tomcat2、Tomcat3 等实现负载均衡。编写一段测试程序，不断请求 Nginx 代理的 Web 服务的 index.jsp 页面，该页面可以输出其获取到的 Tomcat 信息，其中包括服务器名、sessionID、请求地址、系统时间、间隔时间等。间隔时间表示访问同一台 Tomcat 服务器相隔的时间。

当某台 Tomcat 服务器宕机后，请读者对比输出的信息与在没有宕机时的区别。

提示

获取有关信息的代码如下。

```
HttpSession mysession = request.getSession();
       StringBuffer url = new StringBuffer();
       url = HttpUtils.getRequestURL(request);
    String sessionID = mysession.getId();
String date = new java.util.Date()
```

3.2.3 使用 Nginx+Keepalived 实现高可用集群

下面进一步介绍使用 Nginx+Keepalived 搭建高性能的 Tomcat 集群的方法。

Nginx 作为反向代理，Keepalived 用来管理虚拟 IP 地址。一般 Nginx 部署两个节点，一主一备，默认情况在主节点绑定 VIP，当主节点的服务器异常、Nginx 异常或 Keepalived 服务异常时，VIP 会漂移到从节点，Nginx 代理后端多个 Tomcat 应用节点，Nginx+Tomcat 集群架构如图 3-12 所示。

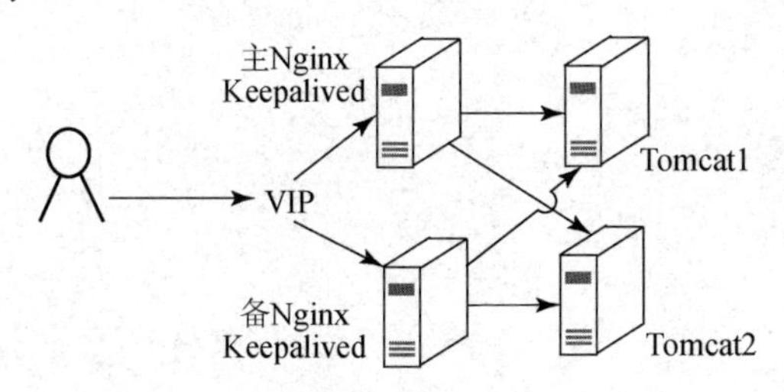

图 3-12 Nginx+Tomcat 集群架构

1. Nginx 的安装和配置

Nginx 安装方法已在 3.2.1 节中介绍了。这里需要在两台服务器上安装 Nginx，一台服务器作为主 Nginx 服务器，另一台服务器作为备用 Nginx 服务器。

注意

需要安装 pcre-devel 包和 openssl-devel 包。

配置方法先参考如下的配置文件。

```
user nobody;
```

```
worker_processes 4;

events {
    worker_connections 1024;
}
http {
    include mime.types;
    default_type application/octet-stream;
    types_hash_max_size 2048;
    server_names_hash_bucket_size 128;
    client_header_buffer_size 16k;
    large_client_header_buffers 4 64k;
    sendfile on;
    tcp_nopush on;
    tcp_nodelay on;
    keepalive_timeout 60;
    check_shm_size 40m;
    gzip on;
    gzip_min_length 1k;
    gzip_buffers 4 16k;
    gzip_http_version 1.1;
    gzip_comp_level 2;
    gzip_types text/plain application/x-javascript text/css    application/xml;
    gzip_vary on;
    client_max_body_size 16m;
    client_body_buffer_size 16m;
    proxy_connect_timeout 90;
    proxy_send_timeout 90;
    proxy_read_timeout 90;
    proxy_buffer_size 16k;
    proxy_buffers 4 64k;
    proxy_busy_buffers_size 128k;
    proxy_temp_file_write_size 128k;
    proxy_temp_path proxy_temp_dir;
    proxy_cache_path proxy_cache_dir levels=1:2 keys_zone=cache_one:256m
inactive=2d max_size=1g;

    upstream test {
    #ip_hash;
    session_sticky; #一种简单、高效的方法，可避免 Session 复制带来的性能影响
    server 10.21.233.57:8080;
```

```
    server 10.21.233.58:8080;
    check interval=3000 rise=2 fall=5 timeout=1000 type=http;
    #check_http_send "HEAD /test HTTP/1.0\r\n\r\n";
    #check_http_expect_alive http_2xx http_3xx;
}
server {
    listen 80;
    server_name localhost;
    location / {
      root html;
      index index.html index.htm;
    }
    location /test {
      root html;
      proxy_pass http://test/test;
      proxy_set_header Host $host:$server_port;
      proxy_set_header X-Real-IP $remote_addr;
      proxy_set_header X-Forwarded-For $proxy_add_x_forwarded_for;
      client_max_body_size 100m;
      index index.html index.htm;
    }
}
    location /status {
        check_status;
    }
    error_page 500 502 503 504 /50x.html;
    location = /50x.html {
        root html;
    }
  }
}
```

在配置管理中，upstream模块采用多个服务组，后端节点可以是多个Tomcat服务，也可以是其他的HTTP服务，一组服务里面发布的多个应用必须保持一致。每个服务使用一个location。

在项目中应用得比较多的负载均衡策略是ip_hash策略和轮询策略，也可选用第三方的插件session_sticky。ip_hash策略不用考虑Session复制，只要源IP在一个段，都会默认将请求发往同一个节点，但是会造成后端节点服务不均匀。应用轮询策略时要处理Session，后端节点要进行Session复制，如果处理纯接口类的请求则推荐使用轮询策略，而项目使用比较多的是ip_hash策略，使用轮询+会话保持策略。

2. Keepalived 安装与配置

下载 Keepalived 软件并减压后，使用如下方式安装。

```
./configure --prefix=/data/keepalived
make
make install
mkdir /etc/keepalived
cp /data/keepalived/etc/keepalived/keepalived.conf /etc/keepalived/
```

复制 Keepalived 服务脚本到默认的地址，命令如下。

```
cp /data/soft/keepalived-2.2.2/keepalived/etc/init.d/keepalived /etc/init.d/
cp /data/keepalived/etc/sysconfig/keepalived /etc/sysconfig/
chkconfig keepalived on
service keepalived start
```

Keepalived 只有一个配置文件 keepalived.conf，其中主要包括 global_defs、static_ipaddress、vrrp_script、vrrp_instance 和 virtual_server 这几个配置区域。在该配置文件下，一共有 3 个区域，分别是 global_defs 区域、vrrp_scripts 区域和 vrrp_instance 区域。

1）global_defs 区域

global_defs 区域是 Keepalived 的全局配置模块，主要包括以下参数。

- notification_email：用于指定在故障发生时发送邮件的对象。
- notification_email_from：用于指定在故障发生时邮件的发出地址。
- smtp_server：用于指定邮件的简单邮件传输协议（Simple Mail Transfer Protocol，SMTP）服务器地址。
- smtp_connect_timeout：用于指定连接 SMTP 服务器的超时时间。
- enable_traps：用于指定是否开启简单网络管理协议（Simple Network Management Protocol，SNMP）陷阱。
- router_id：虚拟路由冗余协议（Virtual Router Redundancy Protocol，VRRP）中用于标识本节点的 IP 地址形式的字符串。

2）vrrp_scripts 区域

vrrp_scripts 区域主要用于配置 Keepalived 健康监测的脚本和相关设置，主要包括以下参数。

- script：用于指定自己写的 Keepalived 的健康监测脚本。
- interval：用于指定监测的时间。
- weight：用于指定当监测失效时，该设备的优先级的变化量，该值为负表示减少。

3）vrrp_instance 区域

vrrp_instance 区域主要用于配置 Keepalived 的 VRRP 设置，同一个 Keepalived 可以同时配置多个 VRRP 实例，主要包括以下参数。

- state：用于指定为 master 或 backup 的一种，master 为工作状态，backup 为备用状态。

- interface：用于指定运行 VIP 的网卡。
- virtual_router_id：用于指定 VRRP 用户组，互为主备的设备应当处于同一个 VRRP 用户组内，因此该参数应该配置相同。
- priorioty：用于指定本节点 Keepalived 的优先级。
- advert_int：用于指定 master 与 backup 进行同步检查的时间间隔。

了解了上述参数及其作用后，我们就可以进行 Keepalived 的配置了。参考如下文件内容。

```
vi etc/keepalived/keepalived.conf
! Configuration File for keepalived
global_defs {
notification_email {
root@localhost
}
notification_email_from root@189.cn
smtp_server 127.0.0.1
smtp_connect_timeout 30
router_id LVS_DEVEL
}
vrrp_script Monitor_Nginx {
script "/data/nginx/scripts/nginx_pid.sh"
interval 2
weight 2
}

vrrp_instance VI_1 {
state MASTER
interface eth0
virtual_router_id 51
priority 180  #谁的值大谁就是master
advert_int 1
authentication {
auth_type PASS
auth_pass 1234
}
track_script {
Monitor_Nginx
}
virtual_ipaddress {
192.168.5.200/24 dev eth0
}
}
```

两个节点都需要安装，且配置内容大部分相同，区别是 state 参数的设置，主节点的 state 参数设置为 master，从节点的设置为 backup，两个节点主要靠 priority 后面的参数值区分，谁的参数值大谁就被设置为 master，优先抢占 VIP，需要注意网卡编号。

3．Nginx 检测脚本

Nginx 检测脚本如下。

```
vi /data/nginx/scripts/nginx_pid.sh
#!/bin/bash
#
A='ps -C nginx --no-header |wc -l'
if [ $A -eq 0 ];then
service keepalived stop
fi
```

脚本中“ps”命令的-C 参数用于显示进程的实际名称，--no-header 表示不用显示表头。“ps”命令的结果通过管道传送给“wc”命令统计出结果的行数（参数-l），如果行数为 0，表示无 Nginx 进程。

总之，检测脚本用于判断 Nginx 是否存活，如果进程挂掉，则停止 Keepalived 服务，让从节点接管 VIP。

4．配置防火墙

配置防火墙命令如下。

```
firewall-cmd --permanent --add-port=80/tcp --permanent
firewall-cmd --direct --permanent --add-rule ipv4 filter INPUT 0 --in-interface em1 --destination 224.0.0.18 --protocol vrrp -j ACCEPT
firewall-cmd --reload
```

Keepalived 主从之间是靠发广播来监测节点状态的，因此在启动防火墙的情况下，VRRP 广播必须打开。

5．启动 Nginx 和 Keepalived

命令如下。

```
/data/nginx/sbin/nginx
service keepalived start
```

6．Tomcat 的安装与部署

安装 JDK，配置环境变量，解压缩 Tomcat，并发布服务，这样就搭建了一套软件负载均衡，需要注意以下几点。

（1）如果是高并发场景，则需要优化 Nginx Worker 的进程数量、操作系统打开文件数量、操作系统内核参数等。

（2）后端服务器如果有多个项目，在没有域名的情况下，则需要靠 location 来区分。同一个服务下的 location 不能一样；如果是多个项目在没有项目的情况下，则基本上需要启用多个服务来实现，也可以自定义 location 名称，但这时候需要注意代码中的路径不能写死，否则很多静态文件无法加载。如果有域名，则可以启用二级域名来解决。

（3）Nginx 分发策略的选择，其核心应该是用户数量。如果用户很少，则使用 ip_hash 策略，如果用户很多，则使用轮询+会话保持策略。如果应用里面配置了会话保持策略，那就比较灵活了，各种策略都可以尝试使用。

（4）经测试，单侧 Nginx 可以支持 2 万的并发，没有加超时时间。如果是高并发场景，负载均衡则考虑优化内核参数，需要改造后端应用，把热数据放到 Redis 里面。

7．问题与思考

请读者使用 Nginx 的 ip_hash 策略，在 2 台以上的 Tomcat 服务器基础上，使用 Keepalived 搭建一个高可用的集群。在强行关闭主 Nginx 后，测试系统是否还正常运行。

3.2.4　Nginx 与 Session 共享

实现 Nginx Session 的共享服务器有多台，使用 Nginx 来实现负载均衡，这样同一个 IP 访问同一个页面会被分配到不同的服务器上，如果不同步 Session，则会出现很多问题。例如，最常见的登录状态，下面提供了几种方式来解决 Session 共享的问题。

1．使用 Cookie 保存 Session

Session 是存放在服务器端的，Cookie 是存放在客户端的，可以把用户访问页面产生的 Session 放到 Cookie 里面，即以 Cookie 为中转站。

访问 Web 服务器 A，产生 Session 后把它放到 Cookie 里面。

当请求被分配到服务器 B 时，服务器 B 先判断服务器有没有这个 Session，如果没有，则再去看看客户端的 Cookie 里面有没有这个 Session；如果也没有，则说明 Session 真的不存在；如果 Cookie 里面有，就把 Cookie 里面的 Sessoin 同步到服务器 B，这样就可以实现 Session 的同步了。

说明：这种方法实现起来简单、方便，也不会增加数据库的负担，但是如果客户端禁止 Cookie，Session 就无法同步了，这样会给网站带来损失；Cookie 的安全性不高，它虽然已经加密，但是还是可以伪造的。

2．Tomcat 内置的 Session 共享

Tomcat 内置的简单 Session 共享适用于小集群。

在多个 Tomcat 集群中，Session 共享是必需的，否则在前端 Nginx 转发过来后不知道之前的请求在哪台服务器，找不到 Session，这会导致请求失败。

下面是 Tomcat 内置的 Session 共享的例子，对于小集群够用了，对于大集群还是建议使用 Redis 或 Memcache 进行共享。

在安装好 Tomcat 后，就可以进行集群配置。在 conf/server.xml 文件中找到如下这行命令。

```
<Engine name="Catalina" defaultHost="localhost">
```

使用如下代码配置集群信息。

```
<Cluster className="org.apache.catalina.ha.tcp.SimpleTcpCluster"
channelSendOptions="8">
<Manager className="org.apache.catalina.ha.session.DeltaManager"
expireSessionsOnShutdown="false"
notifyListenersOnReplication="true"/>
<Channel className="org.apache.catalina.tribes.group.GroupChannel">
<Membership
className="org.apache.catalina.tribes.membership.McastService"
address="228.0.0.4"
port="45564"
frequency="500"
dropTime="3000"/>
<Receiver
className="org.apache.catalina.tribes.transport.nio.NioReceiver"
address="auto"
port="4000"
autoBind="100"
selectorTimeout="5000"
maxThreads="6"/>
<Sender
className="org.apache.catalina.tribes.transport.ReplicationTransmitter">
<Transport
className="org.apache.catalina.tribes.transport.nio.PooledParallelSender"/>
</Sender>
<Interceptor  className="org.apache.catalina.tribes.group.interceptors.
TcpFailureDetector"/>
<Interceptor
className="org.apache.catalina.tribes.group.interceptors.MessageDispatch15
Interceptor"/>
</Channel>
<Valve className="org.apache.catalina.ha.tcp.ReplicationValve"
filter=""/>
<Valve
className="org.apache.catalina.ha.session.JvmRouteBinderValve"/>
<Deployer className="org.apache.catalina.ha.deploy.FarmWarDeployer"
tempDir="/opt/tomcat/tmp/war-temp/"
```

```
    deployDir="/opt/tomcat/tmp/war-deploy/"
    watchDir="/opt/tomcat/tmp/war-listen/"
    watchEnabled="false"/>
    <ClusterListener className="org.apache.catalina.ha.session.
JvmRouteSessionIDBinderListener"/>
    <ClusterListener
className="org.apache.catalina.ha.session.ClusterSessionListener"/>
    </Cluster>
```

多个 Tomcat 都需要配置，同一个集群里面配置信息保持一致。如果是其他集群，则需要修改 address。

下面讨论测试过程，先来看测试页面，代码如下。

```
<html>
<head>
<title> test1</title>
</head>
<body>
SessionID is <%=session.getId()%>
<BR>
SessionIP is <%=request.getServerName()%>
<BR>
SessionPort is <%=request.getServerPort()%>
<%
out.println("Response from tomcat1");
%>
</body>
</html>
```

在 Nginx 中上面默认配置是轮询的，请求会依次分发。

连续两次访问 localhost:8080/1.jsp，可以发现两次访问获取到的 sessionID 是一样的，但是 Response 的是不同的 Tomcat。

这种共享方式会使服务器的负载增大。当业务量增大时，建议使用 Redis 或 Memcache 共享，效率比较高。

3. 在数据库中使用 Session

可以配置将 Session 保存在数据库中，这种方法是把存放 Session 表和其他数据库表放在一起，如果数据库也设置了集群，则每个数据库节点都需要有这张表，并且这张 Session 表的数据需要实时同步。

说明：使用数据库同步 Session，会加大数据库的存取量、增加数据库的负担，而且数据库读写速度较慢，不利于 Session 的实时同步。

4．使用 Memcache 或 Redis 保存 Session

Memcache 可以设置为分布式，在程序配置文件中设置保存方式为 Memcache，这样程序会自动建立一个 Session 集群，将 Session 数据保存在 Memcache 中。

说明：以这种方式来保存 Session，不会增加数据库的负担，并且安全性比使用 Cookie 大幅提高，把 Session 数据放到内存中，比从文件中读取速度要快很多。但是 Memcache 把内存分成很多种规格的存储块，存储块的空间大小不同。这种方式也就决定了 Memcache 不能完全利用内存，会产生内存碎片，如果存储块空间不足，还会导致出现内存溢出。

5．使用 Nginx 中的 ip_hash 策略

在 Nginx 中使用 ip_hash 策略能够将某个 IP 地址的请求定向到同一台后端服务器，这样一来这个 IP 地址下的某个客户端服务器和某个后端服务器就能建立起稳固的 Session，ip_hash 策略是在如下 upstream 配置中定义的。

```
upstream nginx.example.com
{
    server 127.0.0.1:8080;
    server 127.0.0.1:808;
    ip_hash;
}
server
{
    listen 80;
    location /
    {
        proxy_pass
        http://nginx.example.com;
    }
}
```

ip_hash 策略是容易被理解的，但是因为仅能使用 IP 地址这一元素来分配后端，因此 ip_hash 策略是有缺陷的，不能在如下一些情况下使用。

（1）Nginx 不是最前端的服务器。

ip_hash 策略要求 Nginx 一定是最前端的服务器，否则 Nginx 得不到正确 IP 地址，就不能根据 IP 地址作 hash。

（2）Nginx 后端服务器还有其他方式的负载均衡。

假如 Nginx 后端服务器还有其他负载均衡，将请求通过另外的方式分流，那么某个客户端的请求肯定不能定位到同一台 Session 应用服务器上。因此 Nginx 后端服务器只能先直接指向应用服务器，或者重新搭建一个 Squid 服务器，再指向应用服务器。最好

的办法是使用 location 进行一次分流，将需要 Session 的部分请求通过 ip_hash 策略分流，剩下的部分分流到其他后端服务器中。

6．upstream_hash 模块

为了解决 ip_hash 策略的一些问题，可以使用 upstream_hash 这个第三方模块，这个模块在多数情况下是用作 url_hash 策略的，但是并不妨碍将它用于 Session 共享。

1）fair（第三方）

按后端服务器的响应时间来分配请求，响应时间短的服务器优先分配。

```
upstream resinserver{
   server server1;
   server server2;
   fair;
}
```

2）url_hash

按访问 URL 的 hash 结果来分配请求，使每个 URL 都定向到同一个后端服务器，后端服务器作为缓存比较有效。

例如，在 upstream 模块中加入 hash 语句，server 语句中不能写入 weight 等其他的参数，hash_method 可以使用 hash 算法。

```
upstream resinserver{
server squid1:3128;
server squid2:3128;
hash $request_uri;
hash_method crc32;
}
tips:

upstream resinserver{#定义负载均衡设备的 IP 地址及设备状态
ip_hash;
server 127.0.0.1:8000 down;
server 127.0.0.1:8080 weight=2;
server 127.0.0.1:6801;
server 127.0.0.1:6802 backup;
}
在需要使用负载均衡的 server 中增加如下配置。
proxy_pass http://resinserver/;
```

7．问题与思考

（1）请读者使用 Redis 实现 Session 信息存储，并实现多系统的 Session 信息共享。

提示

步骤如下。

引入 Redis 依赖，代码如下。

```
<dependency>
    <groupId>org.springframework.session</groupId>
    <artifactId>spring-session-data-redis</artifactId>
</dependency>
<!-- 引入Redis 依赖 -->
<dependency>
    <groupId>org.springframework.boot</groupId>
    <artifactId>spring-boot-starter-data-redis</artifactId>
</dependency>
```

除了需要引入 Redis 组件，还需要引入 spring-session-data-redis 依赖组件。此组件用于实现 Session 信息的管理。

添加 Session 配置类。创建 SessionConfig 配置类，配置打开 Session，代码如下。

```
@Configuration
@EnableRedisHttpSession(maxInactiveIntervalInSeconds = 86400*30)

public class SessionConfig {
}
```

代码中的 maxInactiveIntervalInSeconds 参数用于设置 Session 失效时间。使用 Redis 共享 Session 之后，原 Spring Boot 的 server.session.timeout 属性不再生效。

经过上面的配置后，Session 调用就会自动在 Redis 上存取数据。要达到 Session 共享的目的，只需在其他的系统上做同样的配置即可。

接下来进行测试验证。

首先，添加 Session 配置类的测试方法，代码如下。

```
@RequestMapping("/uid")
String uid(HttpSession session) {
    UUID uid = (UUID) session.getAttribute("uid");
    if (uid == null) {
        uid = UUID.randomUUID();
    }
    session.setAttribute("uid", uid);
    return session.getId();
}
```

启动项目，运行一个程序实例 1，其中启动端口号为 8080，在浏览器地址栏中输入 http://localhost:8080/uid，页面返回会话的 sessionID。

然后，登录 Redis 客户端，查看 Session 是否已经保存到 Redis 客户端，输入“keys

'*sessions*'”命令查看所有的Session信息。

在Redis服务端输出的sessionID与页面返回的sessionID应该一致，说明Redis服务端中缓存的SessionID和实际使用的Session一致，Session已经在Redis服务端中进行有效的管理。

最后，模拟分布式系统，再运行一个程序实例2，其中启动端口号为8081，在浏览器的地址栏中输入http://localhost:8081/uid，页面返回会话的SessionID。

从输出结果可以看到，程序实例1和程序实例2获取到的是同一个Session，这说明这两个程序实现了Session共享。

（2）请读者使用Tomcat内置的Session实现至少两台服务器的同步。

3.3　Docker容器

3.3.1　Docker部署

Docker是Docker.Lnc公司开源的一个基于LXC技术之上搭建的容器（container）引擎，其源代码在Github上托管，基于Go语言并遵从Apache2.0开源协议。

Docker属于Linux容器的一种封装，提供简单易用的容器使用接口。

Docker将应用程序与该程序的依赖，打包在一个文件里面。运行这个文件，就会生成一个虚拟容器。程序在这个虚拟容器里运行，就好像在真实的物理机上运行。有了Docker，就不用担心程序运行的环境问题。

总体来说，Docker的接口相当简单，用户可以方便地创建和使用容器，把自己的程序放入容器。容器还可以进行版本管理、复制、分享、修改，与对普通代码的操作一样。

【实例】在Docker容器中运行Redis。

1．问题分析

容器包括能够独立运行的一个或一组应用，以及该应用的运行环境。

在Linux系统中安装完成Docker后，可以开始进行Docker的镜像功能和容器功能的使用。使用Docker要明确镜像（image）与容器（container）两个概念。

镜像是一个为容器提供服务的独立的文件系统，它包含独立运行所需要的文件与代码。简单地说，镜像就是一个不包含Linux系统内核而又精简的Linux系统。Docker镜像默认存储在/var/lib/docker/<storage-driver>目录中，现在最新版本的Linux系统的存储驱动一般是Overlay2格式的。

容器其实是在镜像的最上层加入一层读写层。在容器运行中的任何配置，如果启动了不同的Tomcat容器，配置了不同端口号，这些配置都保存在读写层而不会修改镜像本身的内容。

2. 实现方法

首先要安装 Docker，然后下载 Redis 镜像，并在 Docker 容器中启动 Redis。

3. 实验过程

1）准备操作系统

准备一个 CentOS 7 操作系统，具体要求如下。

- 必须是 64 位操作系统。
- 建议内核版本在 3.8 以上。

通过如下命令查看 CentOS 系统内核。

```
# uname -r
3.10.0-1127.19.1.el7.x86_64
```

2）安装 Docker

安装命令如下。

```
# yum install docker
```

可使用如下命令，查看 Docker 是否安装成功。

```
# docker version
Client:
 Version:        1.13.1
 API version:    1.26
 Package version:
Cannot connect to the Docker daemon at unix:///var/run/docker.sock. Is
the docker daemon running?
```

若输出了 Docker 的版本号，则说明安装成功了，可通过如下命令启动 Docker 服务。

```
# systemctl start docker.service
```

一旦 Docker 服务启动完毕，就可以开始使用 Docker 了。

3）下载镜像并运行 Redis

首先使用如下命令搜索 Redis。

```
# docker search redis
INDEX NAME DESCRIPTION STARS OFFICIAL AUTOMATED
docker.io docker.io/redis Redis is an open source key-value store th…
8713 [OK]
docker.io docker.io/bitnami/redis Bitnami Redis Docker Image 165 [OK]
docker.io docker.io/sameersbn/redis 82 [OK]
docker.io docker.io/grokzen/redis-cluster Redis cluster 3.0, 3.2, 4.0,
5.0, 6.0 72
:
```

然后使用如下命令下载 Redis。

```
# docker pull redis
```

查看本地镜像列表，Redis 是否下载成功，命令如下。

```
# docker images
REPOSITORY TAG IMAGE ID CREATED SIZE
docker.io/redis latest 62f1d3402b78 6 days ago 104 MB
docker.io/tomcat latest 625b734f984e 11 days ago 648 MB
```

可以看到 Redis 镜像已经在列表中了，可以使用“docker rmi”命令删除镜像。在一个容器中运行 Redis 镜像，命令如下。

```
# docker run --name i-redis -d redis
```

运行一个镜像是通过“docker run”命令来实现的。其中，--name 参数用于表示容器名称，-d 用于表示 detached，意味着执行完这句命令后控制台将不会被阻止，可继续输入命令操作；image-name 用于指定运行容器的镜像。

继续使用如下的“docker ps”命令来查看运行中的容器列表。

```
# docker ps
CONTAINER ID IMAGE COMMAND CREATED STATUS PORTS NAMES
4d947dbf1662 redis "docker-entrypoint…" 12 seconds ago Up 11 seconds
6379/tcp i-redis
0a9d552cb621 tomcat "catalina.sh run" 44 hours ago Up 44 hours
0.0.0.0:80->8080/tcp lucid_shannon
```

如果是查看运行和停止状态的容器，则使用如下的“docker ps–a”命令。

```
# docker ps -a
CONTAINER ID IMAGE COMMAND CREATED STATUS PORTS NAMES
4d947dbf1662 redis "docker-entrypoint…" 39 seconds ago Up 37 seconds
6379/tcp i-redis
0a9d552cb621 tomcat "catalina.sh run" 44 hours ago Up 44 hours 0.0.0.0:
80->8080/tcp lucid_shannon
:
```

可以通过“docker stop”命令来指定要停止的容器；通过“docker start”命令来重新启动容器；通过“docker rm”命令来删除容器。

Docker 的端口映射是通过-p 参数来指定的。以在容器中运行的 Redis 为例，映射容器的 6379 端口到本机的 6378 端口，命令如下。

```
# docker run -d -p 6378:6379 --name m-redis redis
```

在运行的容器列表中查看 m-redis，而且端口映射到 6378，命令如下。

```
# docker ps
```

```
CONTAINER ID IMAGE COMMAND CREATED STATUS PORTS NAMES
4c0cab573826 redis "docker-entrypoint…" 5 seconds ago Up 4 seconds 0.0.0.0:6378->6379/tcp m-redis
4d947dbf1662 redis "docker-entrypoint…" 5 minutes ago Up 5 minutes 6379/tcp i-redis
0a9d552cb621 tomcat "catalina.sh run" 44 hours ago Up 44 hours 0.0.0.0:80->8080/tcp lucid_shannon
```

使用如下的“docker logs”命令观察 m-redis 的日志。

```
# docker logs m-redis
```

4. 技术分析

1）Docker 基本概念

Docker 的思想来自集装箱。集装箱解决了什么问题？在一艘大船上，可以把货物规整地摆放起来，并且各种各样的货物被集装箱标准化了。集装箱和集装箱之间不会互相影响，那么就不需要专门运送水果的船和专门运送化学品的船了。只要将这些货物在集装箱里封装好，就可以用一艘大船把它们都运走。Docker 就使用类似的理念。现在流行的云计算就好比是大货轮，Docker 就是集装箱。

（1）不同的应用程序可能会有不同的应用环境，例如，.net 开发的网站和 PHP 开发的网站所依赖的软件不一样，如果把依赖的软件都安装在一个服务器上要调试很久，而且很麻烦，还会造成一些冲突。例如，会发生 IIS 和 Apache 访问端口冲突。这个时候就要隔离.net 开发的网站和 PHP 开发的网站。常规来讲，可以在服务器上创建不同的虚拟机，在不同的虚拟机上放置不同的应用，但是创建虚拟机的开销比较高。Docker 可以实现虚拟机隔离应用环境的功能，并且开销比创建虚拟机少，开销少就意味着省钱了。

（2）虽然在开发软件的时候使用的是 Ubuntu 系统，但是运维管理的时候使用的都是 CentOS 系统。运维人员在把软件从开发环境转移到生产环境的时候就会遇到一些 Ubuntu 系统转为 CentOS 系统的问题。例如，有的特殊版本的数据库，只有 Ubuntu 系统支持，CentOS 系统不支持，在转移的过程中运维人员就得想办法解决这样的问题。这时候如果有 Docker 就可以把开发环境直接封装、转移给运维人员，运维人员直接部署 Docker 就可以了，而且部署的速度更快。

（3）在服务器负载方面，如果单独创建一个虚拟机，那么虚拟机会占用空闲内存，使用 Docker 部署的话，这些内存就会被利用起来。总之，Docker 就是使用集装箱原理。

2）Docker 常用命令

下面将介绍 Docker 常用命令，以及命令的用法和功能。

（1）info：用于显示 Docker 系统信息，包括镜像和容器数量。如果需要检查 Docker 的安装是否正确，则使用如下命令。

```
docker info
```

如果无法成功执行此命令，则说明 Docker 没有正确安装。

（2）pull：用于从镜像仓库中拉取或更新指定镜像。

如果到这一步 Docker 中还没有镜像或容器，则可以通过如下的“pull”命令来拉取一个预建的镜像。

```
docker pull busybox
```

busybox 是一个最小的 Linux 系统，能提供主要的功能，不包含一些与 GNU 相关的功能和选项。

（3）commit：用于将容器的状态保存为镜像，使用如下命令。

```
docker commit $sample_job job1
```

注意

镜像名称只能使用字符（a～z）和数字（0～9）。

（4）images：使用如下命令查看所有镜像的列表。

```
docker images
```

（5）search：Docker 中镜像被存储在 Docker Registry。在 Docker Registry 中的镜像可以使用如下命令查找。

```
docker search &lt;image-name>
```

（6）history：查看镜像的历史版本可以执行如下命令。

```
docker history &lt;image_name>
```

（7）push：使用如下命令可以将镜像推送到 Registry。

```
docker push &lt;image_name>
```

必须要知道库名称是否为根库名称，它应该使用如下格式。

```
&lt;user>/&lt;repo_name>。
```

（8）rmi：删除本地一个或多个镜像，参数可以是要删除的镜像 ID。如果要删除所有镜像，则使用如下命令。

```
docker rmi $(docker images -q)
```

以上命令主要是对镜像进行操作，下面学习一些容器操作的命令。

（9）run：用于创建一个新的容器并运行一个命令。

下面将运行一个 Hello World 的实例，暂且将其命名为“Hello Docker”，命令如下。

```
docker run busybox /bin/echo Hello Docker
```

现在以后台进程的方式运行 Hello Docker，命令如下。

```
sample_job=$(docker run -d busybox /bin/sh -c "while true; do echo
```

```
Docker; sleep 1; done")
```

“sample_job”命令每隔 1s 打印一次 Docker，使用“docker logs”命令可以查看输出。如果没有将其命名，则这个 job 参数会被分配一个 ID，在以后使用命令时，如使用“docker logs”命令查看日志会比较麻烦。

（10）ps：用于列出容器。如果要查看运行和停止的容器，则使用如下命令。

```
docker ps -a
```

（11）logs：用于获取容器的日志。

运行“Docker logs”命令来查看 job 的当前状态，命令如下。

```
docker logs $sample_job
```

（12）stop：名为“sample_job”的容器，可以使用如下命令来停止。

```
docker stop $sample_job
```

（13）restart：使用如下命令重新启动该容器。

```
docker restart $sample_job
```

如果要完全移除容器，则需要先将该容器停止，才能移除，命令如下。

```
docker stop $sample_job docker rm $sample_job
```

（14）rm：用于删除一个或多个容器，参数可以是要删除的容器 ID。如果要删除所有容器，则使用如下命令。

```
docker rm $(docker ps -a -q)
```

（15）inspect：“inspect”命令会返回一个 JSON 字符串，里面以“key-value”的格式储备了该容器相关的信息，内容十分丰富，包括主机名、环境变量、IP 地址和 MAC 地址等。可以一次性取得全部内容，也可以返回指定 key 对应的信息。

例如，要了解 ID 为 73c4f0125b0f 的容器信息，执行“docker inspect 73c4f0125b0f”命令，可以看到如下信息。

```
# docker inspect 73c4f0125b0f
[
    {
        "Id":
"73c4f0125b0f3e7074516f0a9c4e3f5c901db4410d2e9f110cff096da234e10d",
        "Created": "2020-12-04T05:25:51.96590998Z",
        "Path": "catalina.sh",
        "Args": [
            "run"
        ],
        "State": {
            "Status": "running",
```

```
            "Running": true,
            "Paused": false,
            "Restarting": false,
            "OOMKilled": false,
            "Dead": false,
            "Pid": 8532,
            "ExitCode": 0,
            "Error": "",
            "StartedAt": "2020-12-09T13:39:45.105369392Z",
            "FinishedAt": "2020-12-09T13:38:04.902669361Z"
        },
        :
```

（16）help：用于查看 Docker 的命令帮助信息。所有 Docker 命令可以用如下命令查看。

```
docker help
```

例 3-1 Docker 下载 Tomcat 镜像并运行。

首先搜索 Tomcat 镜像，使用如下命令。

```
# docker search tomcat
INDEX NAME DESCRIPTION STARS OFFICIAL AUTOMATED
docker.io docker.io/tomcat Apache Tomcat is an open source implementa… 2868 [OK]
docker.io docker.io/tomee Apache TomEE is an all-Apache Java EE cert… 84 [OK]
docker.io docker.io/dordoka/tomcat Ubuntu 14.04, Oracle JDK 8 and Tomcat 8 ba… 55 [OK]
docker.io docker.io/bitnami/tomcat Bitnami Tomcat Docker Image 36 [OK]
:
```

其中有很多镜像，注意黑体标注出来的镜像，使用如下命令下载镜像。

```
# docker pull tomcat
```

接下来使用如下命令启动 Tomcat。

```
# docker run -d -p 8080:8080 tomcat
```

其中，-d 表示后台运行，-p 表示端口映射，前面的 8080 是外围访问端口，后面的 8080 是 Docker 容器内部的端口。

使用如下命令查看容器的运行状态。

```
# docker ps
CONTAINER ID IMAGE COMMAND CREATED STATUS PORTS NAMES
8bed8c92a5ff tomcat "catalina.sh run" About a minute ago Up About a
```

```
minute 0.0.0.0:8080->8080/tcp silly_wiles
```

可以看到，Tomcat 镜像已运行，对应的容器 ID 是 8bed8c92a5ff。

下面还可以使用如下命令进到容器中查看 Tomcat 信息。

```
# docker exec -it 8bed8c92a5ff /bin/bash
root@8bed8c92a5ff:/usr/local/tomcat# ls
BUILDING.txt     NOTICE          RUNNING.txt  lib              temp          work
CONTRIBUTING.md  README.md       bin          logs             webapps
LICENSE          RELEASE-NOTES   conf         native-jni-lib   webapps.dist
root@8bed8c92a5ff:/usr/local/tomcat# cd  webapps
root@8bed8c92a5ff:/usr/local/tomcat/webapps# ls
root@8bed8c92a5ff:/usr/local/tomcat/webapps# exit
```

使用“exit”命令退出容器并返回宿主机，可以看到容器中的 webapps 目录是空的。

如果事先在/usr/local/javaData 目录中备好了 WAR 包（这里是 JavaWeb.war），则可以使用 Docker 的复制命令将 WAR 包复制到容器的 webapps 目录中。

```
# docker cp /usr/local/javaData/JavaWeb.war 8bed8c92a5ff:/usr/local/
tomcat/webapps
```

由于容器的 Tomcat 处于运行状态，会自动解压缩 WAR 包并发布，这时只要在浏览器的地址栏中输入 ip:8080 就可以看到结果了。

5．问题与思考

请读者编写一个 Java web 项目，发布为 WAR 包，并在 Docker 容器中运行。

3.3.2　Docker 安装 MySQL

下面将以安装 MySQL8.0 为例，描述其安装过程。

1．下载 MySQL 8.0 Docker 镜像

进入 Docker 环境，使用“docker pull mysql:8.0”命令下载 MySQL8.0 镜像。

```
# docker pull mysql:8.0
8.0: Pulling from library/mysql
5ed150ed0abe: Pull complete
0fede58e17ac: Pull complete
994a6ddd6efe: Pull complete
028bda79779b: Pull complete
426fbe9e56a2: Pull complete
1a00e58dd193: Pull complete
4a4f64494005: Pull complete
fba8ab3534a7: Pull complete
```

Docker 镜像制作

```
2695938edf88: Pull complete
3754e2587bed: Pull complete
1b9f154543e7: Pull complete
Digest:
sha256:147572c972192417add6f1cf65ea33edfd44086e461a3381601b53e1662f5d15
Status: Downloaded newer image for mysql:8.0
#
```

2. 查看下载的 Docker 镜像

命令如下。

```
# docker images
REPOSITORY TAG IMAGE ID CREATED SIZE
mysql 8.0 40b83de8fb1a 5 days ago 535MB
edu latest 5c22929a3195 13 months ago 696MB
:
#
```

3. 创建挂载目录

命令如下。

```
# mkdir -p /data/mysql/conf
# mkdir -p /data/mysql/data
# mkdir -p /data/mysql/logs
#
```

4. 创建 my.cnf 文件，放在 /data/mysql/conf 目录中，注意配置文件中的端口号

命令如下。

```
vi /data/mysql/conf/my.cnf
[client]
port = 3308
default-character-set = utf8mb4

[mysql]
port = 3308
default-character-set = utf8mb4

[mysqld]
# bind-address = 0.0.0.0
# port = 3306

max_connections=10000
```

```
character-set-server = utf8mb4
collation-server = utf8mb4_unicode_ci

# 设置时区和字符集
# default-time-zone='+8:00'
character-set-client-handshake=FALSE
init_connect='SET NAMES utf8mb4 COLLATE utf8mb4_unicode_ci'

gtid-mode=ON
enforce-gtid-consistency = ON
```

5. 启动镜像

（1）“docker run” 命令常用的参数如下。

- -i：用于表示运行容器。
- -t：用于表示容器启动后会进入其命令行。添加这两个参数后，容器创建后就能够登录，即分配一个伪终端。
- --name：用于为创建的容器命名。
- -v：用于表示目录的映射关系（前者是宿主机目录，后者是映射到宿主机上的目录），可以使用多个-v 为多个目录或文件映射。注意：最好为目录映射，在宿主机上修改，并共享到容器上。
- -d：在 “run” 后面添加-d 参数，会创建一个守护式的容器在后台运行（这样容器创建后不会自动登录，如果只添加-i、-t 两个参数，则在容器创建后就会自动登录）。
- -p：用于表示端口映射，前者是宿主机端口，后者是容器内的映射端口。可以使用多个-p 参数为多个端口映射。

（2）在 “docker run” 命令中加入 “–privileged=true” 命令为容器加上特定的权限。

（3）--lower_case_table_names=1：忽略大小写。

命令与执行结果如下。

```
# docker run
--restart=always
--name MySQL8.0
-v /data/mysql/conf/my.cnf:/etc/mysql/my.cnf
-v /data/mysql/data/mysql:/var/lib/mysql
-v /data/mysql/logs:/logs
-v /data/mysql/mysql-files:/var/lib/mysql-files
--privileged=true
-p 3308:3306
-e MYSQL_ROOT_PASSWORD=123456
-d
mysql:8.0
--lower_case_table_names=1
```

```
57afb3146b5131494aa15df399b11d3ceb5c32123157e540ea4380e5a7ec16f6
# docker exec -it MySQL 8.0 bash
bash-4.4# MySQL -uroot -p
Enter password:
Welcome to the MySQL monitor.  Commands end with ; or \g.
Your MySQL connection id is 8
Server version: 8.0.31 MySQL Community Server - GPL

Copyright (c) 2000, 2022, Oracle and/or its affiliates.

Oracle is a registered trademark of Oracle Corporation and/or its
affiliates. Other names may be trademarks of their respective
owners.

Type 'help;' or '\h' for help. Type '\c' to clear the current input
statement.

mysql>
```

说明 MySQL 已经启动。

解决时间显示问题的命令如下。

```
# docker exec -it MySQL 8.0 bash
bash-4.4# date
Tue Oct 18 10:26:15 UTC 2022
bash-4.4# cp /usr/share/zoneinfo/Asia/Shanghai /etc/localtime
bash-4.4# exit
exit
# docker restart MySQL 8.0
MySQL8.0
# docker exec -it MySQL 8.0 bash
bash-4.4# date
Tue Oct 18 18:29:53 CST 2022
bash-4.4#
```

其他方案的命令如下。

```
# systemctl enable ntpd
# systemctl start ntpd
```

或者如下。

```
# timedatactl set-timezone Asia/Shanghai
```

若想改回 UTC 时间格式，则删除命令中的“/etc/localtime”即可。

6. 设置远程访问权限

首先，授权 root 用户的所有权限并设置远程访问，命令如下。

```
GRANT ALL ON *.* TO 'root'@'%';
```

“GRANT ALL ON”用于表示所有权限；“%”用于表示通配所有 host，可以访问远程。

然后，刷新权限，命令如下。

```
flush privileges;
```

查看 MySQL 数据库的 user 表格，可以看到 root 用户的 host 已经变成“%”，说明修改已经成功，可以远程访问了。

远程访问数据库的可视化工具比较多，如 Navicat、SQLyog、MySQL workbench 等。在使用 Navicat 时会出现提示错误的问题，是因为 MySQL 8.0 版本的加密规则不一样，有的可视化工具只支持旧的加密方式。

此时可以先修改加密规则为“mysql_native_password”，命令如下。其中，password 为当前密码。

```
ALTER USER 'root'@'localhost' IDENTIFIED BY 'password' PASSWORD EXPIRE NEVER;
```

再更新 root 用户密码，命令如下。

```
ALTER USER 'root'@'%' IDENTIFIED WITH mysql_native_password BY 'password';
```

此时的 password 为新设置的密码。

刷新权限的命令如下。

```
FLUSH PRIVILEGES;
```

设置完成后，再次使用 Navicat 连接数据库，可以看到问题已经解决。

7. 问题与思考

请读者在 Docker 容器中安装两个 MySQL 数据库，端口分别是 3308 和 3309，并实现这两个 MySQL 数据库数据的主从复制。

3.3.3 Docker 镜像制作

Docker 镜像制作

Docker 创建镜像有如下两种方式。

- 使用 Dockerfile 进行 build 创建镜像。
- 使用 Container 进行 commit 创建镜像。

下面先来讨论使用 Dockerfile 文件执行 build 命令创建镜像。

【实例】制作一个 Docker 的 JDK 镜像，能够运行 JDK 基本命令。

1. 问题分析

Dockerfile 是一个文本格式的配置文件，用户可以使用其快速地创建自定义的镜像。

Dockerfile 由命令语句组成，并且支持以“#”为开头的注释行。一般而言，Dockerfile 主体内容分为四部分：基础镜像信息、维护者信息、镜像操作指令和在容器启动时的执行指令。

当使用 Dockerfile 创建镜像时，通常会以一个镜像为基础，并在其上进行定制，这就是基础镜像。

在 Docker Hub 上有非常多的高质量的官方镜像，可以在其中寻找一个最符合最终目标的镜像作为基础镜像进行定制。其中，有应用镜像，如 Nginx、Redis、Mongo、MySQL、httpd、PHP、Tomcat 等；有方便开发、构建、运行的各种语言应用的编程语言镜像，如 Node、Oracle JDK，Open JDK、Python、Ruby、Golang 等；还有基础的操作系统镜像，如 Ubuntu、Debian、CentOS、Fedora、Alpine 等，这些操作系统的软件库提供了更多的扩展空间。

除了可以选择现有镜像为基础镜像，Docker 中还有一个特殊的镜像，名称为“scratch”。这个镜像是虚拟的概念，并不实际存在，它表示一个空白的镜像。

2. 实现方法

本实例制作 JDK 镜像的 Dockerfile 文件内容如下。

```
#基础镜像
FROM centos
#把上传的 JDK 压缩包放到 docker 容器里面的 root 目录中
ADD jdk-8u151-linux-x64.tar.gz /root
#设置环境变量
ENV JAVA_HOME /root/jdk1.8.0_151
ENV CLASSPATH $JAVA_HOME/lib/dt.jar:$JAVA_HOME/lib/tools.jar
ENV PATH=$JAVA_HOME/bin:$PATH

#容器启动时需要执行的命令
#CMD ["java", "-version"]
```

3. 实验过程

首先建立包含有 JDK 压缩包和 Dockerfile 文件的临时工作目录 jdkimage，在实例中 JDK 压缩包用的是 jdk-8u151-linux-x64.tar.gz。当 Dockerfile 和 JDK 压缩包都准备好，进入 jdkimage 工作目录后使用如下命令来构建镜像。

```
docker build -t jdk8:v1.0 .
```

得到如下结果。

```
[root@iZwz993y6m4n8d7ikh0250Z jdkimage]# docker build -t jdk8:v1.0 .
Sending build context to Docker daemon 189.7 MB
Step 1/5 : FROM centos
Trying to pull repository docker.io/library/centos …
latest: Pulling from docker.io/library/centos
a1d0c7532777: Pull complete
Digest:
sha256:a27fd8080b517143cbbbab9dfb7c8571c40d67d534bbdee55bd6c473f432b177
Status: Downloaded newer image for docker.io/centos:latest
 ---> 5d0da3dc9764
Step 2/5 : ADD jdk-8u151-linux-x64.tar.gz /root
 ---> b794dc2d555f
Removing intermediate container d45341af24e2
Step 3/5 : ENV JAVA_HOME /root/jdk1.8.0_151
 ---> Running in 6fea2893d609
 ---> 5304303cce37
Removing intermediate container 6fea2893d609
Step 4/5 : ENV CLASSPATH $JAVA_HOME/lib/dt.jar:$JAVA_HOME/lib/tools.jar
 ---> Running in 5e993cf19afc
 ---> 7af4ad6b4f95
Removing intermediate container 5e993cf19afc
Step 5/5 : ENV PATH $JAVA_HOME/bin:$PATH
 ---> Running in ae0d59210d01
 ---> 9cf429862478
Removing intermediate container ae0d59210d01
Successfully built 9cf429862478
```

上面的结果显示，因为用到 CentOS 作为基础镜像，所以在制作过程中有下载操作。最后结果提示镜像已经成功创建，继续使用如下命令来查询镜像。

```
docker images
```

使用如下命令来继续制作过程。

```
[root@iZwz993y6m4n8d7ikh0250Z jdkimage]# docker images
REPOSITORY TAG IMAGE ID CREATED SIZE
jdk8 v1.0 9cf429862478 17 seconds ago 616 MB
docker.io/centos latest 5d0da3dc9764 2 months ago 231 MB
docker.io/redis latest 62f1d3402b78 12 months ago 104 MB
docker.io/tomcat latest 625b734f984e 13 months ago 648 MB
docker.io/zookeeper 3.4.13 4ebfb9474e72 2 years ago 150 MB
docker.io/wurstmeister/kafka 2.11-2.0.1 0a31db789bfd 3 years ago 339 MB
:
```

镜像列表中的确有了镜像 jdk 8。接下来进入该镜像测试是否可以运行如下 JDK 命令。

```
[root@iZwz993y6m4n8d7ikh0250Z  jdkimage]#  docker  run  -it  jdk8:v1.0 /bin/bash
[root@77e967f358d3 /]# java -version
java version "1.8.0_151"
Java(TM) SE Runtime Environment (build 1.8.0_151-b12)
Java HotSpot(TM) 64-Bit Server VM (build 25.151-b12, mixed mode)
[root@77e967f358d3 /]#
```

上面只验证了“java –version”命令，因为在 Dockerfile 文件中设置了 JDK 环境变量，所以 JDK 的所有命令都可以执行。

4．技术分析

1）使用 Dockerfile 构建镜像

Dockerfile 构建镜像是以基础镜像为基础的。Dockerfile 是一个文本文件，内容是用户编写的一些 Dockerfile 命令，每一条命令构建一层，因此每一条命令的内容，就是描述该层镜像应如何构建。

（1）Dockerfile 的基本命令。

Dockerfile 的基本命令有 13 个，分别是 FROM、MAINTAINER、RUN、CMD、EXPOSE、ENV、ADD、COPY、ENTRYPOINT、VOLUME、USER、WORKDIR、ONBUILD，如表 3-3 所示。

表 3-3　Dockerfile 的基本命令

类型	命令
基础镜像信息	FROM
维护者信息	MAINTAINER
镜像操作命令	RUN、COPY、ADD、EXPOSE、WORKDIR、ONBUILD、USER、VOLUME 等
容器启动时的执行命令	CMD、ENTRYPOINT

- FROM：指定基础镜像信息。

所谓定制镜像，是以一个镜像为基础进行定制的。即先运行一个 Nginx 镜像的容器，再进行修改，基础镜像是必须指定的。而“FROM”命令就用于指定基础镜像，因此一个 Dockerfile 中 FROM 是必备的命令，并且必须是第一条命令。

指定 Ubuntu 的 14 版本作为基础镜像命令如下。

```
FROM ubuntu:14
```

- RUN：执行命令。

“RUN”命令是在新建镜像内部执行的命令，如执行某些动作、安装系统软件、配置系统信息，其格式如下两种。

shell 格式：RUN< command >，用法与直接在命令行中输入的命令相同。

例如，在 Nginx 里的默认主页中输入“hello”，命令如下。

```
RUN echo 'hello ' >/etc/nginx/html/index.html
```

exec 格式：RUN ["可执行文件", "参数 1", "参数 2"]

例如，在新镜像中使用“yum”命令安装 Nginx，命令如下。

```
RUN ["yum","install","nginx"]
```

注意

写多行命令不要写多个“RUN”命令，原因是在 Dockerfile 中每个命令都会建立一层镜像。多少个“RUN”命令就构建了多少层镜像，这会造成镜像的臃肿、多层，不仅增加了构建和部署的时间，还容易出错，“RUN”命令在书写时换行符为“\”。

- COPY：复制文件。

“COPY”命令用于将宿主机上的文件复制到镜像内，如果目标目录不存在，Docker 会自动创建该目录。但宿主机中要复制的目录必须在 Dockerfile 文件统计目录下。

格式如下。

```
COPY [--chown=<user>:<group>] <源路径>... <目标路径>
COPY [--chown=<user>:<group>] ["<源路径 1>"... "<目标路径>"]
```

例如，把宿主机中的 package.json 文件复制到容器的/usr/src/app/目录中，命令如下。

```
COPY package.json /usr/src/app/
```

- CMD：容器启动命令。

“CMD”命令用于指定在容器启动时需要执行的命令。“CMD”命令在 Dockerfile 中只能出现一个，如果出现多个，那么只有最后一个有效。其作用是在启动容器时提供一个默认的命令项。如果用户执行“docker run”命令的时候提供了命令项，则会覆盖掉这个命令，没提供的话就会使用在构建时的命令。

格式如下。

```
shell 格式：CMD <命令>
exec 格式：CMD ["可执行文件", "参数 1", "参数 2"...]
```

例如，在容器启动时进入 bash 目录，命令如下。

```
CMD /bin/bash
```

也可以使用 exec 格式，格式如下。

```
CMD ["/bin/bash"]
```

- MAINTAINER：用于指定作者。

用于指定 Dockerfile 的作者名称和邮箱，主要作用是标识软件的作者，格式如下。

```
MAINTAINER <name> <email>
```

例如，如下命令。

```
MAINTAINER autor_jiabuli 6766633@qq.com
```

- EXPOSE：暴露端口。

“EXPOSE”命令适用于设置容器对外映射的端口号，如果Tomcat容器内使用的端口号是8081，则使用“EXPOSE”命令可以告诉外界该容器的8081端口对外，在构建镜像时使用“docker run -p”命令可以设置暴露的端口对宿主机端口的映射。格式如下。

```
EXPOSE <端口1> [<端口2>…]
```

例如，如下命令。

```
EXPOSE 8081
```

“EXPOSE 8081”命令其实等价于“docker run -p 8081”命令。当需要把8081端口映射到宿主机中的某个端口（如 8888）以便外界访问时，则可以使用“docker run -p 8888:8081”命令。

- WORKDIR：配置工作目录。

“WORKDIR”命令为“RUN”“CMD”“ENTRYPOINT”命令配置工作目录。其效果类似Linux系统中的用于命名的“cd”命令，用于目录的切换，但是与cd命令不一样的是如果切换到的目录不存在，使用“WORKDIR”命令会为此创建目录，格式如下。

```
WORKDIR path
```

如果需要在Nginx目录中创建一个hello.txt的文件，则命令如下。

```
##进入/usr/local/nginx目录中
WORKDIR /usr/local/nginx

##进入/usr/local/nginx中的html目录中
WORKDIR html

## 在HTML目录中创建了一个hello.txt文件
RUN echo 'hello' > hello.txt
```

- ENTRYPOINT：容器启动执行命名。

“ENTRYPOINT”命令的作用和用法与“CMD”命令相似，但是“ENTRYPOINT”命令和“CMD”有两处不同。一处是“CMD”的命令会被“docker run”命令覆盖，而“ENTRYPOINT”命令不会；另一处是“CMD”命令和“ENTRYPOINT”命令都存在时，“CMD”的命令变成了“ENTRYPOINT”命令的参数，并且此“CMD”命令提供的参数会被“docker run”命令后面的命令覆盖。

- VOLUME：用来创建一个可以从本地主机或其他容器挂载的挂载点。例如，在知道Tomcat的webapps目录用于放置Web应用程序代码后，我们可以把webapps

目录挂载为匿名卷，这样任何写入 webapps 目录中的信息都不会被记录到容器的存储层，让容器存储层无状态化。格式如下。

```
VOLUME ["path"]
```

例如，创建 Tomcat 的 webapps 目录的一个挂载点，命令如下。

```
VOLUME /usr/local/tomcat/webapps
```

这样，在运行容器时，也可以使用"docker run -v"命令把匿名挂载点挂载在宿主机上的某个目录，命令如下。

```
docker run -d -v /home/tomcat_webapps:/usr/local/tomcat/webapps
```

- **USER：**用于指定当前执行的用户，需要注意的是这个用户必须已经存在，否则无法指定。它的用法与"WORKDIR"命令相似，可以切换用户。
- **ADD：**作用和使用方法与"COPY"命令相似，在此不重复讲述。
- **ONBUILD：**用于配置当前所创建的镜像作为其他新创建镜像的基础镜像。即在这个镜像创建后，如果其他镜像以这个镜像为基础，会先执行这个镜像的"ONBUILD"命令。
- ENV：设置环境变量。"ENV"命令用于设置容器的环境变量，这些变量以"key=value"的形式存在，在容器内被脚本或程序调用，在容器运行时这个变量也会保留。

格式如下。

设置一个：ENV <key> <value>

设置多个：ENV <key1>=<value1> <key2>=<value2>…

例如，设置一个环境变量 JAVA_HOME，执行如下命令就可以使用这个变量。

```
ENV JAVA_HOME /opt/jdk
ENV PATH $PATH:$JAVA_HOME/bin
```

在使用"ENV"命令设置环境变量时，有如下几点需要注意。

一是，环境变量具有传递性，也就是当前镜像被用作其他镜像的基础镜像时，新镜像会拥有当前基础镜像中所有的环境变量。

二是，"ENV"命令用于定义的环境变量，可以在 Dockerfile 被后面的所有命令（"CMD"命令除外）中使用，但不能被"docker run"命令参数引用。

命令如下。

```
ENV tomcat_home_name tomcat_7
RUN mkdir $tomcat_home_name
```

三是，除了"ENV"命令，"docker run -e"命令也可以设置将环境变量传入容器内，命令如下。

```
docker run -d tomcat -e "tomcat_home_name=tomcat_7"
```

这样进入容器内部使用“ENV”命令就可以看到tomcat_home_name这个环境变量。

（2）Dockerfile的编写。

先看一个例子，内容如下。

```
#在CentOS系统中安装Nginx
FROM centos
#标明作者的名称和邮箱
MAINTAINER jiabuli 649917837@qq.com
#测试一下网络环境
RUN ping -c 1 www.baidu.com
#安装Nginx必要的一些软件
RUN yum -y install gcc make pcre-devel zlib-devel tar zlib
#把Nginx安装包复制到/usr/src/目录中
ADD nginx-1.15.8.tar.gz /usr/src/
#切换到/usr/src/nginx-1.15.8编译并且安装Nginx
RUN cd /usr/src/nginx-1.15.8 \
    && mkdir /usr/local/nginx \
    && ./configure --prefix=/usr/local/nginx && make && make install \
    && ln -s /usr/local/nginx/sbin/nginx /usr/local/sbin/ \
    && nginx
#删除安装Nginx安装目录
RUN rm -rf /usr/src/nginx-nginx-1.15.8
#对外暴露80端口
EXPOSE 80
#启动Nginx
CMD ["nginx", "-g", "daemon off;"]
```

上面的注释已经非常清楚。其实不难发现，以上例子就是在CentOS系统上安装一个Nginx的过程，因此编写Dockerfile来构建镜像与在Linux系统上安装软件的流程几乎是一样的。所以在编写Dockerfile来构建镜像时，可以先思考在Linux系统上安装该软件的流程，再使用Dockerfile提供的命令将其转化到Dockerfile中。

（3）使用Dockerfile构建镜像。

使用Dockerfile构建镜像的核心在于编写Dockerfile，但是编写完之后我们需要知道如何使用Dockerfile来构建镜像，下面以构建Nginx镜像为例来简要说明构建流程。

① 上传安装包。

首先，把需要构建的软件安装包上传到服务器中，可以在服务器目录上创建一个专门的文件夹，如/var/nginx_build；然后，把从Nginx官网下载的nginx-1.15.8.tar.gz安装包上传到这个目录中。

② 编写Dockerfile。

如何编写Nginx的Dockerfile在前面已经详细地介绍了，现在我们只需把编写好的

Dockerfile 上传到/var/nginx_build 目录中，当然也可以在服务器上直接编写 Dockerfile，但是要记得一定保证 Dockerfile 文件和安装包在一个目录中。

③ 运行构建命令构建。

“docker build”命令用于使用 Dockerfile 创建镜像。格式如下。

```
docker build [OPTIONS] PATH | URL | -
```

OPTIONS 有很多命令，下面列举几个常用的命令。

- --build-arg=[]：用于设置在镜像创建时的变量。
- -f：用于指定要使用的 Dockerfile 路径。
- --force-rm：用于设置镜像过程中删除中间容器。
- --rm：用于设置镜像成功后删除中间容器。
- --tag, -t：用于镜像的名字及标签，通常为 name:tag 或 name 格式。

当 Dockerfile 和当前执行命令的目录不在同一处时，可以指定 Dockerfile，命令如下。

```
docker build -f /var/nginx_build/Dockerfile .
```

在执行命令之后，可以看到控制台逐层输出构建内容，直到输出两个“Successfully”表示构建成功。

2）使用 Container 进行 commit 创建

以使用 Dockerfile 创建一个 Tomcat 镜像为例，操作步骤如下。

（1）先创建 CentOS 镜像。

（2）再进入容器配置 JDK、Tomcat 和它们的环境变量。

（3）使用“docker commit containerId 镜像名称:版本号”命令创建镜像。

5. 问题与思考

（1）请读者使用编写 Dockerfile 的方式制作一个 Tomcat 容器，并发布一个 WAR 包进行测试。

提示

参考 Dockerfile 文件内容如下。

```
#基本镜像
FROM centos
#把上传的 JDK 压缩包放到 Docker 容器里面的 root 目录中
ADD jdk-8u211-linux-x64.tar.gz /root
#把上传的 Tomcat 放到 Docker 容器里面的 root 目录中
ADD apache-tomcat-7.0.96.tar.gz /root
#设置环境变量
ENV JAVA_HOME /root/jdk1.8.0_211
#设置环境变量
```

```
ENV CLASSPATH $JAVA_HOME/lib/dt.jar:$JAVA_HOME/lib/tools.jar
#设置环境变量
ENV CATALINA_HOME /root/apache-tomcat-7.0.96
#设置环境变量
ENV CATALINA_BASE /root/apache-tomcat-7.0.96
#设置环境变量
ENV PATH $PATH: $JAVA_HOME/bin: $CATALINA_HOME/lib: $CATALINA_HOME/bin
#执行startup.sh文件并打开日志
ENTRYPOINT /root/apache-tomcat-7.0.96/bin/startup.sh && tail -F /root/
apache-tomcat-7.0.96/logs/catalina.out
```

接下来执行如下命令构建镜像。

```
docker build -t tomcat:latest .
```

（2）请读者使用Container进行commit方式制作一个Tomcat容器，并发布一个WAR包进行测试。

提示

主要有如下三个步骤。

（1）构建CentOS镜像。

（2）进入容器配置JDK、Tomcat及环境变量。

（3）使用"docker commit containerId 镜像名称:版本号"命令构建镜像。

例如，构建一个Tomcat镜像，步骤如下。

（1）拉取一个基础镜像，命令如下。

```
docker pull centos
```

（2）创建一个交互式容器，命令如下。

```
docker run -it --name=mycentos centos:latest
docker run -it --name mycentos centos /bin/bash
```

（3）软件上传：将宿主机Tomact、jdk上传到容器，命令如下。

```
yum -y install lrzsz
docker cp apache-tomcat-7.0.47.tar.gz  mycentos:/root/
docker cp jdk-8u161-linux-x64.tar.gz  mycentos:/root/
```

（4）在容器中安装JDK（yum install java - 1.7.0 - openjdk），命令如下。

```
tar -zxvf jdk-8u161-linux-x64.tar.gz -C /usr/local/
```

编辑/etc/profile 文件（先在 vi /etc/profile 目录中编辑，再刷新 source /etc/profile 目录，验证 java -version），添加如下内容。

```
JAVA_HOME=/usr/local/jdk1.8.0_161
```

```
export PATH=$JAVA_HOME/bin:$PATH
```

（5）在容器中安装 Tomcat，命令如下。

```
tar -zxvf apache-tomcat-7.0.47.tar.gz -C /usr/local/
```

编辑 tomcat/bin/setclsspath.sh 文件，添加如下内容。

```
export JAVA_HOME=/usr/local/jdk1.8.0_161
export JRE_HOME=/usr/local/jdk1.8.0_161/jre
```

（6）启动 Tomcat，查看是否安装成功，命令如下。

```
/usr/local/apache-tomcat-7.0.47/bin/startup.sh
```

（7）将正在运行的容器提交为一个新的镜像，命令如下。

```
docker commit mycentos mytomcat
```

第 4 章　大数据与并行运算

4.1　在 Linux 系统中配置 SSH 免密登录

安全外壳（Secure Shell，SSH）协议为建立在应用层基础上的安全协议。SSH 协议是目前较可靠的、专为远程登录会话和其他网络服务提供安全性的协议。利用 SSH 协议可以有效防止出现远程管理过程中的信息泄露问题。SSH 最初是 UNIX 系统上的一个程序，后来又迅速扩展到其他操作平台。在正确使用 SSH 时可弥补网络中的漏洞。SSH 客户端适用于多种平台。

【实例】两台 Linux 系统主机的主机名和 IP 地址如表 4-1 所示。

表 4-1　主机名和对应的 IP 地址

IP 地址	主机名
192.168.1.200	masternode
192.168.1.201	slavenode

要求建立从 slavenode 到 masternode 的 SSH 免密登录。

1．问题分析

从客户端来看，SSH 提供两种级别的安全验证。

第一种级别（基于口令的安全验证）：只要知道自己账户和口令，就可以登录到远程主机。所有传输的数据都会被加密，但是不能保证正在连接的服务器就是想连接的服务器。可能会有别的服务器冒充真正的服务器，即受到“中间人”方式的攻击。

第二种级别（基于密钥的安全验证）：需要依靠密钥，才可以登录到远程主机。也就是必须创建一对密钥作为公用密钥，并把公用密钥放在需要访问的服务器上。如果要连接到 SSH 服务器上，客户端软件就会向服务器发出请求，请求使用密钥进行安全验证。在服务器收到请求之后，先在该服务器上相关的主目录中寻找公用密钥，然后把它和客户端发送过来的公用密钥进行比较。如果两个密钥一致，则服务器使用公用密钥加密“质询”（challenge），并把它发送给客户端软件。客户端软件在收到“质询”之后，就可以使用私钥解密再把它发送给服务器。

使用这种级别的安全验证，必须知道自己密钥。但是，与第一种级别相比，第二种级别不需要在网络上传送口令。

Linux 系统实现集群内相互免密的优势是，可以在集群间通信畅通无阻，非常有利于自动化部署等，甚至在一定程度上可以提高集群性能。

SSH 免密登录实现过程如图 4-1 所示，分别有以下几个步骤。

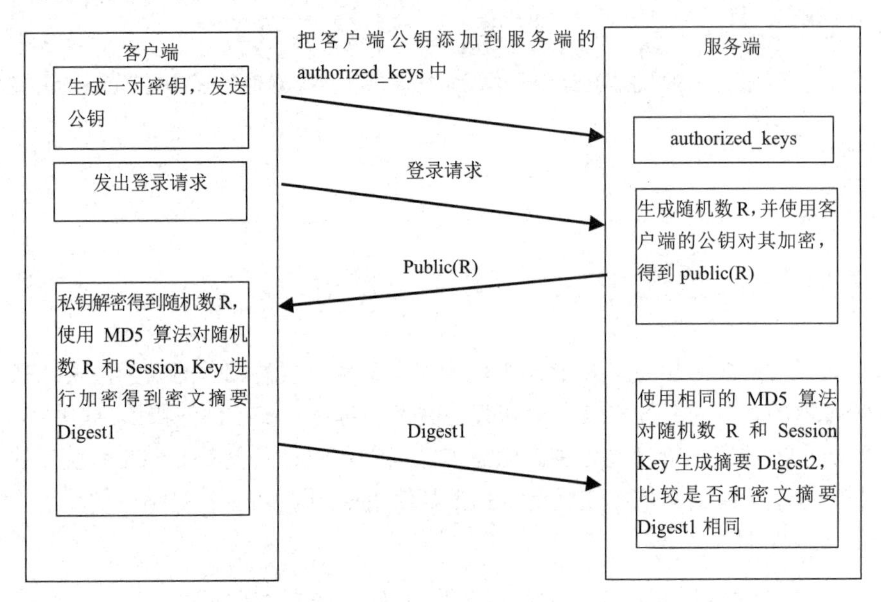

图 4-1　SSH 免密登录实现过程

（1）客户端生成一对密钥，然后将客户端的公钥添加到服务端的 authorized_key 中。

（2）客户端向服务端发送登录请求，服务端生成随机数 R，并使用客户端的公钥加密后得到 Public(R)，将其发送到客户端，客户端利用私钥解密得到随机数 R，使用 MD5 算法对随机数 R 和建立会话的 Session Key 加密生成密文摘要 Digest1，将密文摘要 Digest1 发送到服务端。

（3）在服务端对随机数 R 和 Session Key 使用相同的 MD5 算法生成摘要 Digest2，比较密文摘要 Digest1 和摘要 Digest2 是否相同。

2. 实现方法

有如下两种方法可以实现。

1）方法一

（1）在 slavenode 服务器上利用“ssh-keygen”命令生成公钥和私钥。

（2）将 slavenode 服务器上的公钥分别复制到 masternode 服务器上。

（3）修改相关文件的权限。

（4）验证免密码登录。

2）方法二

（1）进入到主目录 cd ~/.ssh，命令如下。

```
ssh-keygen -t rsa （四个回车符）
```

执行完这个命令后，会生成两个文件 id_rsa（私钥）和 id_rsa.pub（公钥）。

（2）将公钥复制到免登录的服务器上，命令如下。

```
ssh-copy-id localhost
```

3. 实验过程

1）生成密钥

使用“ssh-keygen”命令生成密钥，如图 4-2 所示。

```
[root@slavenode ~]# ssh-keygen -t rsa
Generating public/private rsa key pair.
Enter file in which to save the key (/root/.ssh/id_rsa):
/root/.ssh/id_rsa already exists.
Overwrite (y/n)? y
Enter passphrase (empty for no passphrase):
Enter same passphrase again:
Your identification has been saved in /root/.ssh/id_rsa.
Your public key has been saved in /root/.ssh/id_rsa.pub.
The key fingerprint is:
9f:b1:a5:77:3d:1d:32:d9:05:3f:fc:80:98:81:31:b2 root@slavenode
The key's randomart image is:
+--[ RSA 2048]----+
|       . oo.   . |
|       o.. + ..o |
|      E   o . .oo|
|             o.+|
|       S . .+ o.|
|        . *  o.o|
|         = . ..o|
|          . . . |
|                |
+-----------------+
[root@slavenode ~]# _
```

图 4-2　生成密钥

进入.ssh 目录查看生成的文件，其中 id_rsa 为私钥，id_rsa.pub 为公钥，如图 4-3 所示。

```
[root@slavenode /]# cd /root/.ssh
[root@slavenode .ssh]# ll
total 12
-rw-r--r--. 1 root root  395 Nov  1  2017 authorized_keys
-rw-------. 1 root root 1679 Apr 16 21:01 id_rsa
-rw-r--r--. 1 root root  396 Apr 16 21:01 id_rsa.pub
[root@slavenode .ssh]# _
```

图 4-3　私钥和公钥

2）将 slavenode 服务器上的公钥复制到 masternode 服务器

使用“scp”命令把 id_rsa.pub 复制到 masternode 服务器的~/.ssh 目录中，如图 4-4 所示。

```
[root@slavenode .ssh]# scp id_rsa.pub root@192.168.1.200:~/.ssh
root@192.168.1.200's password:
id_rsa.pub
[root@slavenode .ssh]#
```

图 4-4　复制公钥

3）授权 masternode 服务器的 authorized_key 文件

Linux 系统的“touch”命令可以用来修改文件时间戳，或者新建一个不存在的文件。首先，切换到 masternode 服务器上，生成 authorized_keys 文件，命令如下。

```
# touch ~/.ssh/authorized_keys
```

注意

如果已经存在这个文件，则忽略这个步骤。

然后，修改 authorized_keys 文件的权限，使只有属主有读写权限，格式如下。

```
-rw------- (600) -- 只有属主有读写权限
```

使用如下命令修改 authorized_keys 文件的权限。

```
# chmod 600 ~/.ssh/authorized_keys
```

注意

必须将-/.ssh/authorized_keys 文件的权限改为 600，该文件用于保存 SSH 客户端生成的公钥，可以修改服务器的 SSH 服务端配置文件/etc/ssh/sshd_config 来指定其他文件名。

接着，将 id_rsa.pub 的内容追加到 authorized_keys 中。

```
# cat ~/.ssh/id_rsa.pub  >> /root/.ssh/authorized_keys
```

注意

在将 id_rsa.pub 的内容追加到 authorized_keys 中时，不要使用“>”，否则会清空原有的内容，使其他人无法使用原有的密钥登录。

4）验证

返回 slavenode 服务器，使用“ssh 192.168.200”命令登录 masternode 服务器，如图 4-5 所示。

```
[root@slavenode .ssh]# ssh 192.168.1.200
Last login: Tue Apr 16 20:47:53 2019
[root@masternode ~]# exit
logout
Connection to 192.168.1.200 closed.
[root@slavenode .ssh]#
```

图 4-5　登录 masternode 服务器

注意

如果要退出登录，则可以使用“exit”命令。

有的 Linux 系统版本使用防火墙来加强安全性，特别是 RedHat 还使用了 SELinux，在实现 SSH 免密登录时，往往需要把它们暂时关闭。

（1）关闭 SELinux 的办法。

①永久关闭。

将/etc/selinux/config 文件中的“SELINUX=enforcing”修改为“SELINUX=disabled”，并重启。

②临时关闭，命令如下。

```
setenforce 0
```

（2）开启或关闭防火墙的方法。

①永久开启或关闭的命令。

开启：chkconfig iptables on

关闭：chkconfig iptables off

②临时开启或关闭的命令。

开启：service iptables start

关闭：service iptables stop

需要对两台主机分别进行设置，关闭防火墙和 SELinux。

4．技术分析

1）SSH 公钥认证的基本原理

SSH 是一个专为远程登录会话和其他网络服务提供安全性的协议。在默认状态下 SSH 链接是需要密码认证的，可以修改系统认证（即公钥-私钥）设置，在修改后切换系统时可以避免密码重复输入和 SSH 重复认证。

对信息的加密和解密采用不同的 key，这对 key 分别被称为 private key（私钥）和 public key（公钥）。其中，public key 存放在欲登录的服务器上，而 private key 为特定的客户机所有。

当客户机向服务器发出建立安全连接的请求时，首先发送自己的 public key，如果这个 public key 是被服务器允许的，服务器就发送一个经过 public key 加密的随机数据给客户机，这个数据只能通过 private key 解密，客户机将解密后的信息发还给服务器，服务器验证正确后即确认客户机是可信任的，从而建立起一条安全的信息通道。

通过这种方式，客户机不需要向外发送自己的身份标志 private key 即可达到校验的目的，并且 private key 是不能通过 public key 反向推断出来的。这避免了网络窃听可能造成的密码泄漏。客户机需要小心地保存自己的 private key，以免被他人窃取，一旦这样的事情发生，就需要服务器更换信任的 public key 列表。

2）设置的主机名

这里以主机 1 为例，将“hostname”修改为“salvenode”。那么有几种修改方式呢？如下 4 种方式都可以做到，但是效果不同。

（1）hostname salvenode：命令运行后立即生效（新会话生效），但是在系统重启后会丢失修改。

（2）echo slavenode > /proc/sys/kernel/hostname：命令运行后立即生效（新会话生效），但是在系统重启后会丢失修改。

（3）sysctl kernel.hostname=slavenode：命令运行后立即生效（新会话生效），但是在系统重启后会丢失修改。

（4）修改/etc/sysconfig/network 目录中的 hostname 变量，需要系统重启才能生效，永久性修改。

以上 4 种方式的区别在哪呢？

hostname 是 Linux 系统下的一个内核参数，它保存在/proc/sys/kernel/hostname 目录中，但是其值是在 Linux 系统启动时从/etc/rc.d/rc.sysinit 目录中读取的。

而/etc/rc.d/rc.sysinit 目录中 hostname 的取值来自于/etc/sysconfig/network 目录中的 hostname。

因此，如果服务器重启，就肯定以/etc/sysconfig/network 目录中的参数为准。其他 3 种方式都是临时性的修改。

另外，从上面的逻辑来看，hostname 的取值与/etc/hosts 目录中的配置没有关系。

因此，如果要使服务器的 hostname 立刻生效，并保证重启后生效，那么该如何操作呢？

只要修改/etc/sysconfig/network 目录中的 hostname，并在命令行执行“hostname slavenode”命令即可。

```
# vim /etc/sysconfig/network
# hostname slavenode
# hostname
slavenode
# reboot
```

重启服务器后检查效果。使用相同方法，修改其他服务器的参数。

5. 问题与思考

网络中共有 4 台安装 Linux 系统的主机，主机名分别为 namenode、datanode1、datanode2、datanode3。登录用户名和组名都是 hadoop，如表 4-2 所示。

表 4-2　各台 Linux 系统主机的用户名和组名

主机名	用户名	组名
namenode	hadoop	hadoop
datanode1	hadoop	hadoop
datanode2	hadoop	hadoop
datanode3	hadoop	hadoop

要求实现 namenode 服务器和另外 3 台 datanode 服务器之间的免密登录。

提示

1. 生成公钥和私钥

```
ssh-keygen -t rsa
```

默认在 ~/.ssh 目录中生成如下两个文件。

```
id_rsa      : 私钥
id_rsa.pub  : 公钥
```

2. 导入公钥到认证文件，更改权限

（1）将公钥导入本地，命令如下。

```
cat ~/.ssh/id_rsa.pub >> ~/.ssh/authorized_keys
```

（2）将公钥导入要免密码登录的服务器，步骤如下。

首先，将公钥复制到服务器，命令如下。

```
scp ~/.ssh/id_rsa.pub xxx@datanode1:/home/xxx/id_rsa.pub
```

然后，在服务器上将公钥导入到认证文件，命令如下。

```
cat ~/id_rsa.pub >> ~/.ssh/authorized_keys
```

（3）在服务器上更改权限，命令如下。

```
chmod 700 ~/.ssh
chmod 600 ~/.ssh/authorized_keys
```

3. 第一次登录datanode1可能需要确认密码，之后就可以直接登录了

4.2 Apache Hadoop配置及实践

大数据是指无法在一定时间内使用常规软件工具对其内容进行抓取、管理和处理的数据集合，对大数据的分析已经成为一个非常重要且迫切的需求。目前对大数据的分析工具，首选的是Hadoop/YARN平台。Hadoop/YARN平台在可伸缩性、健壮性、计算性能和成本上具有无可替代的优势，事实上其已成为当前互联网企业主流的大数据分析平台。

【实例】 在一个网络中搭建Hadoop环境，要求至少一台namenode服务器和三台datanode服务器。

1. 详细设计

Hadoop分布式文件系统（Hodoop Distributed File System，HDFS）被设计成适合运行在通用硬件（Commodity Hardware）上的分布式文件系统。HDFS是一个具有高度容错性的系统，适合部署在廉价的主机上。HDFS能提供高吞吐量的数据访问，非常适合在大规模数据集上应用。HDFS放宽了一部分可移植操作系统接口（Portable Operating System Interface，POSIX）约束，可以实现流式读取文件系统数据。

HDFS采用master/slave架构。一个HDFS集群是由一个namenode服务器和一定数目的datanode服务器组成的。namenode是一个中心服务器，负责管理文件系统的名字空间（Namespace）及客户端对文件的访问。集群中的每个datanode服务器可以配置一个节点，负责管理其所在节点上的存储。HDFS实现文件系统的命名空间，用户能够以文件的形式在其中存储数据。从内部看，一个文件其实可以被分成一个或多个数据块，这些数据块存储在一组datanode服务器上。datanode服务器用于执行文件系统的名字空间操作，如打开、关闭、重命名文件或目录。它也用于确定数据块到具体datanode节点的映射。namenode服务器用于处理文件系统客户端的读写请求。在datanode服务器的统一调度下进行数据块的创建、删除和复制，Hadoop的HDFS结构如图4-6所示。

namenode服务器和datanode服务器被设计成可以在普通的商用主机上运行。这些主机一般运行着GNU或Linux操作系统。HDFS采用Java语言开发，因此任何支持Java的主机都可以部署namenode服务器或datanode服务器。由于采用了可移植性极强的Java

语言，HDFS 可以部署到多种类型的主机。一个典型的部署场景是一台主机上只运行一个 namenode 实例，而集群中的其他主机分别运行一个 datanode 实例。这种架构并不排斥在一台主机上运行多个 datanode 实例，只不过这样的情况比较少见。

在集群中单一 namenode 服务器的结构大大简化了系统的架构。namenode 服务器是所有 HDFS 元数据的仲裁者和管理者，这样，用户数据不会直接访问 namenode 服务器。

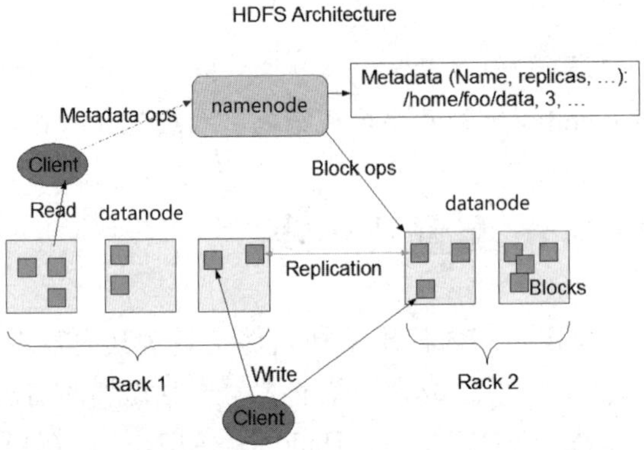

图 4-6　Hadoop 的 HDFS 结构

2. 编码实现

（1）定义 Hadoop Master 主机的 URI 和端口。

语句如下。

```
<name>fs.defaultFS</name>
<value>hdfs://namenode:9000</value>
```

分析：在 core-site.xml 配置文件中使用 fs.default.name 或 fs.defaultFS（新版本）这一配置来描述集群中 namenode 节点的 URI（包括协议、主机名称、端口号）。本实例中的 Master 主机名是 namenode，端口为 9000 。

（2）指定临时文件夹。

语句如下。

```
<name>hadoop.tmp.dir</name>
<value>file:/home/hadoop/temp</value>
<description>A base for other temporary directories.
</description>
```

分析：在 core-site.xml 配置文件中使用 hadoop.tmp.dir 属性指定临时文件夹，可存放一些 JAR 包解压缩后生成的 class 文件。本实例的临时文件夹是/home/hadoop/temp。

（3）指定 secondary namenode 所在的计算机。

语句如下。

```
<name>dfs.namenode.secondary.http-address</name>
<value>namenode:9001</value>
```

分析：在 hdfs-site.xml 配置文件中使用 dfs.namenode.secondary.http-address 属性指定 secondaryNameNode 所在的计算机。本实例中的 secondary namenode 和 Master 是同一台主机，端口是 9001。

（4）指定 HDFS 文件系统的元信息保存目录。

语句如下。

```
<name>dfs.namenode.name.dir</name>
<value>file:/home/hadoop/name</value>
```

分析：dfs.namenode.name.dir 是在 hdfs-site.xml 文件中配置的，默认值如下。

```
<property>
  <name>dfs.namenode.name.dir</name>
  <value>file://${hadoop.tmp.dir}/dfs/name</value>
</property>
hadoop.tmp.dir 是在 core-site.xml 文件中配置的，默认值如下。
<property>
  <name>hadoop.tmp.dir</name>
  <value>/tmp/hadoop-${user.name}</value>
  <description>A base for other temporary directories.</description>
</property>
```

dfs.namenode.name.dir 属性可以配置多个目录，如 /data1/dfs/name、/data2/dfs/name、/data3/dfs/name 等。各目录存储的文件结构和内容都完全一样，相当于备份，这样做的好处是当其中一个目录损坏时，也不会影响到 Hadoop 的元数据，特别是当其中一个目录在网络文件系统（Network File System，NFS）中时，即使该主机损坏了，元数据也能得到保存。

（5）指定 HDFS 文件系统的数据保存目录。

语句如下。

```
<name>dfs.datanode.data.dir</name>
<value>file:/home/hadoop/data</value>
```

分析：在 hdfs-site.xml 文件中配置真正的 datanode 数据保存目录，可以写入多块硬盘中，并使用逗号分隔。

（6）指定 HDFS 的副本数。

语句如下。

```
<name>dfs.replication</name>
<value>3</value>
```

分析：在 hdfs-site.xml 文件中配置数据块应该被复制的次数。

（7）Hadoop webhdfs 设置。

语句如下。

```
            <name>dfs.webhdfs.enabled</name>
            <value>true</value>
```

分析：在 hdfs-site.xml 文件中，配置 namenode 中的 hdfs-site.xml 文件，需要将 dfs.webhdfs. enabled 属性值设置为 true，否则就不能使用 webhdfs 的 LISTSTATUS、LISTFILESTATUS 等需要列出文件、文件夹状态的命令，因为这些信息都是由 namenode 保存的。

（8）设置在 nodemanager 上运行的附属服务。

语句如下。

```
<property>
    <name>yarn.nodemanager.aux-services</name>
    <value>mapreduce_shuffle</value>
</property>
<property>
    <name>yarn.nodemanager.aux-services.mapreduce.shuffle.class</name>
    <value>org.apache.hadoop.mapred.ShuffleHandler</value>
</property>
```

分析：在 yarn-site.xml 文件中配置，需要将其配置成 mapreduce_shuffle，才可运行 MapReduce 程序。

为了能够运行 MapReduce 程序，需要让各 nodemanager 在启动时加载 Shuffle Server，Shuffle Server 实际上是 Jetty/Netty Server，Reduce Task 通过该 Shuffle Server 从各 nodemanager 上远程复制 Map Task 产生的中间结果。上面增加的两个配置均用于指定 Shuffle Serve。如果 YARN 集群有多个节点，还需要配置 yarn.resourcemanager.address 等参数。

（9）resourcemanager 相关配置参数。

语句如下。

```
<property>
    <name>yarn.resourcemanager.address</name>
    <value>namenode:8032</value>
</property>
<property>
    <name>yarn.resourcemanager.scheduler.address</name>
    <value>namenode:8030</value>
</property>
<property>
    <name>yarn.resourcemanager.resource-tracker.address</name>
    <value>namenode:8031</value>
</property>
<property>
    <name>yarn.resourcemanager.admin.address</name>
    <value>namenode:8033</value>
```

```
    </property>
    <property>
        <name>yarn.resourcemanager.webapp.address</name>
        <value>namenode:8088</value>
    </property>
```

分析：在 yarn-site.xml 文件中配置如下参数。

yarn.resourcemanager.address：用于表示 resourcemanager 对客户端暴露的地址。客户端通过该地址向 resourcemanager 提交应用程序，终止应用程序等，默认值为 ${yarn.resourcemanager.hostname}:8032。

yarn.resourcemanager.scheduler.address：用于表示 resourcemanager 对 ApplicationMaster 暴露的访问地址。ApplicationMaster 通过该地址向 resourcemanager 申请资源、释放资源等，默认值为${yarn.resourcemanager.hostname}:8030。

yarn.resourcemanager.resource-tracker.address：用于表示 resourcemanager 对 nodemanager 暴露的地址。nodemanager 通过该地址向 resourcemanager 汇报心跳、领取任务等，默认值为 ${yarn.resourcemanager.hostname}:8031。

yarn.resourcemanager.admin.address：用于表示 resourcemanager 对管理员暴露的访问地址。管理员通过该地址向 resourcemanager 发送管理命令等，默认值为${yarn.resourcemanager.hostname}:8033。

yarn.resourcemanager.webapp.address：用于表示 resourcemanager 对外的 Web UI 地址。用户可通过该地址在浏览器中查看集群各类信息，默认值为${yarn. resourcemanager.hostname}:8088。

yarn.resourcemanager.scheduler.class：用于表示启用的资源调度器主类，目前可用的有 FIFO、Capacity Scheduler 和 Fair Scheduler，默认值为 org.apache.hadoop.yarn.server.resourcemanager.scheduler.capacity.CapacityScheduler。

yarn.resourcemanager.resource-tracker.client.thread-count：用于处理来自 nodemanager 的 RPC 请求的 Handler 数目，默认值为 50

yarn.resourcemanager.scheduler.client.thread-count：用于处理来自 ApplicationMaster 的 RPC 请求的 Handler 数目，默认值为 50。

yarn.scheduler.minimum-allocation-mb/ yarn.scheduler.maximum-allocation-mb：用于表示单个可申请的最小/最大内存资源量。例如，将其设置为 1024 和 3072，则在运行 MapRedce 时每个 Task 最少可申请 1024MB 内存，最多可申请 3072MB 内存，默认值为 1024/8192。

yarn.scheduler.minimum-allocation-vcores / yarn.scheduler.maximum-allocation-vcores：用于表示单个可申请的最小/最大虚拟 CPU 个数。例如，将其设置为 1 和 4，则在运行 MapRedce 时每个 Task 最少可申请 1 个虚拟 CPU，最多可申请 4 个虚拟 CPU。想要了解什么是虚拟 CPU，可阅读《YARN 资源调度器剖析》。其默认值为 1/32。

yarn.resourcemanager.nodes.include-path/yarn.resourcemanager.nodes.exclude-path：用于表示 nodemanager 黑白名单。如果发现若干个 nodemanager 存在问题，如故障率高、

任务运行失败率高，则可以将其加入黑名单中。注意，这两个配置参数可以动态生效（调用一个“refresh”命令即可）。其默认值为空。

yarn.resourcemanager.nodemanagers.heartbeat-interval-ms：NodeManager 心跳间隔，默认值为 1000（ms）。

3. 源代码

1）配置文件 core-site.xml

代码如下。

```
<configuration>
 <property>
     <name>fs.defaultFS</name>
     <value>hdfs://namenode:9000</value>
 </property>
 <property>
     <name>hadoop.tmp.dir</name>
     <value>file:/home/hadoop/temp</value>
     <description>A base for other temporary directories.
     </description>
 </property>
</configuration>
```

2）配置文件 hdfs-site.xml

代码如下。

```
<configuration>
        <property>
              <name>dfs.namenode.secondary.http-address</name>
              <value>namenode:9001</value>
        </property>
        <property>
               <name>dfs.namenode.name.dir</name>
               <value>file:/home/hadoop/name</value>
        </property>
        <property>
               <name>dfs.datanode.data.dir</name>
               <value>file:/home/hadoop/data</value>
        </property>
        <property>
               <name>dfs.replication</name>
               <value>3</value>
        </property>
        <property>
```

```
            <name>dfs.webhdfs.enabled</name>
            <value>true</value>
        </property>
</configuration>
```

3）配置文件：yarn-site.xml

代码如下。

```
<configuration>

<!-- Site specific YARN configuration properties -->
<property>
    <name>yarn.nodemanager.aux-services</name>
    <value>mapreduce_shuffle</value>
</property>
<property>
    <name>yarn.nodemanager.aux-services.mapreduce.shuffle.class</name>
    <value>org.apache.hadoop.mapred.ShuffleHandler</value>
</property>
<property>
    <name>yarn.resourcemanager.address</name>
    <value>namenode:8032</value>
</property>
<property>
    <name>yarn.resourcemanager.scheduler.address</name>
    <value>namenode:8030</value>
</property>
<property>
    <name>yarn.resourcemanager.resource-tracker.address</name>
    <value>namenode:8031</value>
</property>
<property>
    <name>yarn.resourcemanager.admin.address</name>
    <value>namenode:8033</value>
</property>
<property>
    <name>yarn.resourcemanager.webapp.address</name>
    <value>namenode:8088</value>
</property>
</configuration>
```

4. 测试与运行

1）Hadoop 集群安装——添加用户

（1）准备好 4 台装有 Linux 系统的主机。假设它们的 IP 地址、主机名、用户名及密码分别按照如表 4-3 所示设置。

表 4-3　各台 Linux 系统主机的设置

IP 地址	主机名	用户名	密码
192.168.1.160	namenode	hadoop	123456
192.168.1.161	datanode1	hadoop	123456
192.168.1.162	datanode2	hadoop	123456
192.168.1.163	datanode3	hadoop	123456

（2）可以在 Linux 系统的 root 用户登录情况下，输入“useradd hadoop”命令增加 Hadoop 账户，如图 4-7 所示。

```
[root@datanode2 ~]# useradd hadoop
[root@datanode2 ~]# passwd hadoop
Changing password for user hadoop.
New password:
BAD PASSWORD: The password is shorter than 8 characters
Retype new password:
passwd: all authentication tokens updated successfully.
[root@datanode2 ~]#
```

图 4-7　增加 Hadoop 账户

（3）使用“passwd hadoop”命令设置密码。

2）设置主机名

使用 root 用户登录，通过修改/etc/hostname 文件设置主机名，命令如下。

```
vi /etc/hostname
```

输入“i”命令进入 insert 模式，可以删除 localhost 等。输入当前主机名如 datanode3，可以设置主机名如图 4-8 所示。

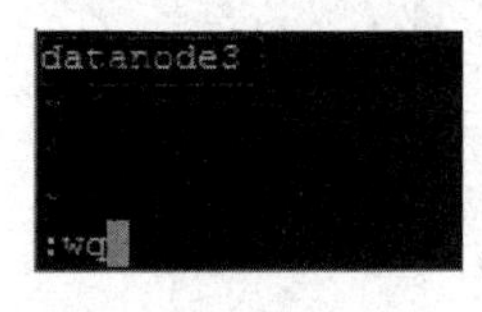

图 4-8　设置主机名

所有计算机分别按照同样的操作方法来设置其主机名。

3）设置主机的 IP 地址

（1）查看网卡名称。

在/etc/sysconfig/network-scripts/目录中有网卡的信息。使用如下命令查看网卡名称，如图 4-9 所示。

```
cd /etc/sysconfig/network-scripts/
ls -a
```

```
[root@localhost /]# cd /etc/sysconfig/network-scripts/
[root@localhost network-scripts]# ls -a
.             ifdown-isdn      ifup-bnep    ifup-routes
..            ifdown-post      ifup-eth     ifup-sit
ifcfg-ens33   ifdown-ppp       ifup-ib      ifup-Team
ifcfg-lo      ifdown-routes    ifup-ippp    ifup-TeamPort
ifdown        ifdown-sit       ifup-ipv6    ifup-tunnel
ifdown-bnep   ifdown-Team      ifup-isdn    ifup-wireless
ifdown-eth    ifdown-TeamPort  ifup-plip    init.ipv6-global
ifdown-ib     ifdown-tunnel    ifup-plusb   network-functions
ifdown-ippp   ifup             ifup-post    network-functions-ipv6
ifdown-ipv6   ifup-aliases     ifup-ppp
```

图 4-9　查看网卡名称

网卡名称一般为 ifcfg-xxxxx。此处的网卡名称为 ifcfg-ens33。

（2）编辑网卡文件设置 IP 地址。

编辑文件 ifcfg-ens33 设置 IP 地址。在设置 IP 地址时，子网掩码、网关、DNS 等参数也需要设置，如图 4-10 所示。

注意

PREFIX=24 用于表示子网掩码长度为 24 位，即 24 个 1：11111111.11111111.11111111.00000000，对应的十进制就是：255.255.255.0。

PREFIX=8 用于表示子网掩码长度为 8 位，即二进制形式的 11111111，十进制形式的 255。它表示的是 255.0.0.0 这个子网掩码。

在存盘退出后，重启计算机，查看 IP 地址是否已正确设置，如图 4-11 所示。

```
TYPE=Ethernet
BOOTPROTO=dhcp
DEFROUTE=yes
PEERDNS=yes
PEERROUTES=yes
IPV4_FAILURE_FATAL=no
IPV6INIT=yes
IPV6_AUTOCONF=yes
IPV6_DEFROUTE=yes
IPV6_PEERDNS=yes
IPV6_PEERROUTES=yes
IPV6_FAILURE_FATAL=no
IPV6_ADDR_GEN_MODE=stable-privacy
NAME=ens33
UUID=8d35830f-1570-4774-9275-98d475b8e5ae
DEVICE=ens33
ONBOOT=yes
IPADDR=192.168.1.161
PREFIX=24
GATEWAY=192.168.1.1
DNS1=192.168.1.1

"ifcfg-ens33" 21L, 378C
```

图 4-10　设置 IP 地址及其他参数

```
[root@localhost network-scripts]# ip a
1: lo: <LOOPBACK,UP,LOWER_UP> mtu 65536 qdisc noqueue state UNKNOWN qlen 1
    link/loopback 00:00:00:00:00:00 brd 00:00:00:00:00:00
    inet 127.0.0.1/8 scope host lo
       valid_lft forever preferred_lft forever
    inet6 ::1/128 scope host
       valid_lft forever preferred_lft forever
2: ens33: <BROADCAST,MULTICAST,UP,LOWER_UP> mtu 1500 qdisc pfifo_fast state UP q
len 1000
    link/ether 00:0c:29:b1:00:98 brd ff:ff:ff:ff:ff:ff
    inet 192.168.1.161/24 brd 192.168.1.255 scope global ens33
       valid_lft forever preferred_lft forever
    inet 192.168.1.103/24 brd 192.168.1.255 scope global secondary dynamic ens33
       valid_lft 5797sec preferred_lft 5797sec
    inet6 fe80::a97d:a81a:bb77:6abe/64 scope link
       valid_lft forever preferred_lft forever
[root@localhost network-scripts]#
```

图 4-11　查看 IP 地址

其他计算机可以按照同样的方法设置 IP 地址。

4）修改计算机的 hosts 文件

（1）使用 root 用户登录，可以使用“vi”命令修改/etc/hosts 文件，命令如下。

```
vi /etc/hosts
```

（2）输入“i”命令进入 insert 模式，修改/etc/hosts 文件如图 4-12 所示。

存盘退出。在所有计算机上执行这个操作。

注意

在 Linux 系统中配置 DNS 有如下 3 种方法。

（1）Host 本地 DNS 解析：vi /etc/hosts。

例如：23.231.234.33 www.baidu.com。

如果是 Windows 系统，则对应的是 C:\Windows\System32\drivers\etc\hosts 文件。

（2）网卡配置文件 DNS 服务地址：vi /etc/sysconfig/network-scripts/ifcfg-eth0。

例如：DSN1='114.114.114.114'。

（3）系统默认 DNS 配置：vi /etc/resolv.conf。

例如：nameserver 114.114.114.114。

系统解析的优先级（1）>（2）>（3）。

5）赋予 hadoop 用户权限

（1）使用 root 用户登录，可使用“vi”命令打开 sudoers 文件，命令如下。

```
vi /etc/sudoers
```

（2）使用“i”命令进入 insert 模式，找到行，命令如下。

```
root ALL=(ALL) ALL
```

在其下一行，添加如下内容。

```
hadoop ALL=(ALL) ALL
```

设置 hadoop 用户权限如图 4-13 所示。

```
127.0.0.1     localhost loc
::1           localhost loc
192.168.1.160 namenode
192.168.1.161 datanode1
192.168.1.162 datanode2
192.168.1.163 datanode3
```

图 4-12 修改/etc/hosts 文件

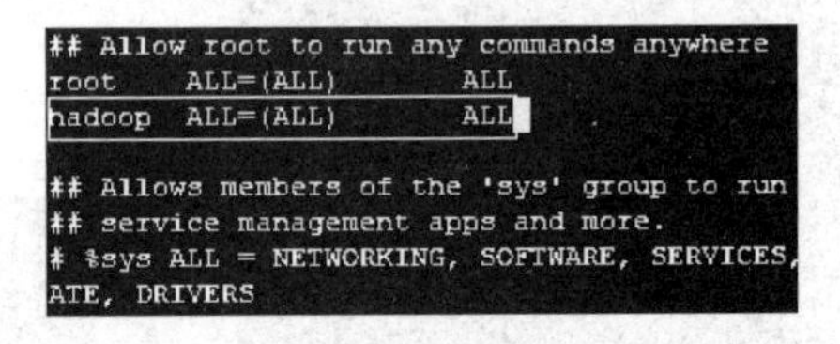

图 4-13 设置 hadoop 用户权限

（3）存盘退出。

（4）在所有计算机上重复以上步骤。

6）配置 SSH 无密码登录

（1）使用 hadoop 用户登录，输入如下命令。

```
ssh-keygen -t rsa
```

该命令生成的密钥，位于 ~/.ssh 目录中，如图 4-14 所示。

```
[hadoop@namenode ~]$ ssh-keygen -t rsa
Generating public/private rsa key pair.
Enter file in which to save the key (/home/hadoop/.ssh/id_rsa):
Created directory '/home/hadoop/.ssh'.
Enter passphrase (empty for no passphrase):
Enter same passphrase again:
Your identification has been saved in /home/hadoop/.ssh/id_rsa.
Your public key has been saved in /home/hadoop/.ssh/id_rsa.pub.
The key fingerprint is:
0b:d0:0c:25:ed:01:2e:35:2d:22:aa:7b:36:bf:1c:11 hadoop@namenode
The key's randomart image is:
+--[ RSA 2048]----+
|      *=.        |
|. .o.*+          |
|....Eoo.         |
|.   . o.         |
|.    . . S       |
|.     . . .      |
| . .     .       |
|. +. .           |
| o o+.           |
+-----------------+
[hadoop@namenode ~]$
```

图 4-14 生成的密钥

（2）在其余的计算机上重复以上步骤。

（3）使用如下命令，从 namenode 服务器中把生成的公钥复制到要访问的计算机的

HDFS 的用户目录的.ssh 目录中，如图 4-15 所示。

```
scp ~/.ssh/id_rsa.pub hadoop@namenode:/home/hadoop/.ssh/authorized_keys
scp ~/.ssh/id_rsa.pub hadoop@datanode1:/home/hadoop/.ssh/authorized_keys
scp ~/.ssh/id_rsa.pub hadoop@datanode2:/home/hadoop/.ssh/authorized_keys
scp ~/.ssh/id_rsa.pub hadoop@datanode3:/home/hadoop/.ssh/authorized_keys
```

```
[hadoop@namenode ~]$ scp ~/.ssh/id_rsa.pub hadoop@namenode:/home/hadoop/.ssh/aut
horized_keys
The authenticity of host 'namenode (192.168.1.160)' can't be established.
ECDSA key fingerprint is be:a2:1c:c6:da:d1:fb:5c:e6:bd:1f:89:3a:3f:03:95.
Are you sure you want to continue connecting (yes/no)? yes
Warning: Permanently added 'namenode,192.168.1.160' (ECDSA) to the list of known
 hosts.
hadoop@namenode's password:
id_rsa.pub                                    100%  397     0.4KB/s   00:00
[hadoop@namenode ~]$ scp ~/.ssh/id_rsa.pub hadoop@datanode1:/home/hadoop/.ssh/au
thorized_keys
The authenticity of host 'datanode1 (192.168.1.161)' can't be established.
ECDSA key fingerprint is e3:5a:61:38:0d:52:7e:a7:18:70:ad:8b:8b:8d:4e:81.
Are you sure you want to continue connecting (yes/no)? yes
Warning: Permanently added 'datanode1,192.168.1.161' (ECDSA) to the list of know
n hosts.
hadoop@datanode1's password:
id_rsa.pub                                    100%  397     0.4KB/s   00:00
[hadoop@namenode ~]$ scp ~/.ssh/id_rsa.pub hadoop@datanode2:/home/hadoop/.ssh/au
thorized_keys
The authenticity of host 'datanode2 (192.168.1.162)' can't be established.
ECDSA key fingerprint is e3:5a:61:38:0d:52:7e:a7:18:70:ad:8b:8b:8d:4e:81.
Are you sure you want to continue connecting (yes/no)? yes
Warning: Permanently added 'datanode2,192.168.1.162' (ECDSA) to the list of know
n hosts.
hadoop@datanode2's password:
id_rsa.pub                                    100%  397     0.4KB/s   00:00
[hadoop@namenode ~]$ scp ~/.ssh/id_rsa.pub hadoop@datanode3:/home/hadoop/.ssh/au
thorized_keys
The authenticity of host 'datanode3 (192.168.1.163)' can't be established.
ECDSA key fingerprint is e3:5a:61:38:0d:52:7e:a7:18:70:ad:8b:8b:8d:4e:81.
Are you sure you want to continue connecting (yes/no)? yes
Warning: Permanently added 'datanode3,192.168.1.163' (ECDSA) to the list of know
n hosts.
hadoop@datanode3's password:
id_rsa.pub                                    100%  397     0.4KB/s   00:00
[hadoop@namenode ~]$
```

图 4-15　复制公钥

（4）从 namenode 服务器上，逐个检测是否可以不需要密码登录。使用“exit”命令退出登录并继续尝试下一台计算机。

```
ssh localhost
ssh hadoop@namenode
ssh hadoop@datanode1
ssh hadoop@datanode2
ssh hadoop@datanode3
```

7）Hadoop 安装与环境配置

（1）解压缩与安装。

从 Hadoop 的官网 http://hadoop.apache.org/releases.html 获取 Hadoop 的最新版本，这里下载的是 hadoop-2.7.3.tar.gz。

把获取的 hadoop-2.7.3.tar.gz 通过“scp”命令或 U 盘传输至 namenode 服务器。

```
scp (当前文件所在目录) root@192.168.1.160:/usr/local
```

接着使用如下命令解压缩 Hadoop 安装包。

```
sudo cd /usr/local
sudo tar -xzvf hadoop-2.7.3.tar.gz
sudo chown -R hadoop:hadoop ./hadoop-2.7.3
ln -s /usr/local/hadoop-2.7.3 /usr/local/hadoop
```

如果解压缩并安装成功，则使用如下命令可以查看 Hadoop 的版本，如图 4-16 所示。

```
/usr/local/hadoop/bin/hadoop version
```

```
[root@namenode ~]# /usr/local/hadoop/bin/hadoop version
Hadoop 2.7.3
Subversion https://git-wip-us.apache.org/repos/asf/hadoop.git -r baa91f7c6bc9cb9
2be5982de4719c1c8af91ccff
Compiled by root on 2016-08-18T01:41Z
Compiled with protoc 2.5.0
From source with checksum 2e4ce5f957ea4db193bce3734ff29ff4
This command was run using /usr/local/hadoop-2.7.3/share/hadoop/common/hadoop-co
mmon-2.7.3.jar
[root@namenode ~]#
```

图 4-16　查看 Hadoop 的版本

（2）在所有计算机上配置环境文件。

通过修改/etc/profile 文件来配置环境文件，例如，使用“vi”命令在该文件中添加如下命令。

```
export PATH=$PATH:/usr/local/hadoop/bin:/usr/local/hadoop/sbin
```

8）Hadoop 配置文件

（1）使用 hadoop 用户登录，输入如下命令来增加目录。

```
mkdir /home/hadoop/name
mkdir /home/hadoop/data
mkdir /home/hadoop/temp
```

（2）进入 Hadoop 核心配置目录，使用如下命令。

```
cd /usr/local/hadoop/etc/hadoop
```

进入 Hadoop 的配置目录。

（3）配置 hadoop-env.sh 文件。

编辑 hadoop-env.sh 文件，添加如下命令，配置 JAVA_HOME 值。

```
export JAVA_HOME=/opt/jdk1.8.0_121
```

（4）配置 yarn-env.sh 文件。

编辑 yarn-env.sh 文件，添加如下命令，配置 JAVA_HOME 值，如图 4-17 所示。

```
export JAVA_HOME=/opt/jdk1.8.0_121
```

（5）配置文件 slaves。

slaves 文件中保存所有 datanode 节点，如果有更多的节点，则可以编辑该文件添加。例如，使用“vi slaves”命令设置 slaves 文件，如图 4-18 所示。

```
# some Java parameters
# export JAVA_HOME=/home/y/libexec/jdk1.6.0/
export JAVA_HOME=/opt/jdk1.8.0_121
if [ "$JAVA_HOME" != "" ]; then
  #echo "run java in $JAVA_HOME"
  JAVA_HOME=$JAVA_HOME
fi

if [ "$JAVA_HOME" = "" ]; then
  echo "Error: JAVA_HOME is not set."
  exit 1
fi

JAVA=$JAVA_HOME/bin/java
JAVA_HEAP_MAX=-Xmx1000m
```

图 4-17　配置 JAVA_HOME 值

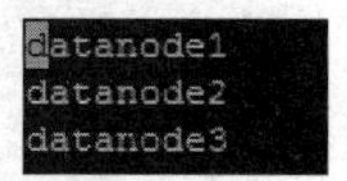

图 4-18　设置 slaves 文件

（6）按照要求配置好 core-site.xml、hdfs-site.xml 和 yarn-site.xml 3 个文件。

（7）复制 hadoop 目录到其他 datanode 节点，命令如下。

```
scp -r /usr/local/hadoop root@datanode1:/usr/local/hadoop-2.7.3
scp -r /usr/local/hadoop root@datanode2:/usr/local/hadoop-2.7.3
scp -r /usr/local/hadoop root@datanode3:/usr/local/hadoop-2.7.3
```

在所有的计算机终端，输入如下命令修改文件的所有者。

```
sudo cd /usr/local
sudo chown -R hadoop:hadoop ./hadoop-2.7.3
```

（8）初始化 Hadoop。

[警告]请确保以上步骤正确无误，否则请勿执行如下命令。

```
cd /usr/local/hadoop
bin/hdfs namenode -format
```

如果初始化成功，则会看到“successfully formatted”和“Exitting with status 0”的提示；如果提示“Exitting with status 1”，则表示初始化出错。

9）启动 Hadoop

使用如下命令启动 Hadoop。

```
sbin/start-all.sh
```

在启动后，无论是 master 还是 slave 都可以使用“jps”命令查看进程。如果是 master，看到如图 4-19 所示的结果，则表示启动成功。

如果是 slave，看到如图 4-20 所示的结果则表示 datanode 进程启动成功。

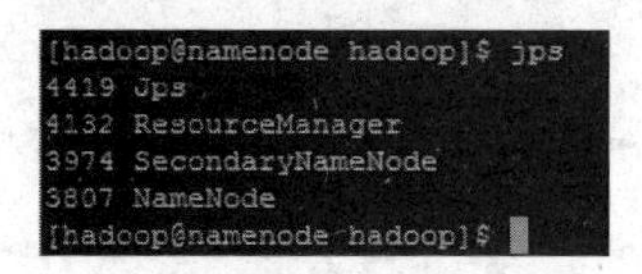

图 4-19　看查 master 进程

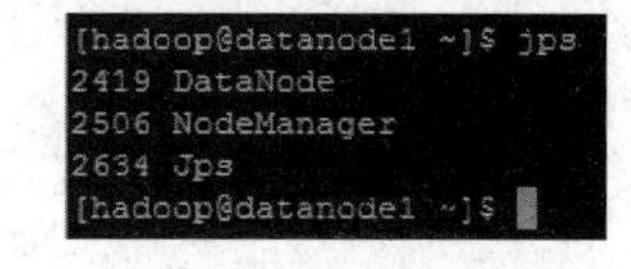

图 4-20　查看 slave 进程

如果停止，则输入命令“sbin/stop-all.sh”。

10）Hadoop 的监控

（1）检测运行实例。

使用如下命令查看集群状态。

```
./bin/hdfs dfsadmin -report
```

如果出现“Live datanodes (3)”信息，则表示 3 台 datanode 都启动了，如图 4-21 所示。

```
[hadoop@namenode hadoop]$ ./bin/hdfs dfsadmin -report
Configured Capacity: 54716792832 (50.96 GB)
Present Capacity: 47073640448 (43.84 GB)
DFS Remaining: 47073615872 (43.84 GB)
DFS Used: 24576 (24 KB)
DFS Used%: 0.00%
Under replicated blocks: 0
Blocks with corrupt replicas: 0
Missing blocks: 0
Missing blocks (with replication factor 1): 0

-------------------------------------------------
Live datanodes (3):

Name: 192.168.1.163:50010 (datanode3)
Hostname: datanode3
Decommission Status : Normal
Configured Capacity: 18238930944 (16.99 GB)
DFS Used: 8192 (8 KB)
Non DFS Used: 2547429376 (2.37 GB)
DFS Remaining: 15691493376 (14.61 GB)
DFS Used%: 0.00%
DFS Remaining%: 86.03%
Configured Cache Capacity: 0 (0 B)
Cache Used: 0 (0 B)
Cache Remaining: 0 (0 B)
Cache Used%: 100.00%
Cache Remaining%: 0.00%
Xceivers: 1
Last contact: Wed May 10 10:04:19 CST 2017


Name: 192.168.1.161:50010 (datanode1)
Hostname: datanode1
```

图 4-21　查看集群状态

（2）Web 访问。

如果先开放端口或直接关闭防火墙，则使用如下命令。

```
sudo systemctl stop firewalld.service
```

使用浏览器打开 http://192.168.1.160:50070/，以 Web 方式查看服务，如图 4-22 所示。

Hadoop　Overview　Datanodes　Datanode Volume Failures　Snapshot　Startup Progress　Utilities

Overview 'namenode:9000' (active)

Started:	Wed May 10 10:02:36 CST 2017
Version:	2.7.3, rbaa91f7c6bc9cb92be5982de4719c1c8af91ccff
Compiled:	2016-08-18T01:41Z by root from branch-2.7.3
Cluster ID:	CID-65dfb5a7-465c-4ba4-8186-b1598a85c374
Block Pool ID:	BP-1985134152-192.168.1.160-1494314118708

Summary

Security is off.

Safemode is off.

1 files and directories, 0 blocks = 1 total filesystem object(s).

Heap Memory used 29.77 MB of 47.75 MB Heap Memory. Max Heap Memory is 966.69 MB.

Non Heap Memory used 40.86 MB of 41.69 MB Commited Non Heap Memory. Max Non Heap Memory is -1 B.

Configured Capacity:	50.96 GB
DFS Used:	24 KB (0%)
Non DFS Used:	7.12 GB
DFS Remaining:	43.84 GB (86.03%)
Block Pool Used:	24 KB (0%)
DataNodes usages% (Min/Median/Max/stdDev):	0.00% / 0.00% / 0.00% / 0.00%
Live Nodes	3 (Decommissioned: 0)

图 4-22　以 Web 方式查看服务

5. 技术分析

Hadoop 是 Apache 开源组织的一个分布式计算开源框架，使用 Java 语言实现开源软件框架，实现在大量计算机组成的集群中对海量数据进行分布式计算。Hadoop 框架中最核心设计就是 HDFS 和 MapReduce。HDFS 用于实现存储，而 MapReduce 用于实现原理分析处理，这两部分是 Hadoop 的核心。数据在 Hadoop 中处理的流程可以简单地理解为数据通过 Haddop 的集群处理从而得到结果，它是一个高性能处理海量数据集的工具。

1）Hadoop 家族

Apache Hadoop 是 Apache 开源组织的分布式计算开源框架，提供了一个分布式文件系统子项目，并且支持 MapReduce 分布式计算的软件架构。

Apache Hive 是基于 Hadoop 的一个数据仓库工具，可以将结构化的数据文件映射为一张数据库表，通过类 SQL 语句快速实现简单的 MapReduce 统计，不必开发专门的 MapReduce 应用，十分适合数据仓库的统计分析。

Apache Pig 是一个基于 Hadoop 的大规模数据分析工具，它提供的 SQL-like 语言被称为 Pig Latin，该语言的编译器会把类 SQL 的数据分析请求转换为一系列经过优化处理的 MapReduce 运算。

Apache HBase 是一个高可靠性、高性能、面向列、可伸缩的分布式存储系统，使用 HBase 技术可在廉价计算机服务器上搭建起大规模结构化存储集群。

Apache Sqoop 是一个用来实现 Hadoop 和关系型数据库中的数据相互转移的工具，可以将一个关系型数据库（MySQL、Oracle、Postgres 等）中的数据导入 Hadoop 的 HDFS 中，也可以将 HDFS 的数据导入关系型数据库中。

Apache ZooKeeper 是一个伪分布式应用设计的伪分布的、开源的协调服务，它主要用来解决在分布式应用中经常遇到的一些数据管理问题。简化分布式应用协调及其管理的难度，可以提供高性能的分布式服务。

Apache Mahout 是基于 Hadoop 的计算机学习和数据挖掘的一个分布式框架。Mahout 使用 MapReduce 实现了部分数据挖掘算法，解决了并行挖掘的问题。

Apache Cassandra 是一个开源分布式 NoSQL 数据库系统。其最初由 Facebook 开发，用于储存简单格式数据，集 Google Bigtable 的数据模型与 AmazonDynamo 的完全分布式的架构于一身。

Apache Avro 是一个数据序列化系统，用于支持密集型、大批量数据交换的应用。Apache Avro 是新的数据序列化格式与传输工具，将逐步取代 Hadoop 原有的 IPC 机制。

Apache Ambari 是一个基于 Web 的工具，用于支持 Hadoop 集群的供应、管理和监控。

Apache Chukwa 是一个开源的用于监控大型分布式系统的数据收集系统，它可以将各种类型的数据收集成适合 Hadoop 处理的文件保存在 HDFS 中，供 Hadoop 进行各种 MapReduce 操作。

Apache Hama 是一个基于 HDFS 的大容量同步并行模型（Bulk Synchronous Parallel,

BSP）进行并行计算的框架。Apache Hama 可用于包括图、矩阵和网络算法在内的大规模、大数据计算。

Apache Flume 是一个分布的、可靠的、高可用的海量日志聚合的系统，可用于日志数据收集、日志数据处理、日志数据传输。

Apache Giraph 是一个可伸缩的分布式迭代图处理系统，基于 Hadoop 平台，灵感来自 BSP 和 Google 的 Pregel。

Apache Oozie 是一个工作流引擎服务器，用于管理和协调运行在 Hadoop 平台上（HDFS、Pig 和 MapReduce）的任务。

Apache Crunch 是基于 Google 的 FlumeJava 库编写的 Java 库，用于创建 MapReduce 程序。与 Hive、Pig 类似，Apache Crunch 提供了用于实现如连接数据、执行聚合和排序记录等常见任务的模式库。

Apache Whirr 是一套运行于云服务的类库（包括 Hadoop），可提供高度的互补性。Apache Whirr 支持 Amazon EC2 和 Rackspace 的服务。

Apache Bigtop 是一个对 Hadoop 及其周边生态进行打包、分发和测试的工具。

Apache HCatalog 是基于 Hadoop 的数据表和存储管理，实现中央的元数据和模式管理，跨越 Hadoop 和关系数据库管理系统（Relational Database Management System，RDBMS），利用 Pig 和 Hive 提供关系视图。

Cloudera Hue 是一个基于 Web 的监控和管理系统，实现对 HDFS、MapReduce/YARN、HBase、Hive、Pig 的 Web 化操作和管理。

2）HDFS 文件系统

HDFS 是一个高度容错性的系统，适合部署在廉价的主机上。HDFS 能提供高吞吐量的数据访问，适合那些有着超大数据集（Largedata Set）的应用程序。

（1）HDFS 的设计特点如下。

①大数据文件，非常适合 T 级别的大文件或一堆大数据文件的存储。

②文件分块存储，HDFS 会将一个完整的大文件平均分块，并存储到不同主机上，它的意义在于当读取文件时，可以同时从多个主机读取不同区块的文件，多主机读取的效率比单主机读取的效率要高得多。

③流式数据访问，一次写入多次读写。这种模式与传统模式不同，它不支持动态改变文件内容，而是要求在文件一次性写入后就不再变化，如果需要修改也只能在该文件的末尾位置添加内容。

④廉价硬件，HDFS 可以应用在普通主机上，能够让一些公司使用几十台廉价的计算机就可以撑起一个大数据集群。

⑤硬件故障，HDFS 认为所有计算机都可能会出现问题，为了防止因某个主机失效而读取不到该主机的块文件，它将同一个文件块副本分配到其他几台主机上，如果其中一台主机失效，则可以迅速找另一个文件块副本读取文件。

（2）HDFS 的 master/slave 架构。

一个 HDFS 集群是由一个 namenode 服务器和一定数目的 datanode 服务器组成的。

namenode 是一个中心服务器，负责管理文件系统的 namespace 操作和客户端对文件的访问。在集群中一般一个节点有一个 datanode 服务器，负责管理节点上附带的存储。在内部，一个文件可以分成一个或多个块（Block），这些 Block 存储在 datanode 集合里。namenode 服务器执行文件系统的 namespace 操作，如打开、关闭、重命名文件和目录，同时决定 Block 到具体 datanode 服务器的映射。datanode 服务器在 namenode 服务器的指挥下进行 Block 的创建、删除和复制。namenode 服务器和 datanode 服务器都被设计成可以在普通的、廉价的 Linux 系统的主机上运行。

（3）HDFS 的关键元素。

①Block 元素：用于将一个文件进行分块，分块大小通常是 64MB。

②NameNode 元素：用于保存整个文件系统的目录信息、文件信息及分块信息，由唯一一台主机专门保存。当这台主机出错时，NameNode 元素就失效了。在 Hadoop2.*版本开始支持 activity-standy 模式——如果主 NameNode 失效，则启动备用主机运行 NameNode。

③DataNode 元素：分布在廉价的主机上，用于存储 Block 块文件。

④NameNode 元素：全权管理数据块的复制，周期性地从集群中的每个 datanode 节点接收心跳信号和块状态报告（Block Report）。接收到心跳信号意味着该 datanode 节点工作正常。块状态报告包含了一个该 datanode 节点上所有数据块的列表。

3）MapReduce 文件系统

MapReduce 是一种编程模型，用于大规模数据集（大于 1TB）的并行运算。MapReduce 将分成 Map（映射）和 Reduce（归约）。

当向 MapReduce 提交一个计算作业时，会首先把计算作业拆分成若干个 Map 任务，然后分配到不同的节点上去执行，每个 Map 任务处理输入数据中的一部分。当 Map 任务完成后，它会生成一些中间文件，这些中间文件将会作为 Reduce 任务的输入数据。Reduce 任务的主要目标就是把前面若干个 Map 的输出汇总到一起并输出。

MapReduce 工作流程如下。

步骤 1：首先对输入数据源进行切片。

步骤 2：Master 调用 Worker 执行 Map 任务。

步骤 3：Worker 读取输入源片段。

步骤 4：Worker 执行 Map 任务，将任务输出保存在本地。

步骤 5：Master 调用 Worker 执行 Reduce 任务，Reduce Worker 读取 Map 任务的输出文件。

步骤 6：执行 Reduce 任务，将任务输出保存到 HDFS。

6．问题与思考

（1）请一至两名同学组成一个试验组，在 4 台装有 Linux 系统的主机上，搭建一个 Hadoop 环境。其中一台主机用作 namenode，其他 3 台用作 datanode。安装成功后，进行配置并填写表格，如表 4-4 所示。

表 4-4　Linux 系统主机的配置表

IP 地址	主机名	用户名	密码

（2）利用一台 Linux 系统主机搭建一个 Hadoop 的伪分布模式配置。

提示

伪分布模式的 Hadoop 是只有一个节点的集群。在这个集群中，当前计算机既是 master 也是 slave，既是 namenode 也是 datanode，既是 Jobtracker 也是 Tasktracker。这个模式适合个人开发使用。

```
<!-- core-site.xml 配置 -->
<configuration>
    <!-- global properties -->
    <property>
      <name>hadoop.tmp.dir</name>
      <value>/home/whuqin/tmp</value>
    </property>
    <!-- file system properties -->
    <property>
      <name>fs.default.name</name>
          <value>hdfs://localhost:9000</value>
    </property>
</configuration>

<!-- hdfs-site.xml -->
<configuration>
    <property>
      <name>dfs.replication</name>
    <value>1</value>
    </property>
</configuration>

<!-- mapred-site.xml -->
<configuration>
   <property>
     <name>mapred.job.tracker</name>
          <value>localhost:9001</value>
```

```
    </property>
</configuration>
```

这 3 个配置文件均在 Hadoop 的安装目录中的 conf 文件夹里。

其他模式下的关键配置属性如表 4-5 所示。

表 4-5 关键配置属性

组件名称	属性名称	本地模式	伪分布模式	完全分布模式
core	fs.defalut.name	file:///	hdfs:localhost/	hdfs://namenode
HDFS	dfs.replication	N/A	1	3
MapReduce	mapred.job.tracker	local	localhost:8021	jobtracker8021

设置 Hadoop 的 Java 在 conf 目录的 hadoop-env.sh 文件中，可以增加如下命令。“JAVA_HOME=/home/whuqin/ jdk1.6.0_26”（即 JDK 的安装目录）

为了便于使用 Hadoop，可创建一个指向 Hadoop 安装目录的环境变量，命令如下。

```
$ export HADOOP_INSTALL=/home/whuqin/hadoop-x.y.z
$ export PATH=$PATH:$HADOOP_INSTALL/bin
```

接着安装 SSH、格式化 HDFS 文件系统、启动 hadoop: start-all.sh；最后关闭系统。

4.3 MapReduce 开发环境

MapReduce

MapReduce 是一种分布式计算模型，由 Google 提出，主要用于搜索领域、解决海量数据的计算问题。MapReduce 由 Map 和 Reduce 两个部分组成，用户只需实现 map()和 reduce()两个函数，即可实现分布式计算。

【实例】file1.txt 和 file2.txt 两个文件的内容如下。

（1）file1.txt。

```
1
3
5
6
7
8
9
12
2
20
```

（2）file2.txt。

```
2
4
```

```
5
6
7
8
9
12
10
21
```

使用 MapReduce 框架编写程序，统计出两个文件中各数字字符出现的次数。

1. 详细设计

在 Hadoop 中，用于执行 MapReduce 任务的主机有两个角色，一个是 JobTracker，另一个是 TaskTracker。JobTracker 用于管理和调度工作，TaskTracker 用于执行工作。一个 Hadoop 集群中只有一个 JobTracker。

在 Hadoop 中每个 MapReduce 任务都被初始化为一个 Job。每个 Job 又可以分为两个阶段：Map 阶段和 Reduce 阶段。这两个阶段可以分别使用两个函数来表示，即 map()函数和 reduce()函数。首先 map()函数接收一个<key, value>形式的输入，然后产生同样为<key, value>形式的中间输出，Hadoop 会负责将所有具有相同的中间 key 值的 value 集合到一起传递给 reduce()函数，reduce()函数用于接收一个如<key, (list of values)>形式的输入，再对这个 value 集合进行处理并输出结果，reduce()函数的输出也是<key, value>形式的。

为了方便理解，分别将 3 个<key, value>对标记为<k1, v1>、<k2, v2>和<k3, v3>，那么上面所述的 MapReduce 任务中数据变化的基本过程如图 4-23 所示。

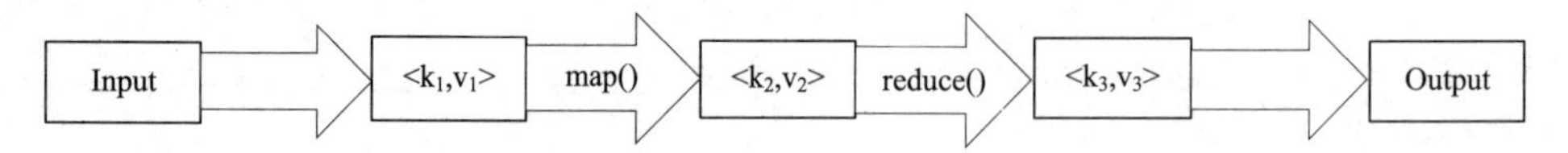

图 4-23 MapReduce 任务中数据变化的基本过程

2. 编码实现

1）输入数据

语句如下。

```
public void map(Object key, Text value, Context context
                ) throws IOException, InterruptedException {
  StringTokenizer itr = new StringTokenizer(value.toString());
  while (itr.hasMoreTokens()) {
    word.set(itr.nextToken());
    context.write(word, one);
  }
}
```

分析：map()函数继承自 MapReduceBase，实现了 Mapper 接口。此接口是一个泛型类，它有 4 种形式的参数，分别用来指定 map()函数的输入 key 值类型、输入 value 值类型、输出 key 值类型和输出 value 值类型。在本实例中，因为使用的是 TextInputFormat，它的输出 key 值是 LongWritable 类型，输出 value 值是 Text 类型，所以 map()函数的输入类型即为<LongWritable, Text>。根据前面的内容，在本实例中需要输出<word, 1>这样的形式，因此输出的 key 值是 Text 类型，输出的 value 值是 IntWritable 类型。

实现此接口类还需要实现 map()函数，map()函数负责具体对输入进行操作，在本实例中，首先使用 map()函数对输入的行以空格为单位进行切分，然后使用 OutputCollect 收集输出的<word, 1>，即<k2, v2>。

2）相同 key 值的处理

语句如下。

```
    public void reduce(Text key, Iterable<IntWritable> values,
                      Context context
                      ) throws IOException, InterruptedException {
      int sum = 0;
      for (IntWritable val : values) {
        sum += val.get();
      }
      result.set(sum);
      context.write(key, result);
  }
```

分析：与 map()函数类似，reduce()函数也继承自 MapReduceBase，需要实现 Reducer 接口。reduce()函数以 map()函数的输出作为输入，因此 reduce()函数的输入类型是<Text, IneWritable>。而 reduce()函数的输出是单词和其数目，因此，它的输出类型是<Text, IntWritable>。reduce()函数也要实现 reduce()方法，在此函数中，reduce()函数将输入的 key 值作为输出的 key 值，并将获得的多个 value 值加起来，作为输出的 value 值。

3）Job 的初始化与启动

语句如下。

```
    Configuration conf = new Configuration();
    Job job = Job.getInstance(conf, "word count");
    job.setJarByClass(WordCount.class);
    job.setMapperClass(TokenizerMapper.class);
    job.setCombinerClass(IntSumReducer.class);
    job.setReducerClass(IntSumReducer.class);
    job.setOutputKeyClass(Text.class);
    job.setOutputValueClass(IntWritable.class);
    FileInputFormat.addInputPath(job,  new  Path("hdfs://192.168.1.160:
9000/"+args[0]));
    //FileInputFormat.addInputPath(job, new Path(args[0]));
```

```
    FileOutputFormat.setOutputPath(job, new Path("hdfs://192.168.1.160:
9000/"+args[1]));
    //FileOutputFormat.setOutputPath(job, new Path(args[1]));
  System.exit(job.waitForCompletion(true) ? 0 : 1);
```

分析：main()函数先利用 Configuration 对 MapReduce 的 Job 进行初始化，包括命名 Job。对 Job 进行合理的命名有助于更快地找到 Job，以便在 JobTracker 和 TaskTracker 的页面中对其进行监视。再使用 addInputPath()函数和 setOutputPath()函数分别设置输入、输出的目录。

3. 源代码

```
package org.apache.hadoop.examples;
import java.io.IOException;
import java.util.StringTokenizer;

import org.apache.hadoop.conf.Configuration;
import org.apache.hadoop.fs.Path;
import org.apache.hadoop.io.IntWritable;
import org.apache.hadoop.io.Text;
import org.apache.hadoop.mapreduce.Job;
import org.apache.hadoop.mapreduce.Mapper;
import org.apache.hadoop.mapreduce.Reducer;
import org.apache.hadoop.mapreduce.lib.input.FileInputFormat;
import org.apache.hadoop.mapreduce.lib.output.FileOutputFormat;

public class WordCount {

  public static class TokenizerMapper
      extends Mapper<Object, Text, Text, IntWritable>{

    private final static IntWritable one = new IntWritable(1);
    private static IntWritable data = new IntWritable();
    private Text word = new Text();

    public void map(Object key, Text value, Context context
                    ) throws IOException, InterruptedException {
      StringTokenizer itr = new StringTokenizer(value.toString());
      while (itr.hasMoreTokens()) {
        word.set(itr.nextToken());
        //word.set(Integer.parseInt(itr.nextToken()));
        context.write(word, one);
      }
    }
```

```
  }

  public static class IntSumReducer
       extends Reducer<Text,IntWritable,Text,IntWritable> {

    private IntWritable result = new IntWritable();

    public void reduce(Text key, Iterable<IntWritable> values,
          Context context
          ) throws IOException, InterruptedException {

      int sum = 0;
      for (IntWritable val : values) {
        sum += val.get();
      }
      result.set(sum);
      context.write(key, result);
    }
  }

  public static void main(String[] args) throws Exception {
    Configuration conf = new Configuration();
    Job job = Job.getInstance(conf, "word count");
    job.setJarByClass(WordCount.class);
    job.setMapperClass(TokenizerMapper.class);
    job.setCombinerClass(IntSumReducer.class);
    job.setReducerClass(IntSumReducer.class);
    job.setOutputKeyClass(Text.class);
    job.setOutputValueClass(IntWritable.class);
    FileInputFormat.addInputPath(job,  new  Path("hdfs://192.168.1.160:
9000/"+args[0]));
    //FileInputFormat.addInputPath(job, new Path(args[0]));
    FileOutputFormat.setOutputPath(job, new Path("hdfs://192.168.1.160:
9000/"+args[1]));
    //FileOutputFormat.setOutputPath(job, new Path(args[1]));
    System.exit(job.waitForCompletion(true) ? 0 : 1);
  }
}
```

4．测试与运行

下面介绍如何在 Eclipse 中运行以上程序。本实例 Eclipse 版本是 eclipse-jee-luna, Hadoop 版本是 2.7.3。

首先下载插件 hadoop-eclipse-plugin-2.7.3.jar，如果是在 Windows 系统中，则还需要下载 winutils.exe 和 hadoop.dll。

注意

winutils.exe 和 hadoop.dll 必须与正在使用的 Hadoop 版本一致。

解压缩 Hadoop 软件，并且安装到 E 盘的 hadoop-2.7.3 目录中。把 hadoop.dll 文件和 winutile.exe 文件解压缩到 Hadoop 的 bin 文件夹里，如图 4-24 所示。

接下来配置 3 个环境变量（系统变量）。

（1）HADOOP_HOME 的目录是 E:\hadoop-2.7.3。

（2）HADOOP_USER_NAME 的目录是 root。

（3）在环境变量 PATH 中增加 Hadoop 命令的目录为%HADOOP_HOME%\bin。

如果是在 Windows 系统中，则右击“我的电脑”图标，在弹出的快捷菜单中选择“高级系统设置”→“环境变量”命令，在弹出的“环境变量”对话框中，查看环境变量是否正确设置，如图 4-25 所示。

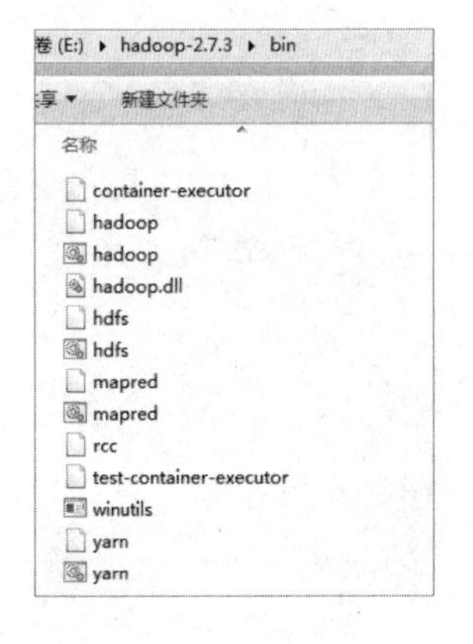

图 4-24 hadoop.dll 文件和 winutile.exe 文件的解压缩

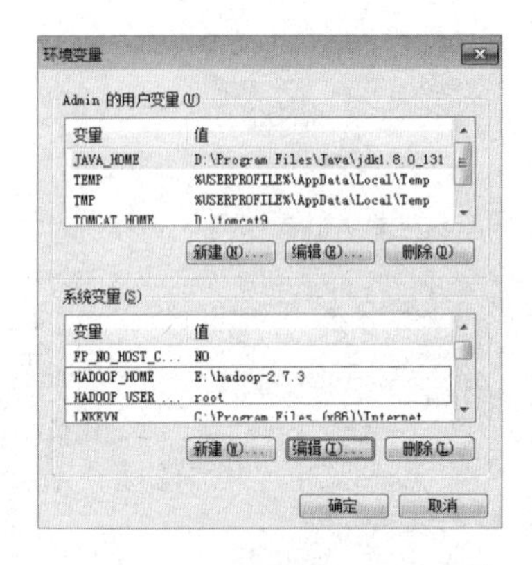

图 4-25 “环境变量”对话框

把 hadoop-eclipse-plugin-2.7.3.jar 包复制到 Eclipse 安装目录中的 plugins 的文件夹里，并重启 Eclipse。

提示

可以使用工具 eclipse-jee-oxygen-xxx，将插件复制到 eclipse 目录中的 dropins 目录。

打开 Eclipse，可看到软件界面右上角的田字格图标，这是 Open Perspective 工具按钮，单击此工具按钮，如图 4-26 所示。

首先，在打开“Open Perspective”界面后，选择“Map/Reduce”项目，如图 4-27 所示。

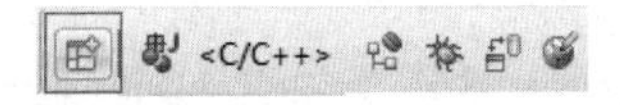

图 4-26 Open Perspective 工具按钮

选择“Map/Reduce”项目后，在出现的界面中可定义 Hadoop 位置，如图 4-28 所示。

然后，启动 Hadoop，在页面右侧的项目列表中，可以看到“Project Exploer”目录中的“DFS Locations”项目，如图 4-29 所示。

为了在 Eclipse 中使用 Hadoop 环境，还要设置 Hadoop 的安装目录，如图 4-30 所示。

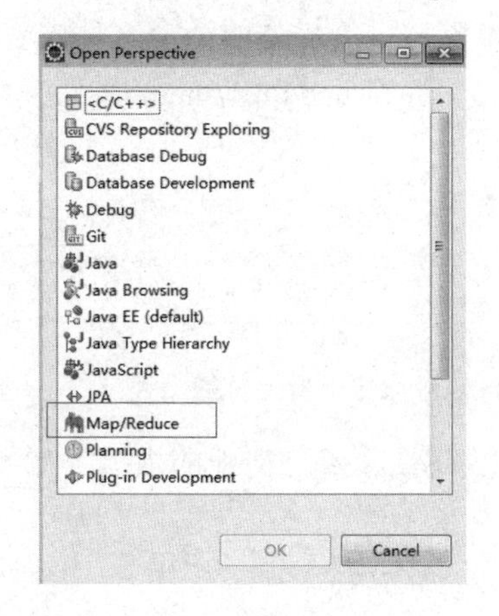

图 4-27 选择“Map/Reduce”项目

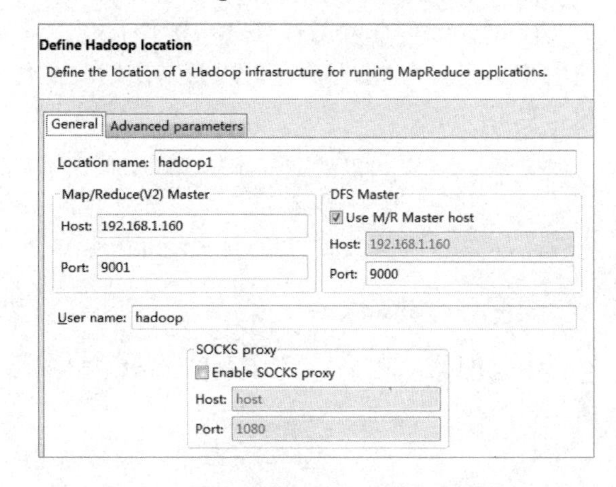

图 4-28 定义 Hadoop 位置

图 4-29 项目列表

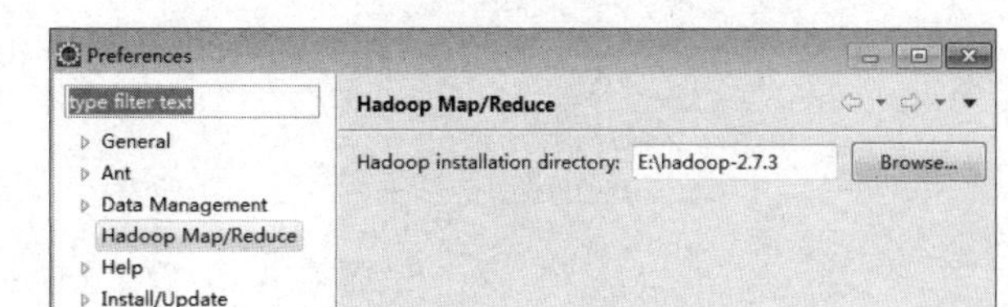

图 4-30 设置 Hadoop 的安装目录

在 Eclipse 中通过向导建立 Map/Reduce Project 的项目，Eclipse 会自动导入必要的 JAR 包。在项目中建立 WordCoun 类就可以运行程序了。

根据源代码，程序启动后需要读取两个命令行参数，因此在启动程序前还需要在 Eclipse 中设置这两个命令行参数，如图 4-31 所示。

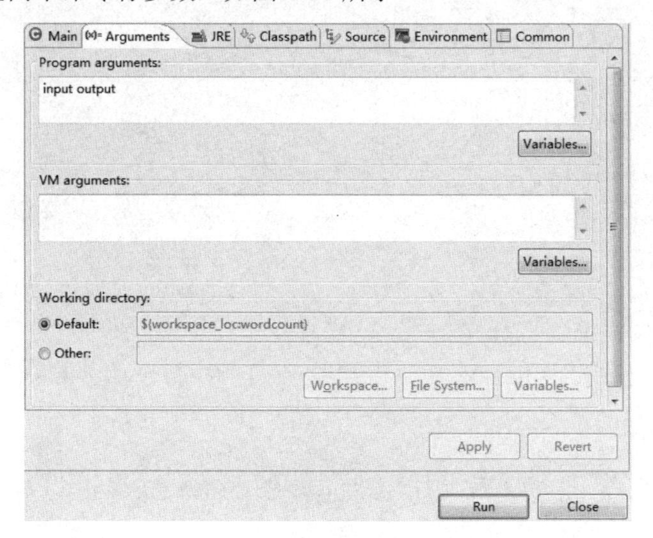

图 4-31 设置命令行参数

下面介绍如何来运行该程序。先在本地创建 file1.txt 文件和 file2.txt 文件，再通过 Eclipse 上传到 Eclipse 的 DFS Locations/hadoop1/input/目录中，如图 4-32 所示。

在/hadoop1/input 文件夹中，两个 TXT 文件的内容与实例描述的两个文件内容一样。使用 Hadoop 的“fs”命令可以查看这两个文件确实保存在/hadoop1/input 文件夹中，如图 4-33 所示。

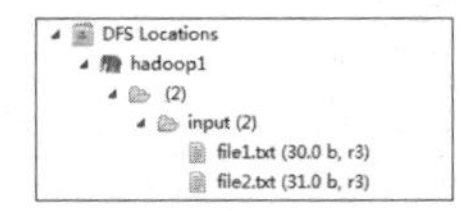

图 4-32　上传文件

```
[hadoop@namenode hadoop]$ hadoop fs -ls /input
Found 2 items
-rw-r--r--   3 root supergroup         30 2018-07-10 10:44 /input/file1.txt
-rw-r--r--   3 root supergroup         31 2018-07-10 10:44 /input/file2.txt
[hadoop@namenode hadoop]$
```

图 4-33　使用 Hadoop 命令查看上传的文件

不仅如此，使用“fs”命令的“cat”命令还可以查看这两个文件的内容，如图 4-34 所示。

```
[hadoop@namenode hadoop]$ hadoop fs -cat /input/file1.txt
1
3
5
6
7
8
9
12
2
```

图 4-34　查看文件的内容

在 Hadoop 中运行程序，会增加一个 output 目录，可以在该目录中的 part-r-00000(386.0 b, r3)文件中看到如下运行结果。

```
1    1
10   1
12   2
2    2
20   1
21   1
3    1
4    1
5    2
6    2
7    2
8    2
9    2
```

以上运行结果显示了 file1.txt 文件和 file2.txt 文件中每个数字字符出现的次数。

注意

在程序运行完后，需要不断刷新 Hadoop 才能看到结果。

map()函数中的StringTokenizer是分词器，每读取一行数据先进行分词（使用空格隔开），再把每个单词作为key值保留在context中。在实例中的每一行实际上只有一个单词，分词器并没起到作用，如果把file1.txt文件和file2.txt文件中的内容分别按照如下格式进行保存。

```
file1.txt: 1 3 5 6 7 8 9 12 2 20
file2.txt: 2 4 5 6 7 8 9 12 10 21
```

会得到一样的结果。

5. 技术分析

1）MapReduce概述

MapReduce是Hadoop的另一个重要组成部分，是一种分布式计算模型。由Google提出，主要用于搜索领域、解决海量数据的计算问题。

MapReduce执行主要分为两个阶段。在Map阶段会将任务分解；Reduce阶段会将任务汇总，并输出最终结果。

2）MapReduce执行过程

（1）总体执行过程。

在MapReduce运行时，首先通过Mapper运行的任务读取HDFS中的数据文件，然后调用自己的map()方法，处理数据，最后输出。Reducer任务会首先接收Mapper任务输出的数据，作为自己的输入数据，然后调用自己的reduce()方法，最后输出到HDFS的文件中。

（2）Mapper的执行过程。

每个Mapper任务是一个Java进程，它会读取HDFS中的数据文件，并将其解析成很多的键值对，经过覆盖map()方法处理后，先转换为很多的键值对再输出。整个Mapper任务的处理过程又可以分为以下阶段。

第一阶段是把输入文件按照一定的标准分片（Input Split），每个输入片的大小是固定的。默认情况下，输入片的大小与数据块（Block）的大小是相同的。如果数据块的大小是默认值 64MB，两个输入文件中一个文件的大小为 32MB，另一个文件的大小为72MB，那么较小的文件是一个输入片，较大的文件又会分为两个数据块，大小分别为64MB和8MB，这样一共产生3个输入片。每个输入片由一个Mapper进程处理。这里的3个输入片，会由3个Mapper进程处理。

第二阶段是将输入片中的记录按照一定的规则解析成键值对。默认规则是把每一行文本内容解析成键值对。“键”是每一行的起始位置（单位是字节），“值”是该行的文本内容。

第三阶段是调用Mapper类中的map()方法。在第二阶段中每解析出来一个键值对，将调用一次map()方法。如果有1000个键值对，则调用1000次map()方法。每次调用map()方法会输出零个或多个键值对。

第四阶段是按照一定的规则对第三阶段输出的键值对进行分区。比较是基于键进行的。例如，键表示省份（如河南、河北、山东等），那么就可以按照不同省份进行分区，将同一个省份的键值对划分到一个分区中。默认只有一个分区。分区的数量就是 Reducer 任务运行的数量，即默认只有一个 Reducer 任务。

第五阶段是对每个分区中的键值对进行排序。首先按照键进行排序，对于键相同的键值对按照值进行排序。例如，3 个键值对<2,2>、<1,3>和<2,1>，键和值都是整数。那么排序后的结果是<1,3>、<2,1>、<2,2>。如果有第六阶段，则进入第六阶段；如果没有第六阶段，则直接输出到本地的 Linux 文件中。

第六阶段是对数据进行归约处理，也就是 Reduce 处理。键相等的键值对会调用一次 reduce()方法。经过这一阶段，数据量会减少。将归约后的数据输出到本地的 Linux 文件中。默认没有本阶段，如果要增加此阶段，需要用户增加本阶段的代码。

3）Reducer 任务的执行过程

每个 Reducer 任务是一个 Java 进程。Reducer 任务接收 Mapper 任务的输出，在归约处理后写入 HDFS 中，可以分为如下阶段。

第一阶段是 Reducer 任务主动从 Mapper 任务复制其输出的键值对。Mapper 任务可能会有很多，因此 Reducer 任务会复制多个 Mapper 任务的输出。

第二阶段是先把复制到 Reducer 任务的本地数据，全部进行合并，即把分散的数据合并成一个大的数据；再对合并后的数据排序。

第三阶段是对排序后的键值对调用 reduce()方法，键相等的键值对调用一次 reduce()方法，每次调用会产生零个或多个键值对，并把这些输出的键值对写入 HDFS 文件中。

接下来通过一个例子继续介绍 MapReduce 的编程方法。

首先，我们来分析一下数据去重的编程。数据去重主要是为了使用并行化思想来对数据进行有意义的筛选。统计大数据集上的数据种类个数、从网站日志中计算访问地等这些看似庞杂的任务都会涉及数据去重。

例 4-1 编写 MapReduce 程序，实现数据去重。

在两个文件中重复出现的数字有 2、5、6、7、8、9、12。

数据去重的最终目标是让在原始数据中出现超过一次的数据，在输出文件中只出现一次。自然而然会想到将同一个数据的所有记录都交给一台 Reduce 服务器，无论这个数据出现多少次，只要在最终结果中输出一次就可以了。具体就是 Reduce 服务器的输入应该以数据作为 key，而对 value-list 没有要求。当 Reduce 服务器接收到一个<key,value-list>时就直接将 key 复制到输出的 key 中，并将 value 设置成空值。

在 MapReduce 流程中，map()函数的输出<key,value>经过 shuffle 过程聚集成<key, value-list>后会交给 Reduce 服务器。所以从设计好的 Reduce 输入可以反推出 map()函数的输出 key 应为数据，输出的 value 为任意值。继续反推，map()函数输出数据的 key 为数据，而在这个实例中每个数据代表输入文件中的一行内容，因此在 Map 阶段要完成的任务就是在采用 Hadoop 默认的作业输入方式之后，将 value 设置为 key，并直接输出（输出中的 value 为任意值）。map()函数中的结果经过 shuffle 过程之后交给 Reduce。在 Reduce 阶段不会管每个 key 有多少个 value，它直接将输入的 key 复制为输出的 key，并输出就可以了（输出的 value 被设置成空值了）。

接下来编写 map()方法如下。

```
    private final static IntWritable one = new IntWritable(1);
    private Text line = new Text();//每行数据

    public void map(Object key, Text value, Context context
                    ) throws IOException, InterruptedException {
      line = value;
      context.write(line, one);
  }
```

在进入 map()方法前，需要分别定义 IntWritable 和 Text 两个对象。

编写 reduce()方法如下。

```
    private IntWritable result = new IntWritable();

    public void reduce(Text key, Iterable<IntWritable> values,
                       Context context
                       ) throws IOException, InterruptedException {
      context.write(key, result);
    }
```

在使用 reduce()方法前，也需要定义一个 IntWritable 对象。

在运行程序前，需要删除 output 目录。在运行程序后，刷新 DFS Locations//hadoop1 目录，会发现多出一个 output 目录，且里面有两个文件，然后双击 part-r-00000 文件，可以在 Eclipse 页面的中间窗口中查看内容，如图 4-35 所示。

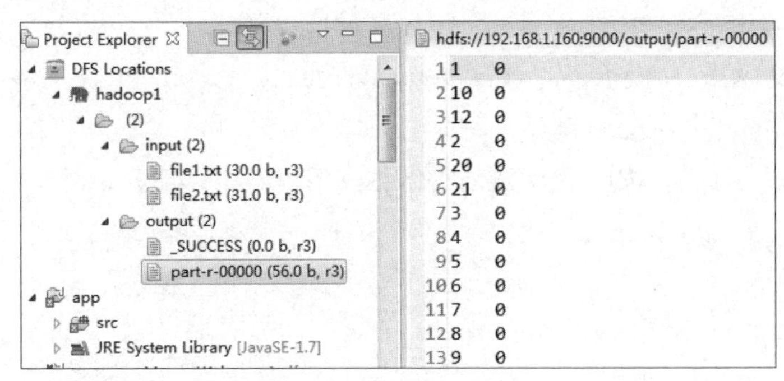

图 4-35　查看运行结果

注意这两个文件中重复的数字 2、5、6、7、8、9、12 在结果中都只出现了一次。第二列的“0”是因为 write()方法的第二个参数必须是一个 IntWritable 类型对象，这里没有实际意义。

4）Mapper 类和 Reducer 类

Mapper 类的参数值有可能是如下的一些类型。

- Mapper< Object, Text, Text, IntWritable>
- Mapper< Text, Text, Text, Text>
- Mapper< Text, IntWritable, Text, IntWritable>

其中，第一种参数值和第二种参数值分别表示输入 map()方法的 key 和 value，是从 InputFormat 传过来的，key 默认是字符偏移量，value 默认是一行。

第三种参数值和第四种参数值分别表示输出的 key 和 value。

Mapper 的 map（Object key, Text value, Context context）方法中 key 和 value 表示输入的 key 和 value，将处理后的数据写入 context，使用 context.write（key, value）方法，这里的 key 和 value 会传递给下一个过程。

同样 Reducer 抽象类的 4 种参数类型指定了 reduce()方法的输入和输出类型。

在本实例中，输入键是单词，输入值是单词出现的次数，经过 reduce()方法处理将单词出现的次数进行叠加，输出单词和单词总数。

reduce()方法也有如下 3 个参数。

- Text key：用于表示单词。
- Iterable<LongWritable> value：用于表示单词出现的次数。
- Context context：用于表示任务的上下文，包含整个任务的全部信息。

在本实例中 reduce()方法汇总并输出单词出现的总次数。接收的参数中 key 值为单词；value 值是迭代器，该迭代内存储的是单词出现的次数，context 负责将生成的 key/value 输出。通过遍历 value 值，调用 value 值的 get()方法获取 Long 值即出现的次数，在累加后 context 对象调用其 write()方法将结果输出。

MapReduce 在 Mapper 与 Reducer 之间的处理，会对 key 值进行升序排序，如果这个 key 值是 Text 类型，则按 key 值的首字母进行升序排序；如果 key 值是 IntWritable 类型，则按大小进行升序排序。利用这点，可以对数据进行排序。

例如，把实例中经过 Mapper 处理得到的 key/value 类型由原来的 Text/IntWritable 类型变为 IntWritable/IntWritable 类型，结果会怎样？

除了正常引入的包，如下是改进后的源程序清单，粗体部分是需要改进的地方。

```
public class WordCount {
/*
  public static class TokenizerMapper
       extends Mapper<Object, Text, Text, IntWritable>{
 */
  public static class TokenizerMapper
       extends Mapper<Object, Text, IntWritable, IntWritable>{

    private final static IntWritable one = new IntWritable(1);
    private static IntWritable data = new IntWritable();
    //private Text word = new Text();
```

```
    private IntWritable word = new IntWritable();

    public void map(Object key, Text value, Context context
                    ) throws IOException, InterruptedException {

      StringTokenizer itr = new StringTokenizer(value.toString());
      while (itr.hasMoreTokens()) {
        //word.set(itr.nextToken());
        word.set(Integer.parseInt(itr.nextToken()));
        context.write(word, one);
      }

    }
  }
/*
  public static class IntSumReducer
       extends Reducer<Text,IntWritable,Text,IntWritable> {
*/
  public static class IntSumReducer
      extends Reducer<IntWritable,IntWritable,IntWritable,IntWritable> {
    private IntWritable result = new IntWritable();

//    public void reduce(Text key, Iterable<IntWritable> values,
//            Context context
//            ) throws IOException, InterruptedException {
    public void reduce(IntWritable key, Iterable<IntWritable> values,
                       Context context
                       ) throws IOException, InterruptedException {

      int sum = 0;
      for (IntWritable val : values) {
        sum += val.get();
      }
      result.set(sum);
      context.write(key, result);
    }
  }

  public static void main(String[] args) throws Exception {
    Configuration conf = new Configuration();
    Job job = Job.getInstance(conf, "word count");
```

```
        job.setJarByClass(WordCount.class);
        job.setMapperClass(TokenizerMapper.class);
        job.setCombinerClass(IntSumReducer.class);
        job.setReducerClass(IntSumReducer.class);
        //job.setOutputKeyClass(Text.class);
        job.setOutputKeyClass(IntWritable.class);
        job.setOutputValueClass(IntWritable.class);
        FileInputFormat.addInputPath(job, new
Path("hdfs://192.168.1.160:9000/"+args[0]));
        //FileInputFormat.addInputPath(job, new Path(args[0]));
        FileOutputFormat.setOutputPath(job, new
Path("hdfs://192.168.1.160:9000/"+args[1]));
        //FileOutputFormat.setOutputPath(job, new Path(args[1]));
        System.exit(job.waitForCompletion(true) ? 0 : 1);
    }
  }
```

运行结果如下。

```
1    1
2    2
3    1
4    1
5    2
6    2
7    2
8    2
9    2
10   1
12   2
20   1
21   1
```

可以发现该运行结果与实例中结果不同的是，该运行结果不仅统计了每个字符出现的次数，而且还按照 key 值进行了排序。

6. 问题与思考

请读者编写 MapReduce 程序，对实例中的 file1.txt 文件和 file2.txt 文件中的数据进行排序处理。

提示

编写 Reducer 的 reduce()方法参考如下。

```
    private IntWritable linenum = new IntWritable(1);
```

```java
public void reduce(IntWritable key, Iterable<IntWritable> values,
                   Context context
                   ) throws IOException, InterruptedException {
  for(IntWritable val:values){
    context.write(linenum, key);
    linenum = new IntWritable(linenum.get()+1);
  }
}
```

第 5 章　轻量级框架编程

5.1　Spring 入门

Spring 是轻量级的 J2EE 应用程序开源框架，是为解决企业应用开发的复杂性而创建的。Spring 可以使用基本的 JavaBean 来完成以前只能由企业级 JavaBean（Enterprise JavaBean，EJB）完成的事情。然而，Spring 的用途不仅限于服务器端的开发。从简单性、可测试性和松耦合的角度而言，任何 Java 应用都可以从 Spring 中受益。

【实例】 按 JavaBean 的格式编写包含基本属性 msg 的 HelloWorld 类，注册到 Spring 框架中进行管理。

1. 分析与设计

程序框架如下。

```
class HelloWorld {
  定义属性 msg;
定义 setMsg()方法和 getMsg()方法;
}
```

HelloWorld 的 Bean 的注册

2. 实现过程

语句如下。

```
 public String msg = null;
 public void setMsg(String msg){
   this.msg = msg;
 }
 public String getMsg(){
   return this.msg;
 }
```

分析：在 Spring 框架中将把 HelloWorld 类作为一个 Bean 对象，所以一般与编写 Bean 对象的格式类似。

3. 源代码

```
package com.weiyong.helloworld;
public class HelloWorld {
    //该变量用来存储字符串
    private String msg; //= "Hello";
    public HelloWorld() {
        System.out.println("HelloWorld对象注入… ");
    }
    //设定变量msg的set方法
    public void setMsg(String msg){
        this.msg = msg;
    }
    //获取变量msg的get方法
    public String getMsg(){
        return this.msg;
    }
}
```

4. 测试与运行

编写测试程序如下。

```
package com.weiyong;
import com.weiyong.ioc.Student;
import org.springframework.context.ApplicationContext;
import
org.springframework.context.support.ClassPathXmlApplicationContext;
//import
org.springframework.context.support.FileSystemXmlApplicationContext;
import com.weiyong.helloworld.HelloWorld;
public class HelloWorldTest {
    public static void main(String[] arg){
        //通过ApplicationContext命令来获取Spring的配置文件
        //ApplicationContext actx = new FileSystemXmlApplicationContext
("src\\config.xml");
        ApplicationContext  actx  =  new  ClassPathXmlApplicationContext
("applicationContext.xml");
        //通过Bean的ID来获取Bean
        HelloWorld HelloWorld = (HelloWorld)actx.getBean("helloworld");
        //System.out.println(HelloWorld.getMsg());
        System.out.println(HelloWorld);
    }
}
```

实验是通过在 idea 中的一个 Maven 项目构建的。使用 **applicationContext.xml** 文件来配置 Bean，内容如下。

```
<?xml version="1.0" encoding="UTF-8"?>
<beans xmlns=http://www.springframework.org/schema/beans
      xmlns:xsi=http://www.w3.org/2001/XMLSchema-instance
      xmlns:context=http://www.springframework.org/schema/context
      xsi:schemaLocation="http://www.springframework.org/schema/beans
      http://www.springframework.org/schema/beans/spring-beans.xsd
      http://www.springframework.org/schema/context
      https://www.springframework.org/schema/context/spring-
context.xsd">
    <bean  id="helloworld"  class="com.weiyong.helloworld.HelloWorld">
        <property  name="msg">
            <value>Hello World!</value>
        </property>
    </bean>
</beans>
```

这表示系统使用 com.weiyong.helloworld.HelloWorld 作为 Bean 对象，该 Bean 对象的属性 msg 值为 Hello World!。

运行程序，输出结果如下。

```
HelloWorld 对象注入…
com.weiyong.helloworld.HelloWorld@2a2c13a8
```

在程序运行命令“ApplicationContext actx = new ClassPathXmlApplicationContext(**"applicationContext.xml"**);”后，输出“HelloWorld 对象注入…”信息，表明 HelloWorld 对象的构造方法被调用，对象被注入了。

5. 技术分析

1）Spring 简介

Spring 的核心是个轻量级容器（Container）。依赖注入（Deperdency Injection，DI）是 Spring 框架的核心之一，实现了控制反转（Inversion of Control，IoC）模式的容器，Spring 的目标是实现一个全方位的整合框架。

Spring 的核心即 IoC/DI 的容器，能够帮助程序设计人员完成组件（类别）之间的依赖关系注入（联结），使得组件之间的依赖量达到最小，进而提高组件的重用性。Spring 是个低侵入性（Invasive）的框架，在 Spring 中的组件并不会意识到它正置身于 Spring 中，这使得组件可以轻易地从框架中脱离，而几乎不用任何修改。反过来说，组件也能够以简单的方式加入框架中，使组件甚至框架的整合变得容易。

Spring 最引人关注的一方面是支持面向方面的程序设计（Aspect-Oriented Programming，AOP），然而 AOP 框架只是 Spring 支持的一个子框架，将 Spring 框架称为

AOP 框架并不恰当，人们将对新奇的 AOP 的关注映射至 Spring 上，使得对 Spring 的关注集中在它的 AOP 框架上，虽然有误解，但也突显了 Spring 的另一个引人关注的特色。

Spring 提供 MVC Web 框架的解决方案，也可以将人们熟悉的 MVC Web 框架与 Spring 整合。

Spring 也提供其他方面的整合，如持久层的整合：JDBC、O/R Mapping 工具（Hibernate、iBATIS）及事务处理等。Spring 对多方面的整合做出了努力，因此称 Spring 是全方位的应用程序框架。

总体来说，Spring 是一个轻量级的控制反转和面向切面编程的容器框架。

2）IoC

IoC 类似好莱坞原则“Don't call us, we'll call you”。程序设计体现在“实现必须依赖抽象，而不是抽象依赖实现”。

例如，主管要求职员做一件事情，这个时候就存在以下几个过程：

（1）主管命令职员做事情（这个时候主动权在主管，职员是被动的）。

（2）职员接到命令做事情（这个时候主角是职员，职员是主动的，控制权在职员手里）。

（3）职员完成事情（这个时候主角依然是职员，控制权在职员手里）。

（4）报告主管做完事情（主动权又交到主管手里了）。

上面的整个过程就完成了一次 IoC。从上面可以看出，IoC 的基本思想是控制权的转换过程。

例如，有 Class A 和 Class B，在 Class A 内部会初始化一个 Class B，调用 Class B 的一个 DoMethod()方法，命令如下。

```
public Class B{
  public void DoMethod(){
  /// do somthing;
  }
}
public Class A{
  public void Excute()
  {
  B b = new B();
  b.DoMethod();
  }
}
```

假如在 main()函数中执行如下命令。

```
A a = new A();
a.Excute();
```

从这两行代码来看，事实上也存在一个 IoC 的过程：a→b→a，理解的关键点为在 Class A 的内部调用 Excute()函数的时候，对 b.DoMethod()方法的执行。

介绍完 IoC，再介绍 DI。从上面代码中 Class A 调用 Class B 可以看出，在初始化一个 Class A 的实例时，也必须实例化一个 Class B，也就是说如果没有 Class A 或 Class B，在出问题时，Class A 就无法实例化，这就产生了一种依赖，就是 Class A 依赖 Class B，这种依赖从设计的角度来说就是耦合，显然它是无法满足高内聚、低耦合的要求的。这个时候就需要解耦，当然解耦有很多种方法，而 DI 就是其中一种。任何一种解耦方法，都不能使 Class A 和 Class B 完全没有关系，而是把这种关系的实现变得隐晦，不那么直接，但是又很容易实现，而且易于扩展，不像上面的代码那样，直接新建一个 Class B 出来。那为什么总是将 IoC 和 DI 联系到一起呢？是因为 DI 的基本思想就是 IoC，而体现 IoC 思想的方法还有另外一个，那就是 Service Locator，但是这个方法在实践中很少见。

依赖注入从字面意思就可以看出，依赖是通过外接注入的方式来实现的。这就实现了解耦，而 DI 的方式通常有 3 种，分别为构造器注入、属性设置器注入、接口注入。

由容器控制程序之间的关系，而非在传统实现中由程序代码直接操控，这也就是“控制反转”的概念。控制权从应用代码中转移到了外部容器，控制权的转移，即控制反转。

3）DI

IoC 模式基本上是一个高层的概念，实现 IoC 有两种方式：DI 与 Service Locator。Spring 采用的是 DI 来实现 IoC（多数容器都是采取这种方式的），依赖注入的意义是保留抽象接口，让组件依赖抽象接口。当组件要与其他实际的对象发生依赖关系时，由抽象接口来注入依赖的实际对象。依赖注入有 3 种实现方式。

6. 问题与思考

请读者编写有属性 ID 和 name 的 Teacher 类，使用<bean>标签或注解方式配置为 Spring 的 Bean 对象。在测试程序中读取该属性并输出。

5.2 利用注解实现反向控制/依赖注入

Spring 的核心是 IoC 和 AOP。在 Java 开发中，IoC 意味着将设计好的类交给系统控制，而不是在编写的类内部控制，因此被称为控制反转。

注解方式注入实例

【实例】编写 Student 类，使用@Component 注解注入一个实例。

1. 分析与设计

早期 Spring 的 Bean 对象都要使用<bean>标签描述，很琐碎。现在可以使用注解来描述 Bean 对象，方便很多。例如，编写一个 Student 类，只需要对 Student 类添加@Component 注解。

2. 实现过程

语句如下。

```
@Component()
public class Student {
```

```
    private String name;
    private int age;
}
```

分析：直接使用@Componet 注解注入一个 Student 类，无须在配置文件中配置 Bean。但要使用<context>标签标注包所在位置，以便 Spring 能扫描到。

3. 源代码

```
package com.weiyong.ioc;
import org.springframework.stereotype.Component;
@Component
public class Student {
    private String name;
    private int age;
    public Student() {
        System.out.println("Student对象注入… ");
    }
    @Override
    public String toString() {
        return "Student{" +
                "name='" + name + '\'' +
                ", age=" + age +
                '}';
    }
}
```

4. 测试与运行

除了需要使用@Component 注解注入 Student 类，还需要在 Spring 的配置文件中添加扫描包，代码如下。

```
<?xml version="1.0" encoding="UTF-8"?>
<beans …">
    <!-- 添加扫描包 -->
    <context:component-scan base-package="com.weiyong.ioc"/>
    <bean  id="helloworld"  class="com.weiyong.helloworld.HelloWorld">
        <property  name="msg">
            <value>Hello World!</value>
        </property>
    </bean>
</beans>
```

注意这个配置只是在原来代码的基础上添加了如下两行命令。

```
<!-- 添加扫描包 -->
    <context:component-scan base-package="com.weiyong.ioc"/>
```

接下来，在测试程序中继续通过 actx 对象获取一个 Student 对象，代码如下。

```
:
//再调用另一个 Bean 对象
System.out.println("调用另一个 Student Bean… ");
//ApplicationContext ac = new ClassPathXmlApplicationContext
("applicationContext.xml");
//获取容器中的 Bean 对象
Student student = (Student) actx.getBean("student");
System.out.println(student);
:
```

运行结果如下。

```
Student 对象注入…
HelloWorld 对象注入…
com.weiyong.helloworld.HelloWorld@39ad977d
调用另一个 Student Bean…
Student{name='null', age=0}
```

以上结果表明 Student 对象和 HelloWorld 对象都注入了。

5. 技术分析

注解本质上就是一个类，开发中可以使用注解来替代 XML 配置文件。

早期 Spring 使用 XML 配置文件实现 Bean 对象的配置，比较烦琐，影响开发效率。因此，在 Spring 中加入注解，替代原来的 XML 配置文件，可以简化配置过程。下面讨论常用的注解。

1）@Componect 注解及相关注解

使用@Component 注解实现 Bean 对象的注入。

Web 开发提供如下 3 个@Component 注解的衍生注解，功能一样，仅名字不同，用来区分不同层的架构。

（1）@Controller("…")：用于表示层业务 Bean 对象。

（2）@Service("…")：用于表示业务层 Bean 对象。

（3）@Repository("…")：用于表示数据层 Bean 对象。

定义括号里的名称能够方便以后获取相关的 Bean 对象。

@Scope 标签控制 Bean 对象的设计模式。例如，@Scope("singleton")用于表示单例设计模式。

@Scope("prototype")：每次创建对象的时候 new 一个新的对象。

例 5-1 利用@Component 注解对 Student 对象进行注解，注入一个名为“stu”的对象。

首先在实体类中将注解修改为@Component("stu")，代码如下。

```
@Component("stu")
```

```
public class Student {
    //…
}
```

在获取 Spring 容器中的对象时根据指定的名称“stu”来获取，代码如下。

```
:
Student student = (Student) actx.getBean("stu");
System.out.println(student);
:
```

运行效果和实例中程序的运行效果相同，不再赘述。

2）@Value 注解

@Value 注解可以用来将外部的值动态注入到 Bean。在 @Value 注解中，可以使用“${}”与“#{}”，它们的区别如下。

（1）@Value("${}")：可以获取对应属性文件中定义的属性值。

（2）@Value("#{}")：表示 Spring 表达语言（Spring Expression Language，SpEL），表达式通常用来获取 Bean 的属性，或者调用 Bean 的某个方法。

例 5-2　通过@Value 注解为 Student 实体类的 name 属性和 age 属性赋值。

为 Student 实体类的简单类型的属性添加@Value 注解到如下代码。

```
@Component("stu")
public class Student {
     @Value("李清华")
    private String name;
    @Value("20")
    private int age;
     //....
}
```

运行结果如下。

```
调用另一个 Student Bean…
Student{name='李清华', age=20}
```

3）@Autowired 注解及相关注解

（1）基本用法。

@Autowired 注解是 Spring 对组件自动装配的一种方式。常用于在一个组件中引入其他组件。

例 5-3　使用@Autowired 注解在 Student 实体类中自动装配一个 School 对象。

School 实体类的代码如下。

```
package com.weiyong.ioc;
import org.springframework.beans.factory.annotation.Value;
import org.springframework.stereotype.Component;
```

```
@Component
public class School {
    @Value("第一中学")
    private String name;
    @Value("解放路")
    private  String address;
    public School(){
        System.out.println("School 对象注入...");
    }
    @Override
    public String toString() {
        return "School{" +
                "name='" + name + "'" + "address= '" + address + "'" + '}';
    }
}
```

如下代码是改进后的 Student 实体类。

```
@Component("stu")
public class Student {
    @Value("李清华")
    private String name;
    @Value("20")
    private int age;
    public Student() {
        System.out.println("Student 对象注入... ");
    }
    @Override
    public String toString() {
        return "Student{" +
                "name='" + name + '\'' +
                ", age=" + age +
                '}';
    }
    @Autowired
    private School school;
}
```

注意这里的 Student 对象注入了一个 School 对象，运行结果如下。

```
School 对象注入…
Student 对象注入…
调用另一个 Student Bean…
Student{name='李清华', age=20}
```

以上代码在 Student 实体类中自动装配了一个 School 对象。

使用如下注解可以对 Bean 对象的初始销毁进行控制。

（1）@PostConstruct：用于定义函数执行 init()函数。

（2）@PreDestroy：用于定义函数执行 destroy()函数。

例 5-4　配置 ShutdownHook，实现自动执行 init()函数和 destroy()函数。

要想自动执行 init()函数和 destroy()函数，需要在主函数中配置 ShutdownHook，代码如下。

```
public class AppForAnnotation {
    public static void main(String[] args) {
        AnnotationConfigApplicationContext ctx =new
AnnotationConfigApplicationContext(SpringConfig.class);
        ctx.registerShutdownHook();
        //有这行代码才能实现前面注解中 init()函数和 destroy()函数的执行
        //获取 IoC 容器里面的 Bean
      :
    }
}
```

主程序中的代码“ctx.registerShutdownHook();”，可以实现注解中 init()函数和 destroy()函数的执行。

（2）带名称的实例引用。

下面看如何引用一个带名称的实例，在 School 中使用@Componet 注解时将其命名为“myschool”，代码如下。

```
@Component("myschool")
public class School {
    @Value("第一中学")
    private String name;
    :
```

接下来在 Student 中应用时，使用@Qualifier 注解引用带名称的 School 实例，代码如下。

```
@Autowired
@Qualifier("myschool")
private School school;
:
```

上面代码处理使用@Autowired 注解表示要注入一个实例，还使用@Qualifier 注解说明了实例的名称。

6. 问题与思考

请读者使用 Spring 的注解，注入一个有 ID 属性和 name 的 Teacher 实例，并将自己所在的学校装配到 Teacher 实例。

5.3 AOP 编程

AOP 编程

日志不是开发的主程序的主要任务。AOP 可以帮助做到将不可见的、通用的日志代码注入主程序中，防止代码混乱。

编写 AOP 模块需要理解三个概念：advice、pointcut 和 advisor。

advice 是向别的程序内部的不同地方注入的代码。pointcut 定义了需要注入 advice 的位置，通常是某个特定的类的一个 public()方法。advisor 是 pointcut 和 advice 的装配器，是将 advice 注入主程序中预定义位置的代码。

下面以一个计算圆的面积的过程为例，使用通用的日志输出方法开始认识 AOP 的编程。

```
package spring;

import org.apache.log4j.*;

public class Circle {
  static final double PI = 3.14;
  private Logger logger = Logger.getLogger(this.getClass().getName());
  private double r;//r 是圆的半径
  Circle(double r){
    this.r = r;
  }
  public double area(){
    logger.log(Level.INFO, "开始计算圆…");
    double s = PI*r*r;
    logger.log(Level.INFO, "结束计算圆…");
    return s;
  }
}
```

使用如下的程序计算圆的面积。

```
package spring;

import org.apache.log4j.BasicConfigurator;

public class CircleTest {
  public static void main(String[] args){
    BasicConfigurator.configure();
    Circle circle = new Circle(5.0);//计算半径为 5 的圆的面积
    circle.area();
```

```
    }
}
```

程序的运行结果如图 5-1 所示。

```
Problems  @ Javadoc  Declaration  Console
<terminated> New_configuration (1) [Java Application] D:\Pro
0 [main] INFO spring.Circle  - 开始计算圆...
16 [main] INFO spring.Circle  - 结束计算圆...
```

图 5-1　计算圆的面积

以上是传统的日志输出方法。如果需要计算三角形、长方形等面积，则会产生大量重复代码。下面通过接口来改进。首先把 area()方法作为一个 Shape 接口的方法，然后通过不同的实体类来实现这个方法的具体业务逻辑，接着通过一个代理类来实现日志输出。

（1）建立 Shape 接口，代码如下。

```
package spring;
public interface Shape {
  double area();
}
```

（2）编写 Circle 类实现 Shape 接口，代码如下。

```
package spring;

public class Circle implements Shape{
  static final double PI = 3.14;

  private double r;//r 是圆的半径
  Circle(double r){
    this.r = r;
  }
  public double area(){
    double s = PI*r*r;
    return s;
  }
}
```

（3）编写代理类 CircleProxy 来实现日志的输出，该类针对 Shape 接口，而不针对具体类，可以实现具体业务逻辑与日志的输出，代码如下。

```
package spring;

import org.apache.log4j.*;

public class CircleProxy {
  private Logger logger = Logger.getLogger(this.getClass().getName());
```

```
    private Shape shape;
    public CircleProxy(Shape shape){
      this.shape = shape;
    }
    public void area(){
      logger.log(Level.INFO, "开始计算圆…");
      shape.area();
      logger.log(Level.INFO, "结束计算圆…");
    }
}
```

（4）编写 CircleTest 测试类，把 Circle 类当作参数传入到 CircleProxy 类，实现对具体计算面积的 Circle 类的调用，程序如下。

```
package spring;

import org.apache.log4j.BasicConfigurator;

public class CircleTest {
  public static void main(String args[]){
    BasicConfigurator.configure();
    //计算半径为 5 的圆的面积
    CircleProxy circleProxy = new CircleProxy(new Circle(5.0));
    circleProxy.area();
  }
}
```

程序运行结果如图 5-2 所示。

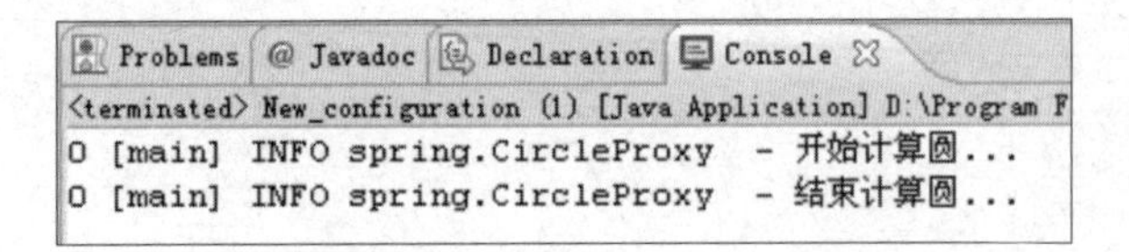

图 5-2　使用接口方式计算圆的面积

接口的使用方式有了一些改进，但仍然有一定局限性，这是由于代理类要实现固定的接口。Spring 的 AOP 是一种通用的机制，不管接口是什么，都可以实现日志信息的输出。下面介绍实现一个 Spring AOP 的实例。

【实例】 把计算圆的面积的输出改为使用 Spring 的 AOP 实现。

1. 分析与设计

1）AOP 的几个概念

- 切面（Aspect）：通常是一个类，可以定义切入点和通知。
- 切点（Pointcut）：即带有通知的连接点，在程序中主要体现为书写切入点表达式。

- 连接点（JointPoint）：即在程序执行过程中明确的点，一般是方法的调用。
- 通知（Advice）：即 AOP 在特定的切入点上执行的增强处理，切入点有 before、after、afterReturning、afterThrowing、around。
- AOP 代理：AOP 框架创建对象，代理就是目标对象的加强。在 Spring 中的 AOP 代理可以是 JDK 动态代理，也可以是 CGLIB（Code Generation Library）代理，前者基于接口，后者基于子类。

2）AOP 编程常用注解

- @aspect：用于定义切面。
- @pointcut：用于定义切点。
- @before：用于标注 before Advice 定义所在的方法。
- @afterReturning：用于标注 afterReturning Advice 定义所在的方法。
- @afterThrowing：用于标注 afterThrowing Advice 定义所在的方法。
- @after：用于标注 after(Finally) Advice 定义所在的方法。
- @around：用于标注 around Advice 定义所在的方法。

2. 实现过程

语句如下。

```
@Pointcut("execution(* com.weiyong.aop..*.*(..))")
public void pointCut(){}
@Before("pointCut()")
public void before()
{
   System.out.println("开始计算…");
}
@AfterReturning("pointCut()")
public void afterReturning()
{
   System.out.println("返回值…");
}
@After("pointCut()")
public void after()
{
   System.out.println("结束计算…");
}
@AfterThrowing("pointCut()")
public void afterThrowing()
{
   System.out.println("afterThrowing…");
}
```

分析：使用@Pointcut(**"execution(* com.weiyong.aop..*.*(..))"**)注解实现切点。拦截

com.weiyong.aop 包中的所有类的所有方法。使用@Before 注解实现切点之前的方法；使用@After 注解实现切点之后的方法；使用@AfterReturning 注解实现切点方法返回后的执行方法。

3．源代码

1）Shape 接口

```
package com.weiyong.aop;
public interface Shape {
    double area(double r);
}
```

2）Circle 类

```
package com.weiyong.aop;
import org.springframework.stereotype.Service;
@Service("circlearea")
public class Circle implements Shape {
    static final double PI = 3.14;
    @Override
public double area(double r) throws IllegalArgumentException {
        if (r<=0)
            throw new IllegalArgumentException("半径值非法...");
        double s = PI*r*r;
        System.out.println("面积是："+s);
        return  s;
    }
}
```

3）切面类

```
package com.weiyong.aop;
import org.aspectj.lang.annotation.*;
import org.springframework.context.annotation.EnableAspectJAutoProxy;
import org.springframework.stereotype.Component;
@EnableAspectJAutoProxy(exposeProxy=true)
@Component
@Aspect
public class MyAspect {
    //public final Logger LOGGER = LogManager.getLogger(this.getClass().
getName());
      /*
       * execution()函数中第一个*表示匹配任意的方法返回值,其中有个空格!;
       * （两个点）表示零个或多个，第一个“..”表示 module 包及其子包；第二个“*”表示
所有类,
```

```
     * 第三个“*”表示所有方法；第二个“..”表示方法的任意参数个数
     */
    @Pointcut("execution(* com.weiyong.aop..*.*(..))")
    public void pointCut(){}
    @Before("pointCut()")
    public void before()
    {
        //LOGGER.info("befor… ///");
        System.out.println("开始计算…");
    }
    @AfterReturning("pointCut()")
    public void afterReturning()
    {
        //LOGGER.info("afterReturning…");
        System.out.println("返回值…");
    }
    @After("pointCut()")
    public void after()
    {
        //LOGGER.info("after…");
        System.out.println("结束计算…");
    }
    @AfterThrowing("pointCut()")
    public void afterThrowing()
    {
        //LOGGER.info("afterThrowing…");
        System.out.println("afterThrowing…");
    }
}
```

4. 测试与运行

测试程序如下。

```
package com.weiyong.aop;
import org.springframework.context.ApplicationContext;
import org.springframework.context.annotation.ComponentScan;
import org.springframework.context.annotation.EnableAspectJAutoProxy;
import
org.springframework.context.support.ClassPathXmlApplicationContext;
@ComponentScan("com.weiyong.aop.*")
@EnableAspectJAutoProxy()
public class TestAop {
public static void main(String[] args){
```

```
        ApplicationContext  actx  =  new  ClassPathXmlApplicationContext
("applicationContext.xml");
        Shape circle = (Shape) actx.getBean("circlearea");
        double d = circle.area(5.0);
    }
}
```

程序使用@Service("circlearea")注解把 Circle 作为一个 Bean，为了能扫描到 Circle 类所在的包，Spring 对 applicationContext.xml 配置文件进行如下配置。

```
<?xml version="1.0" encoding="UTF-8"?>
<beans xmlns=http://www.springframework.org/schema/beans
     xmlns:xsi=http://www.w3.org/2001/XMLSchema-instance
     xmlns:context=http://www.springframework.org/schema/context
     xsi:schemaLocation="http://www.springframework.org/schema/beans
     http://www.springframework.org/schema/beans/spring-beans.xsd
http://www.springframework.org/schema/context
https://www.springframework.org/schema/context/spring-context.xsd">
    <!-- 添加包扫描 -->
    <context:component-scan base-package="com.weiyong.aop"/>
</beans>
```

程序运行结果如下。

```
开始计算…
面积是：78.5
返回值…
结束计算…
```

程序在计算圆的方式上设置了一个切点，程序运行说明在切点前、切点后及返回时都被拦截。

5. 技术分析

1）AOP 基本概念

AOP 即面向切面编程，它与面向对象编程（Object Oriented Programming，OOP）相辅相成，并提供了与 OOP 不同的抽象软件结构的视角。在 OOP 中将类作为基本单元，而在 AOP 中将切面作为基本单元。

AOP 的优点：利用一种横切技术，剖解开封装的对象内部，并将那些影响了多个类的公共行为封装到一个可重用模块，并将其命名为“Aspect”，即切面。所谓切面，就是将那些虽然与业务无关，但是与业务模块共同调用的逻辑或责任封装起来，以减少系统的重复代码，降低模块间的耦合度，有利于代码的可操作性和可维护性。

2）AOP 的相关术语

（1）通知。

通知就是指拦截到连接点之后要执行的代码（例如，在拦截到用户点击登录事件后，需要判断登录的账号密码是否合法。而判断是否合法的逻辑就在Advice的方法中，也就是拦截到接后要做什么处理，都将在这里实现）。通知分为前置、后置、异常、最终和环绕5种类型。

（2）连接点。

连接点用于定义通知应该切入到哪些连接点上。不同的通知通常需要切入到不同的连接点上，一般用一个方法来实现。

（3）切入点。

通知定义了切面要发生的事件和时间（what和when），那么切入点就定义了事件发生的地点（where），如某个类或方法的名称，在Spring中允许使用正则表达式来指定。

（4）切面。

通知和切入点共同组成了切面，切面可能包含很多切入点。

（5）织入（Weaving）。

织入用于组装切面来创建一个被通知对象。

可以在编译时完成（如使用AspectJ编译器），也可以在运行时完成。Spring和其他Java AOP框架一样，在运行时完成织入。

（6）引入（Introduction）。

引入允许向现有的类添加新的方法和属性（Spring提供了一个方法注入的功能）。

（7）目标（Target）。

目标即被通知的对象，如果没有AOP，那么它的逻辑将要交叉别的事务逻辑；在有了AOP之后它可以只关注自己要做的事。

（8）代理（Proxy）。

代理应用于通知的对象。

3）Spring AOP的@Aspect注解

（1）切面@Aspect注解：用于定义切面类，加上@Aspect注解、@Component注解。

（2）切入点@Pointcut注解。

下面是指定切面的方法。

```
@Pointcut("execution(public * com.rest.module..*.*(..))")
public void getMethods() {
}
```

注意

execution表达式中第一个“*”表示匹配任意的方法返回值，第一个“..”表示module包及其子包，第二个“*”表示所有类，第三个“*”表示所有方法，第二个“..”表示方法的任意参数个数。

```
// 指定注解
@Pointcut("@annotation(com.rest.utils.SysPlatLog)")
public void withAnnotationMethods() {
}
```

（3）Advice：在切入点上执行的增强处理，主要有如下 5 个注解。

- @Before：在切入点方法之前执行。
- @After：在切入点方法之后执行。
- @AfterReturning：在切入点方法返回之后执行。
- @AfterThrowing：在切入点方法抛异常时执行。
- @Around：属于环绕增强，能控制在切入点执行之前、执行之后执行。

（4）JoinPoint：方法中的 JoinPoint 参数为连接点对象，它可以获取当前切入的方法的参数、代理类等信息，因此可以记录、验证一些信息等。

（5）使用“&&”“||”“!”3 种运算符来组合切入点表达式，表示与或非的关系。

（6）@annotation(annotationType)：用于匹配指定注解为切入点的方法。

6．问题与思考

（1）Rectangle 正方形类，实现 Shape 接口的 double area(double x, double y)方法，其中 x 表示正方形的长，y 表示正方形的宽。请读者使用 Spring 的 AOP 技术编写程序，采取环绕通知的方式输出计算长方形面积的日志。

（2）请读者使用 Log4j2 日志管理器，输出实例中的日志信息。

5.4 Spring 的 Web 框架

Spring MVC 框架通过实现 Model-View-Controller 模式，能够很好地将数据、业务与展现进行分离。Spring MVC 框架的设计是围绕 DispatcherServlet 展开的，DispatcherServlet 负责将请求派发到特定的 handler。通过可配置的 handler mappings、view resolution、locale 及 theme resolution 来处理请求并且转到对应的视图。

在 Spring 3.x 中定义一个控制器类，必须以@Controller 注解为标记。当控制器类接收到一个请求时，它会在自己内部寻找一个合适的处理方法来处理请求。使用@RequestMapping 注解将方法映射到一些请求上，以便让该方法处理那些请求。

【实例】使用 Spring MVC 建立一个控制器（Controller），运行后建立一个值为“Hello, World!”的属性 msg，跳转给一个页面读取并显示出来。

1．分析与设计

控制器在选择好适合处理请求的方法后，传入收到的请求（根据方法参数类型，可能以不同的类型传入），并且调用该方法中的逻辑来进行处理（也可以调用 Service 来进行处理）。方法逻辑可能也会在参数中添加或者删除数据。在使用处理方法处理完之后，会委派给一个视图，由该视图来处理该方法的返回值。处理程序的返回值并不代表视图的具体实现，可以只是设置 String 类型来代表视图名称，甚至是无类型（void）（这时候 Spring MVC 可以根据方法名称或控制器名称查找默认视图），不需要担心返回值只是视图名称，或者视图获取不到要显示的数据。因为对视图来说，方法参数也是可以拿到的。

如果处理方法以 Map 为参数，那么这个 Map 参数对于视图也是可以获取的。

返回的视图名称会返回 DispatcherServlet，它会根据一个视图解析器将视图名称解析为一个具体的视图实现。这里说到的视图解析器是一个实现了 ViewResolver 接口的 Bean，它的任务就是返回一个视图的具体实现（格式为 HTML、JSP、PDF 等）。

2．控制器实现过程

代码如下。

```
@Controller
public class HelloController {

    @RequestMapping(value="/hello",method=RequestMethod.GET)
    public String sayHello(Model model) {
        model.addAttribute("msg", "Hello, World!");
        return "showhello";
    }
}
```

分析：首先通过@Controller 注解表示这个类是一个控制器，接下来通过@RequestMapping 注解设置 sayHello()方法处理哪些请求。在这个实例中，sayHello()方法仅用于处理 GET 类型的/hello 请求。

sayHello()方法接收一个 org.springframework.ui.Model 类型的 model 参数，Spring MVC 会自动将请求参数封装进 model 参数中，可以简单地把 model 参数理解为一个 Map 参数。接下来在 model 中添加一个属性 msg，值为“Hello, World!”，然后返回视图名称“hello”。

3．源代码

HelloController 类是一个控制器，代码如下。

```
package springmvc.controller;

import org.springframework.stereotype.Controller;
import org.springframework.ui.Model;
import org.springframework.web.bind.annotation.RequestMapping;
import org.springframework.web.bind.annotation.RequestMethod;

@Controller
public class HelloController {

    @RequestMapping(value="/hello",method=RequestMethod.GET)
    public String sayHello(Model model) {
        model.addAttribute("msg", "Hello, World!");
        return "showhello";
```

```
    }
}
```

sayHello()方法返回名为“showhello”的视图，通过 hello-servlet.xml 文件配置成完整的视图：/jsp/showhello.jsp，其源代码如下。

```
<%@ page language="java" contentType="text/html; charset=UTF-8"
    pageEncoding="UTF-8"%>
<!DOCTYPE html PUBLIC "-//W3C//DTD HTML 4.01 Transitional//EN"
"http://www.w3.org/TR/html4/loose.dtd">
<html>
<head>
<meta http-equiv="Content-Type" content="text/html; charset=UTF-8">
<title>showhello.jsp</title>
</head>
<body>
    ${msg}
</body>
</html>
```

4．测试与运行

本实例除了需要选择 Spring 核心库，还需要选择有关的库。因此，右击“项目”项目，在弹出的快捷菜单中选择“Buid Path”→“Add librarys”命令，在弹出的对话框中找到相关的类库并添加。图 5-3 所示为本项目引入的 Spring 相关的类库。

Spring 3.0 AOP Libraries
Spring 3.0 Core Libraries
Spring 3.0 Persistence Core Libraries
Spring 3.0 Persistence JDBC Libraries
Spring 3.0 Testing Support Libraries
Spring 3.0 Web Libraries

图 5-3　Spring Web 引入的 Spring 相关的类库

在 web.xml 文件中配置 DispatcherServlet，在 web.xml 文件中添加如下代码片段。

```
<servlet>
  <servlet-name>hello</servlet-name>
  <servlet-class>
     org.springframework.web.servlet.DispatcherServlet
  </servlet-class>
  <load-on-startup>1</load-on-startup>
</servlet>
<servlet-mapping>
  <servlet-name>hello</servlet-name>
  <url-pattern>/</url-pattern>
```

```
    </servlet-mapping>
</web-app>
```

这里将 DispatcherServlet 命名为“hello”，并且将其设置为一启动 web 项目就加载。需要在 WEB-INF 目录中创建一个名为“hello-servlet.xml”的 Spring 配置文件。在 Spring 官方文档上推荐的默认的文件名是“[servlet-name]-servlet.xml”，这里“servlet-name”为“hello”。因此，可以将这个文件命名为“hello-servlet.xml”。在这个文件中可以定义各种 Spring MVC 需要使用的 Bean。需要说明的是，对于整个 Web 项目中的 Spring 配置文件中定义的 Bean 在这个配置文件中是可以继承的，反之则不成立。上面将所有的请求都交给 DispatcherServlet。

查看 hello-servlet.xml 的内容如下。

```
<?xml version="1.0" encoding="UTF-8"?>
<beans xmlns="http://www.springframework.org/schema/beans"
    xmlns:xsi="http://www.w3.org/2001/XMLSchema-instance"
xmlns:p="http://www.springframework.org/schema/p"
    xmlns:context="http://www.springframework.org/schema/context"
    xmlns:mvc="http://www.springframework.org/schema/mvc"
    xsi:schemaLocation="
    http://www.springframework.org/schema/beans
    http://www.springframework.org/schema/beans/spring-beans-3.0.xsd
    http://www.springframework.org/schema/context
    http://www.springframework.org/schema/context/spring-context-
3.0.xsd
    http://www.springframework.org/schema/mvc
    http://www.springframework.org/schema/mvc/spring-mvc-3.0.xsd">

    <!-- 默认的注解映射的支持 -->
    <mvc:annotation-driven />
    <!--启用自动扫描  -->
    <context:component-scan base-package="springmvc.controller" />
    <bean
class="org.springframework.web.servlet.view.InternalResourceViewResolver">
        <property name="prefix" value="/jsp/" />
        <property name="suffix" value=".jsp" />
    </bean>
</beans>
```

注意添加了 Spring MVC 名称空间，接下来启用了 Spring 的自动扫描，并且设置了默认的注解映射支持。这里需要重点解释的是配置文件中的 Bean，其类型是 Spring MVC 中最常用的一种视图解析器。prefix 属性用于设置视图前缀，suffix 属性用于设置视图后缀，这里配置的后缀是“.jsp”，在控制器的 sayHello()方法中返回的是“showhello”，再结合这里的配置，对应的完整的视图是/jsp/showhello.jsp，这个视图只是简单地取出 msg。

接下来部署应用，访问 http://localhost:8080/springmvc/hello，可以显示视图的内容，并且取出 msg 的内容，程序运行结果如图 5-4 所示，表明项目成功运行。

http://localhost:8080/springweb/hello

Hello, World!

图 5-4　程序运行结果

5. 技术分析

简单来说，Spring 是一个轻量级的控制反转和面向切面的容器框架。下面介绍 Spring Web 框架基本结构。

1）配置解析

（1）DispatcherServlet 是前置控制器，配置在 web.xml 文件中，用于拦截匹配的请求。Servlet 拦截匹配规则需要自己定义，把拦截下来的请求依据相应的规则分发到目标 Controller 处理，是配置 Spring MVC 的第一步。

（2）InternalResourceViewResolver 为视图名称解析器。

（3）以上出现的注解用法如下。

- @Controller 注解负责注册一个 Bean 到 Spring 上下文中。
- @RequestMapping 注解为控制器指定可以处理哪些 URL 请求。

2）Spring MVC 常用注解

（1）@Controller 注解用于注册一个 Bean 到 Spring 上下文。

（2）@RequestMapping 注解用于为控制器指定可以处理哪些 URL 请求。

（3）@RequestBody 注解用于读取 Request 请求的 body 部分数据。首先使用系统默认配置的 HttpMessageConverter 进行解析，然后把相应的数据绑定到要返回的对象上，再把 HttpMessageConverter 返回的对象数据绑定到 Controller 中方法的参数上。

（4）@ResponseBody 注解用于将 Controller 的方法返回对象，通过适当的 HttpMessageConverter 转换为指定格式后，写入 Response 对象的 body 数据区。

（5）@ModelAttribute 注解用于定义方法，Spring MVC 在调用目标处理方法前，会逐个调用在方法级上标注了@ModelAttribute 注解的方法。

在方法的传递参数前使用 @ModelAttribute 注解。可以从隐含对象中获取隐含的模型数据中获取对象，再将请求参数绑定到对象中，进入注解方法，传入参数，该方法将传递的参数对象添加到模型中。

（6）@RequestParam 注解用于在处理方法传递参数处使用，可以把请求参数传递给请求方法。

（7）@PathVariable 注解用于绑定 URL 占位符到传递参数。

（8）@ExceptionHandler 注解到方法上，在出现异常时会执行该方法。

（9）@ControllerAdvice 注解用于使一个 Contoller 成为全局的异常处理类，在类中使用@ExceptionHandler 注解的方法可以处理所有 Controller 发生的异常。

3）自动匹配参数

代码如下。

```
//match automatically
@RequestMapping("/person")
public String toPerson(String name,double age){
```

```
    System.out.println(name+" "+age);
    return "hello";
}
```

4）自动装箱

（1）编写一个 Person 实体类，代码如下。

```
    package test.Spring MVC.model;

public class Person {
    public String getName() {
        return name;
    }
    public void setName(String name) {
        this.name = name;
    }
    public int getAge() {
        return age;
    }
    public void setAge(int age) {
        this.age = age;
    }
    private String name;
    private int age;

}
```

（2）在 Controller 里编写方法，代码如下。

```
//boxing automatically
@RequestMapping("/person1")
public String toPerson(Person p){
    System.out.println(p.getName()+" "+p.getAge());
    return "hello";
}
```

5）使用 InitBinder 来处理 Date 类型的参数

代码如下。

```
//the parameter was converted in initBinder
@RequestMapping("/date")
public String date(Date date){
    System.out.println(date);
    return "hello";
}
```

```
    //At the time of initialization,convert the type "String" to type "date"
    @InitBinder
    public void initBinder(ServletRequestDataBinder binder){
        binder.registerCustomEditor(Date.class,  new  CustomDateEditor(new
SimpleDateFormat("yyyy-MM-dd"), true));
    }
```

6）向前台传递参数

代码如下。

```
    //pass the parameters to front-end
    @RequestMapping("/show")
    public String showPerson(Map<String,Object> map){
        Person p =new Person();
        map.put("p", p);
        p.setAge(20);
        p.setName("jayjay");
        return "show";
    }
```

前台可在 Request 域中取到“p”。

7）使用 Ajax 调用

代码如下。

```
    //pass the parameters to front-end using ajax
    @RequestMapping("/getPerson")
    public void getPerson(String name,PrintWriter pw){
        pw.write("hello,"+name);
    }
    @RequestMapping("/name")
    public String sayHello(){
        return "name";
    }
```

前台使用如下 jQuery 代码调用。

```
    $(function(){
        $("#btn").click(function(){
            $.post("mvc/getPerson",{name:$("#name").val()},function(data){
                alert(data);
            });
        });
    });
```

8）在 Controller 中使用 redirect()方法处理请求

代码如下。

```
    //redirect
    @RequestMapping("/redirect")
    public String redirect(){
        return "redirect:hello";
    }
```

9）文件上传

（1）在 Spring MVC 配置文件中加入如下代码。

```
    <!-- upload settings -->
    <bean id="multipartResolver"  class="org.springframework.web.multipart.
commons.CommonsMultipartResolver">
        <property name="maxUploadSize" value="102400000"></property>
    </bean>
```

（2）方法代码如下。

```
    @RequestMapping(value="/upload",method=RequestMethod.POST)
    public String upload(HttpServletRequest req) throws Exception{
        MultipartHttpServletRequest mreq = (MultipartHttpServletRequest)req;
        MultipartFile file = mreq.getFile("file");
        String fileName = file.getOriginalFilename();
        SimpleDateFormat sdf = new SimpleDateFormat("yyyyMMddHHmmss");
        FileOutputStream fos =
          new
FileOutputStream(req.getSession().getServletContext().getRealPath("/")+
                "upload/"+sdf.format(new
Date())+fileName.substring(fileName.lastIndexOf('.')));
        fos.write(file.getBytes());
        fos.flush();
        fos.close();

        return "hello";
    }
```

（3）前台 form 表单代码如下。

```
    <form action="mvc/upload" method="post" enctype="multipart/form-data">
        <input type="file" name="file"><br>
        <input type="submit" value="submit">
    </form>
```

10）使用@RequestParam 注解指定参数的 name

代码如下。

```
    @Controller
    @RequestMapping("/test")
```

```
public class mvcController1 {
    @RequestMapping(value="/param")
    public String testRequestParam(@RequestParam(value="id") Integer id,
            @RequestParam(value="name")String name){
        System.out.println(id+" "+name);
        return "/hello";
    }
}
```

11）RESTFul 风格的 Spring MVC

（1）RestController 代码如下。

```
@Controller
@RequestMapping("/rest")
public class RestController {
    @RequestMapping(value="/user/{id}",method=RequestMethod.GET)
    public String get(@PathVariable("id") Integer id){
        System.out.println("get"+id);
        return "/hello";
    }

    @RequestMapping(value="/user/{id}",method=RequestMethod.POST)
    public String post(@PathVariable("id") Integer id){
        System.out.println("post"+id);
        return "/hello";
    }

    @RequestMapping(value="/user/{id}",method=RequestMethod.PUT)
    public String put(@PathVariable("id") Integer id){
        System.out.println("put"+id);
        return "/hello";
    }

    @RequestMapping(value="/user/{id}",method=RequestMethod.DELETE)
    public String delete(@PathVariable("id") Integer id){
        System.out.println("delete"+id);
        return "/hello";
    }

}
```

（2）form 表单发送 put 请求和 delete 请求。

在 web.xml 文件中配置代码如下。

```
<!-- configure the HiddenHttpMethodFilter,convert the post method to put
```

```
or delete -->
    <filter>
        <filter-name>HiddenHttpMethodFilter</filter-name>
        <filter-
class>org.springframework.web.filter.HiddenHttpMethodFilter</filter-class>
    </filter>
    <filter-mapping>
        <filter-name>HiddenHttpMethodFilter</filter-name>
        <url-pattern>/*</url-pattern>
    </filter-mapping>
```

在前台可以使用如下代码产生请求。

```
    <form action="rest/user/1" method="post">
        <input type="hidden" name="_method" value="PUT">
        <input type="submit" value="put">
    </form>

    <form action="rest/user/1" method="post">
        <input type="submit" value="post">
    </form>

    <form action="rest/user/1" method="get">
        <input type="submit" value="get">
    </form>

    <form action="rest/user/1" method="post">
        <input type="hidden" name="_method" value="DELETE">
        <input type="submit" value="delete">
    </form>
```

12）返回 JSON 格式的字符串

方法代码如下。

```
    @Controller
    @RequestMapping("/json")
    public class jsonController {

        @ResponseBody
        @RequestMapping("/user")
        public  User get(){
            User u = new User();
            u.setId(1);
            u.setName("jayjay");
            u.setBirth(new Date());
```

```
        return u;
    }
}
```

13）异常的处理

（1）处理局部异常（在 Controller 内），代码如下。

```
@ExceptionHandler
public ModelAndView exceptionHandler(Exception ex){
    ModelAndView mv = new ModelAndView("error");
    mv.addObject("exception", ex);
    System.out.println("in testExceptionHandler");
    return mv;
}

@RequestMapping("/error")
public String error(){
    int i = 5/0;
    return "hello";
}
```

（2）处理全局异常（所有 Controller），代码如下。

```
@ControllerAdvice
public class testControllerAdvice {
    @ExceptionHandler
    public ModelAndView exceptionHandler(Exception ex){
        ModelAndView mv = new ModelAndView("error");
        mv.addObject("exception", ex);
        System.out.println("in testControllerAdvice");
        return mv;
    }
}
```

（3）另一种处理全局异常的方法。

在 Spring MVC 配置文件中的配置代码如下。

```
<!-- configure SimpleMappingExceptionResolver -->
<bean class="org.springframework.web.servlet.handler.
SimpleMappingExceptionResolver">
    <property name="exceptionMappings">
        <props>
            <prop key="java.lang.ArithmeticException">error</prop>
        </props>
    </property>
</bean>
```

其中，error 是出错页面。

14）设置一个自定义拦截器

（1）创建一个 MyInterceptor 类，并实现 HandlerInterceptor 接口，代码如下。

```
public class MyInterceptor implements HandlerInterceptor {

    @Override
    public void afterCompletion(HttpServletRequest arg0,
            HttpServletResponse arg1, Object arg2, Exception arg3)
            throws Exception {
        System.out.println("afterCompletion");
    }

    @Override
    public void postHandle(HttpServletRequest arg0, HttpServletResponse
arg1,
            Object arg2, ModelAndView arg3) throws Exception {
        System.out.println("postHandle");
    }

    @Override
    public boolean preHandle(HttpServletRequest arg0, HttpServletResponse
arg1,
            Object arg2) throws Exception {
        System.out.println("preHandle");
        return true;
    }

}
```

（2）在 Spring MVC 的配置文件中配置，代码如下。

```
<!-- interceptor setting -->
<mvc:interceptors>
    <mvc:interceptor>
        <mvc:mapping path="/mvc/**"/>
        <bean class="test.SpringMVC.Interceptor.MyInterceptor"></bean>
    </mvc:interceptor>
</mvc:interceptors>
```

6．问题与思考

index.jsp 视图文件代码如下。

```
<%@taglib uri="http://www.springframework.org/tags/form" prefix="form"%>
<html>
```

```
<head>
    <title>Spring Landing Page</title>
</head>
<body>
<h2>Spring Landing Pag</h2>
<p>Click below button to get a simple HTML page</p>
<form:form method="GET" action="/springweb/staticPage">
<table>
    <tr>
    <td>
    <input type="submit" value="Get HTML Page"/>
    </td>
    </tr>
</table>
</form:form>
</body>
</html>
```

index.jsp 视图文件是一个登录页面，此页面会发送一个请求来访问 Static Page 服务方法，将这个请求重定向到 final.html 视图文件，代码如下。

```
<html>
<head>
    <title>Spring Static Page</title>
</head>
<body>

<h2>A simple HTML page</h2>

</body>
</html>
```

请读者利用 Spring MVC 框架，编写一个名为“WebController”的控制器，该控制器有 index()方法和 redirect()方法。当发出/index 请求时，执行 index()方法，并跳转到 index.jsp 文件；当发出/staticPage 请求时，重定向到/pages/final.html 文件（返回“redirect: /pages/final.html”）。正确配置 web.xml 文件和对应的 Spring Web 配置文件，实现从 index.jsp 视图文件到 final.html 文件的重定向。

提示

编写的 Controller 需要包含两个方法，代码如下。

```
@RequestMapping(value = "/index", method = RequestMethod.GET)
public String index() {
    return "index";
```

```
    }

    @RequestMapping(value = "/staticPage", method = RequestMethod.GET)
    public String redirect() {

        return "redirect:/pages/final.html";
}
```

在 Spring Web 配置文件中配置视图解析器 Bean 后，需要附加如下两行命令。

```
    <mvc:resources mapping="/pages/**" location="/pages/" />
<mvc:annotation-driven/>
```

这里<mvc:resources..../>标签被用来映射静态页面。映射属性指定 URL 的 HTTP 请求的模式。位置属性必须用来指定具有静态页面，包括图片、样式表、Java Script 和其他静态内容的一个或多个有效的资源目录位置。多个资源目录位置可以使用逗号分隔的值的列表来指定。

5.5 MyBatis 框架

MyBatis 是 Apache 的一个开源项目 iBatis，在 2010 年，这个项目由 Apache Software Foundation 迁移到了 Google Code，并且改名为 MyBatis，在 2013 年 11 月迁移到 GitHub。

iBATIS 一词是"internet"和"abatis"的组合，是一个基于 Java 的持久层框架。iBATIS 提供的持久层框架包括 SQL Maps 和数据访问对象（Data Access Objects，DAO）。

【实例】在 MySQL 中建立包含 clerks 表格的数据库 MyBatis，clerks 表格包含 id、name 和 age 字段。搭建 MyBatis 框架，找出 clerks 表格中 id 参数值为 1 的记录，并显示表格的所有内容。

1. 详细设计

本实例包含两个类，com.weiyong.mybatis.Clerk 类描述简单的 Java 对象（Plain Ordinary Java Object，POJO），com.weiyong.mybatis.TestSelect 类使用 MyBatis 提供的 Resources 类加载 MyBatis 的配置文件，创建能执行映射文件中 SQL 的 SqlSession。

2. 实现过程

1）获取 MyBatis 连接数据库的对象

代码如下。

```
        reader = Resources.getResourceAsReader("conf.xml");
        sessionFactory = new SqlSessionFactoryBuilder().build(reader);
        SqlSession session = sessionFactory.openSession();
```

分析：reader 是一个 java.io.Reader 对象，sessionFactory 是获得连接的工厂。sessionFactory

类会按照 reader 建立一个 SqlSession 的连接。

2）根据映射 SQL 的标识字符串执行返回唯一 clerk 对象

代码如下。

```
String statement = "com.weiyong.mapping.clerkMapper.getClerk";
Clerk clerk = session.selectOne(statement,1);
```

分析：com.weiyong.mapping.clerkMapper.getClerk 是映射标识符，即使用 clerkMapper.xml 文件定义 getClerk 属性。当执行 selectOne(statement,1)方法时，会把参数 1 传递给“select * from clerks where cid=#{id}”语句，并执行这条 SQL 语句。

3．源代码

Clerk.java 文件代码如下。

```
package com.weiyong.mybatis;

public class Clerk {
//实体类的属性和表的字段名称一一对应
private int cid;
private String name;
private int age;
public int getCid() {
    return cid;
}
public void setCid(int id) {
    this.cid = id;
}
public String getName() {
    return name;
}
public void setName(String name) {
    this.name = name;
}
public int getAge() {
    return age;
}
public void setAge(int age) {
    this.age = age;
}
@Override
public String toString() {
    return "User [id=" + cid + ", name=" + name + ", age=" + age + "]";
}
}
```

TestSelect.java 文件代码如下。

```
package com.weiyong.mybatis;

import java.io.IOException;
import java.io.InputStream;
import java.io.Reader;

import org.apache.ibatis.io.Resources;
import org.apache.ibatis.session.SqlSession;
import org.apache.ibatis.session.SqlSessionFactory;
import org.apache.ibatis.session.SqlSessionFactoryBuilder;

public class TestSelect {
    public static void main(String[] args) throws IOException {
      Reader reader;
      SqlSessionFactory sessionFactory;
      try{
          reader = Resources.getResourceAsReader("config.xml");
          sessionFactory = new SqlSessionFactoryBuilder().build(reader);
          SqlSession session = sessionFactory.openSession();

          /**
           * 映射 SQL 的标识字符串
           * 在 com.weiyong.mapping.clerkMapper.xml 文件中<mapper>标签的
namespace 属性的值
           *getClerk 是<select>标签的 ID 属性值，通过 ID 属性值就可以找到要执行的 SQL
           */
          String statement = "com.weiyong.mapping.clerkMapper.getClerk";
//映射 SQL 的标识
          //执行查询返回一个唯一 Clerk 对象的 SQL
          Clerk clerk = session.selectOne(statement, 1);
          System.out.println(clerk);
      }catch(Exception e){
          System.out.println(e.getMessage());
      }
      }
    }
```

4．测试与运行

1）建立数据库

首先，在 MySQL 中使用“create database mybatis”命令建立 MyBatis 数据库，再在该数据库基础上使用如下命令建立 clerks 表格并插入数据。

```
use mybatis;
CREATE  TABLE  clerks(cid  INT  PRIMARY  KEY  AUTO_INCREMENT,  NAME
VARCHAR(20), age INT);
INSERT INTO clerks(NAME, age) VALUES('李清华', 27);
INSERT INTO clerks(NAME, age) VALUES('刘玲', 25);
```

2）配置 MyBatis 环境

项目需要 MyBatis 和驱动 MySQL 的软件包。本实例使用了 mybatis-3.4.4.jar 包和 mysql.jar 包。接下来添加 MyBatis 的 config.xml 配置文件，代码如下。

```
<?xml version="1.0" encoding="UTF-8"?>
<!DOCTYPE  configuration  PUBLIC  "-//mybatis.org//DTD  Config  3.0//EN"
"http://mybatis.org/dtd/mybatis-3-config.dtd">
<configuration>
    <environments default="development">
      <environment id="development">
       <transactionManager type="JDBC"/>
      <!-- 配置数据库连接信息 -->
       <dataSource type="POOLED">
         <property name="driver" value="com.mysql.jdbc.Driver"/>
            <property name="url" value="jdbc:mysql://localhost:
3306/mybatis"/>
            <property name="username" value="root"/>
            <property name="password" value="123456"/>
      </dataSource>
    </environment>
  </environments>
  <mappers>
    <!-- 注册 clerkMapper.xml 文件 -->
    <mapper resource="com/weiyong/mapping/clerkMapper.xml"/>
  </mappers>
</configuration>
```

注意在 conf.xml 文件中使用<mappers>标签注册 clerkMapper.xml 文件，其内容如下。

```
<?xml version="1.0" encoding="UTF-8" ?>
<!DOCTYPE  mapper  PUBLIC  "-//mybatis.org//DTD  Mapper  3.0//EN"
"http://mybatis.org/dtd/mybatis-3-mapper.dtd">
<!-- 为<mapper>标签指定一个唯一的 namespace 属性，namespace 属性值在习惯上设置成
"包名+SQL 映射文件名"，这样就能够保证 namespace 的属性值是唯一的
例如，namespace="com.weiyong.mapping.clerkMapper"就是 com.weiyong.mapping
(包名)+clerkMapper(将 clerkMapper.xml 文件名去除后缀)
-->
<mapper namespace="com.weiyong.mapping.clerkMapper">
<!-- 在<select>标签中编写查询的 SQL 语句，设置<select>标签的 ID 属性值为 getClerk，
```

```
ID 属性值必须是唯一的，不能重复
        使用 parameterType 属性指明查询时使用的参数类型，resultType 属性指明查询返回的
结果集类型
        resultType="com.weiyong.Clerk"就表示将查询结果封装成一个 Clerk 类的对象返回
        Clerk 类就是 clerks 表所对应的实体类
    -->
    <!--
        根据 ID 属性查询得到一个 Clerk 类
    -->
    <select id="getClerk" parameterType="int" resultType="com.weiyong. mybatis.
Clerk">
        select * from clerks where cid=#{id}
    </select>
    </mapper>
```

将 clerkMapper.xml 文件存放在目录（包）com/weiyong/mapping/中。

3）启动程序

运行 TestSelect 类的 main()方法，输出的结果如图 5-5 所示。

```
User [id=1, name=李清华, age=27]
```

图 5-5　运行程序输出的结果

5. 技术分析

1）MyBatis 概要

MyBatis 是支持普通 SQL 查询、存储过程和高级映射的优秀持久层框架。MyBatis 消除了几乎所有的 JDBC 代码和参数的手工设置，以及结果集的检索。MyBatis 使用简单的 XML 或注解配置和原始映射，将接口和 Java 的 POJO 映射成数据库中的记录。

每个 MyBatis 应用程序主要都使用 SqlSessionFactory 实例，一个 SqlSessionFactory 实例可以通过 SqlSessionFactoryBuilder 类获得。SqlSessionFactoryBuilder 可以从一个 XML 配置文件或一个预定义的配置类的实例获得。

使用 XML 文件构建 SqlSessionFactory 实例是非常简单的事情。推荐在这个配置中使用类路径资源（classpath resource），还可以使用任何 Reader 实例，包括使用文件路径或以“file://”开头的 URL 创建的实例。MyBatis 有一个实用类——Resources，它有很多方法，可以方便地从类路径及其他位置加载资源。

本节实例使用 MyBatis 实现了一个简单的查询，这种方式是使用 SqlSession 实例来直接执行已映射的 SQL 语句。例如，session 类是一个 SqlSession 实例，如下代码执行已映射的 SQL 语句。

```
        String statement = "com.weiyong.mapping.clerkMapper.getClerk";//
映射 SQL 的标识
        Clerk clerk = session.selectOne(statement, 1);
```

SqlSession 实例的 selectOne()方法可用于明确查找一条记录，selectList()方法可用于查找符合条件的多条记录。

例 5-5 在 MyBatis 中定义一个映射，查找 clerks 表格中多条记录。

因此先定义一个 getAllClerk 映射，在实质上查询数据库中 clerks 表格的所有记录。

```
<select id="getAllClerk" resultType="com.weiyong.mybatis.Clerk">
    select * from clerks
</select>
```

修改 TestSelect 程序语句如下。

```
package com.weiyong.mybatis;

import java.io.IOException;
import java.io.InputStream;
import java.io.Reader;
import java.util.List;

import org.apache.ibatis.io.Resources;
import org.apache.ibatis.session.SqlSession;
import org.apache.ibatis.session.SqlSessionFactory;
import org.apache.ibatis.session.SqlSessionFactoryBuilder;

public class TestSelect {
public static void main(String[] args) throws IOException {
  Reader reader;
  SqlSessionFactory sessionFactory;
  try{
      reader = Resources.getResourceAsReader("conf.xml");
      sessionFactory = new SqlSessionFactoryBuilder().build(reader);
      SqlSession session = sessionFactory.openSession();

      String statement = "com.weiyong.mapping.clerkMapper.getAllClerk";
      List<Clerk> allclerks = session.selectList(statement);
      System.out.println(allclerks);
  }catch(Exception e){
      System.out.println(e.getMessage());
}
  }
}
```

在程序中使用了 SqlSession 实例的 selectList()方法来执行映射语句，结果是多条记录，所以使用 List<Clerk>类来保存。执行程序，输出所有 clerks 表格中的记录，如图 5-6 所示。

```
[User [id=1, name=李清华, age=27], User [id=2, name=刘玲, age=25]]
```

图 5-6 输出所有 Clerks 表格的记录

2）MyBatis 的接口编程模式

还可以通过使用合理描述参数和 SQL 语句返回值的接口调用，不仅更简单，而且更安全，没有容易发生的字符串文字和转换错误。

例 5-6 通过接口的方法运行映射的 SQL 语句。

首先在 com.weiyong.mybatis 包中建立 IClerkOperation 接口，内容如下。

```
package com.weiyong.mybatis;

public interface IClerkOperation {
      public Clerk getClerk(int id);
}
```

这个接口中定义的是 getClerk()方法，同时在 clerkMapper.xml 映射文件中仍然使用 select 元素定义的方法。但是命名空间需要改为接口及所在的包名，命令如下。

```
<mapper namespace="com.weiyong.mybatis.IClerkOperation">
```

在 TestSelect 类中 main()方法测试时，仍然使用 Session 作为 org.apache.ibatis.session.SqlSession 对象，如下代码使用 IClerkOperation 调用 getClerk()方法。

```
        IClerkOperation clerkOperation = session.getMapper
(IClerkOperation.class);
        Clerk clerk = clerkOperation.getClerk(1);
        System.out.println(clerk);
```

程序运行结果与图 5-5 中的运行结果一致。

SQL 映射文件是 XML 格式的，常用的顶级元素除了有实例中用到的 select 元素，还有如下几种。

- insert：用于映射 SQL 插入语句。
- update：用于映射 SQL 更新语句。
- delete：用于映射 SQL 删除语句。
- sql：与程序中可以复用的函数一样，用于放置被其他语句重复引用的 SQL 语句。
- resultMap：用于描述如何从数据库查询结果集中来加载对象。
- cache：用于给定命名空间的缓存配置。
- cache-ref：用于其他命名空间缓存配置引用。

接下来介绍 MyBatis 的接口编程模式完成数据库的各种操作。

3）实现数据库的增加、更新、删除

（1）使用 MyBatis 增加数据。

在 IClerkOperation 接口中增加 addClerk(Clerk clerk)方法。

```
public void addClerk(Clerk clerk);
```

在 clerkMapper.xml 文件中配置增加标签，代码如下。

```
<insert id="addClerk" parameterType="Clerk"
    useGeneratedKeys="true" keyProperty="cid">
    insert into clerks(name,age) values(#{name},#{age})
</insert>
```

这里用到别名“Clerk”，所以需要在 conf.xml 配置文件中定义，代码如下。

```
<typeAliases>
    <typeAlias alias="Clerk" type="com.weiyong.mybatis.Clerk"/>
</typeAliases>
```

在测试代码中首先新建一个 Clerk 对象，然后通过接口调用 addClerk()方法，代码如下。

```
        Clerk clerk = new Clerk();
        clerk.setName("王宾");
        clerk.setAge(21);
        IClerkOperation clerkOperation = session.getMapper
(IClerkOperation. class);
        clerkOperation.addClerk(clerk);
        System.out.println(clerk);
```

代码中使用 addClerk()方法插入一条记录，运行结果如图 5-7 所示。

```
User [id=4, name=王宾, age=21]
```

图 5-7 使用 addClerk()方法插入一条记录

（2）使用 MyBatis 更新数据。

首先，在 IUserOperation 接口中增加 updateClerk(Clerk clerk)方法。

```
public void updateClerk(Clerk clerk);
```

然后，在 clerkMapper.xml 文件中配置增修改标签。

```
<update id="updateClerk" parameterType="Clerk" >
    update clerks set name=#{name},age=#{age} where cid=#{cid}
</update>
```

如下是一段测试代码。

```
IClerkOperation clerkOperation = session.getMapper(IClerkOperation.class);
Clerk clerk = clerkOperation.getClerk(1);
clerk.setName("王国华");
clerk.setAge(32);
clerkOperation.updateClerk(clerk);
```

```
session.commit();
System.out.println(clerk);
```

这段代码把 id 值为 1 的 name 值改为“王国华”，年龄改为 32，运行结果如图 5-8 所示。

```
User [id=1, name=王国华, age=32]
```

图 5-8　通过 SQL 映射修改一条记录

（3）使用 MyBatis 删除数据。

在 IUserOperation 接口中增加 updateClerk(Clerk clerk)方法。

```
public void deleteClerk(int id);
```

接下来在 clerkMapper.xml 文件中配置该方法的删除映射，代码如下。

```
<delete id="deleteClerk" parameterType="int">
   delete from clerks where cid=#{id}
</delete>
```

测试代码如下。

```
IClerkOperation clerkOperation = session.getMapper(IClerkOperation.class);
clerkOperation.deleteClerk(1);
session.commit();
```

这段代码把 id 值为 1 的记录删除。在运行结束后在数据库中查询，可以发现第一条记录被删除。

6. 问题与思考

使用 MyBatis 连接 Teacher 类的 POJO，编写程序执行增查改删（Create Read Update Delete，CRUD）操作。

5.6　SpringBoot 编程

前面介绍的 Spring MVC 主要解决 Web 开发，是基于 Servlet 的一个 MVC 框架，通过 XML 配置，统一开发前端视图和后端逻辑。

Spring 框架有众多衍生产品如 Boot、Security、Jpa 等，都是基于 Spring 的 IoC、AOP 延伸的高级功能。由于 Spring 的配置非常复杂，使用各种工具如 XML、JavaConfig、Servlet 处理起来比较烦琐。为了简化开发人员的使用，创造性地推出了 SpringBoot 框架，默认优于配置，也简化了 Spring MVC 的配置流程。SpringBoot 不断专注于单体微服务接口开发、前端解耦。SpringBoot 也可以完成 Spring MVC 功能，实现前、后端一起开发。

下面通过 SpringBoot 快速构建一个 Web 应用程序，来介绍 SpringBoot 的基本构建。

SpringBoot 是 Spring 家族中的一个全新的框架，它是用来简化应用程序的构建和开发过程的，可以和 MyBatis 很好的整合。

1. 实例

通过 SpringBoot 快速构建一个 Web 应用程序，在浏览器输入地址 http://localhost:8080/hello，可以看到输出结果为“Hello World!”。

1）创建项目并配置依赖

通过 IDEA 新建一个 Maven 项目，修改根目录中的 pom.xml 文件，代码如下。

```
    <properties>
        <maven.compiler.source>11</maven.compiler.source>
        <maven.compiler.target>11</maven.compiler.target>
    </properties>
    <parent>
        <!-- spring-boot-starter-parent 指定了当前项目为一个 SpringBoot 项目，
它提供了诸多的默认 Maven 依赖-->
        <groupId>org.springframework.boot</groupId>
        <artifactId>spring-boot-starter-parent</artifactId>
        <version>2.1.3.RELEASE</version>
        <relativePath/>
    </parent>
    <dependencies>
         <!-- web -->
        <dependency>
            <groupId>org.springframework.boot</groupId>
            <artifactId>spring-boot-starter-web</artifactId>
        </dependency>
    </dependencies>
    <build>
        <plugins>
            <plugin>
                <groupId>org.springframework.boot</groupId>
                <artifactId>spring-boot-maven-plugin</artifactId>
                <version>2.1.3.RELEASE</version>
            </plugin>
        </plugins>
</build>
```

在配置完成后，单击页面右上方的刷新依赖按钮，下载依赖文件。接下来配置 SpringBoot 应用的配置文件。

2）配置 application.yml 文件

在 resources 目录下新建 application.yml 文件，它是 SpringBoot 的配置文件，支持“.propertites”和“.yml”两种后缀，一般都以“.yml”为后缀。

```
server:
  port: 8080 # 设置应用端口，默认是 8080

spring:
  application:
    name: app
```

3）入口类

在 src/main/java 目录下新建一个 Java 类，并加上包的名称。

```
@SpringBootApplication
public class Application {
    public static void main(String[] args) {
        SpringApplication.run(Application.class, args);
    }
}
```

单击绿色的箭头按钮启动程序，会发现控制台输出日志信息。

4）控制器

为了规范，控制器的相关文件都以“xxxController”方式命名。在 src/main/java 目录中新建一个 Java 类，并加上包的名称。

```
@RestController
public class HelloWorld {
    @RequestMapping("/hello")
    public String hello(){
        return "Hello World!";
    }
}
```

因为现在大部分都是前、后端分离的项目，所以大部分只需要 @RestController 注解就可以了，代表是一个 rest 控制器。打开浏览器在地址栏输入 localhost:8080/hello 并按回车键，就会发现页面输出“Hello World!”字符串，项目执行结果如图 5-9 所示。

5）自定义登录界面

SpringBoot 官方是不推荐在 SpringBoot 中使用 JSP 的。如果要使用 JSP，则不能再使用 SpringBoot 默认的 Tomcat 插件了，需要导入 Tomcat 插件启动项目。

（1）导入 Tomcat 插件。

导入 SpringBoot 的 Tomcat 插件 JAR 包命令如下。

```
<dependency>
    <groupId>org.springframework.boot</groupId>
    <artifactId>spring-boot-starter-tomcat</artifactId>
</dependency>
<dependency>
```

```
    <groupId>org.apache.tomcat.embed</groupId>
    <artifactId>tomcat-embed-jasper</artifactId>
</dependency>
```

（2）加入 JSP 页面等静态资源。

在 src/main 目录中创建 webapp 目录，如图 5-10 所示。

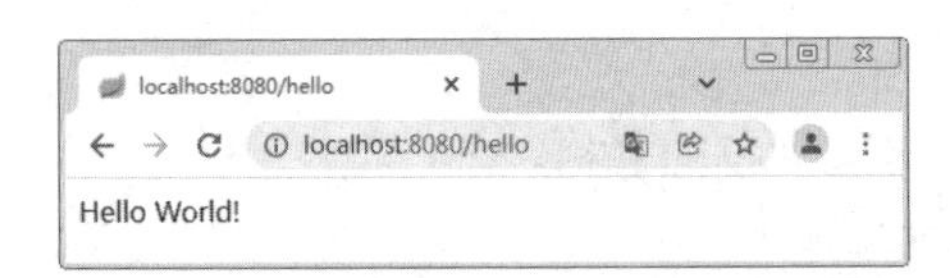

图 5-9　项目执行结果

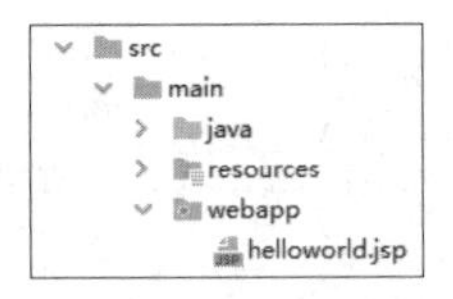

图 5-10　创建 webapp 目录

这时 webapp 目录并不能正常使用，因为只有 web 工程才有 webapp 目录，在 POM 文件中修改项目为 web 工程，内容如下。

```
:
    <groupId>org.example</groupId>
    <artifactId>myspringboot</artifactId>
    <version>1.0-SNAPSHOT</version>
    <packaging>war</packaging>
:
```

将 POM 文件中的打包格式改为 WAR。接下来导入 helloworld.jsp 文件，内容如下。

```
<%@ page language = "java" contentType="text/html;charset=UTF-8" %>
<HTML>
<HEAD>
    <TITLE>一个简单的 JSP 示例</TITLE>
</HEAD>
<BODY>
<H3><% out.println("hello world");%> </H3>
</BODY>
</HTML>
```

注意

不用加载 WEB-INF 等文件。

启动项目，webapp 目录可以正常使用了，如图 5-11 所示。

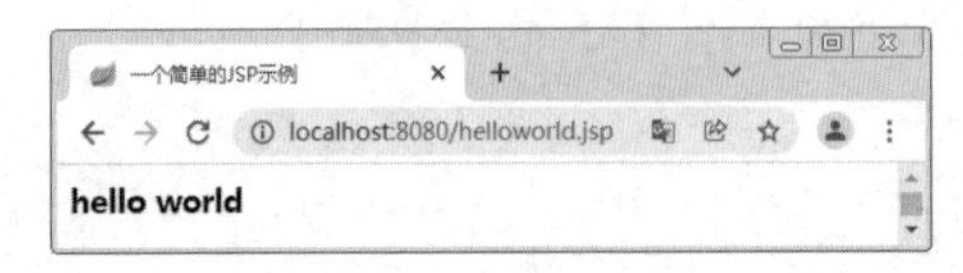

图 5-11　webapp 目录

2. 技术分析

1）SpringBoot 主要特点

- 可以不使用 XML 配置文件，而采用注解的方式。
- 能快速构建 Spring 的 Web 程序。
- 可以使用内嵌的 Tomcat、Jetty 等服务器运行 SpringBoot 程序（以前 Spring 项目都需要在 Tomcat 中运行）。
- 可以使用 Maven 来配置依赖。
- 内置丰富功能。

2）主要注解语句

与 Spring 一样，SpringBoot 用到了大量的注解语句，本项目要求有如下 3 个注解。

（1）@RestController 注解的作用相当于@ResponseBody 注解与@Controller 注解合在一起的作用，@RestController 注解用于将方法返回的对象直接在浏览器上显示成 JSON 格式。

（2）@SpringBootApplication 注解是一个复合注解，包含了@SpringBootConfiguration、@EnableAutoConfiguration、@ComponentScan 这 3 个注解。

@SpringBootConfiguration 注解继承自@Configuration 注解，主要用于加载配置文件。

@SpringBootConfiguration 注解继承自@Configuration 注解，二者功能也一致，用于标注当前类是配置类，并会将当前类内声明的一个或多个使用@Bean 注解标记方法的实例加载到 Spring 容器中，并且实例名就是方法名。

@EnableAutoConfiguration 注解用于开启自动配置功能。

@EnableAutoConfiguration 注解可以帮助 SpringBoot 应用将所有符合条件的@Configuration 注解配置都加载到当前 SpringBoot 创建并使用的 IoC 容器。借助 Spring 框架原有的一个工具类 SpringFactoriesLoader 的支持，@EnableAutoConfiguration 注解可以智能自动配置。

@ComponentScan 注解主要用于组件扫描和自动装配。

@ComponentScan 注解的功能其实就是自动扫描并加载符合条件的组件或 Bean 定义，最终将这些 Bean 定义加载到容器中。可以通过 basePackages 等属性指定@ComponentScan 注解自动扫描的范围。如果不指定，则默认 Spring 框架实现从声明@ComponentScan 注解所在类的 package 进行扫描。在默认情况下是不指定的，因此 SpringBoot 的启动类最好放在 rootPackage 类中。

（3）@RequestMapping 注解是 Spring Web 应用程序中经常被用到的注解之一。该注解会将 HTTP 请求映射到 MVC 和 REST 控制器的处理方法上。

3）SpringBoot 实现登录功能

下面使用 SpringBoot 实现用户的登录功能，注意与 Spring MVC 的区别。

（1）增加登录退出控制器，代码如下。

```
@Controller
public class LoginController {
```

```
    @RequestMapping("/user/login")
    public String login(
        @RequestParam("username") String username,
        @RequestParam("password") String password,
        Model model,
        HttpSession session) {
        if (!StringUtils.isEmpty(username) && "123456".equals(password)) {
            session.setAttribute("loginUser", username);
            return "redirect:/main.html";
        } else {
            model.addAttribute("msg", "用户名或密码错误！");
            return "index";
        }
    }

    @RequestMapping("/user/logout")
    public String logout(HttpSession session) {
        session.invalidate();
        return "redirect:/index.html";
    }
}
```

当用户名不为空且密码为“123456”时，建立 Session 会话。login()方法用于返回字符串“redirect:/main.html”表示重定向到 main.html 页面。

注意

①当 Controller 是存在返回页面的控制器时，不可以使用@RestController 注解。

②当需要同时返回页面和字符串时，可以使用@Controller 注解；在返回字符串的方法上使用@ResponseBody 注解。

③当不需要返回页面时，可以直接使用@RestController 注解来代替@Controller 注解和@ResponseBody 注解，即可直接返回结果。

（2）增加登录拦截器。

增加一个登录拦截器，当用户名和密码不正确时，拦截并提示重新输入用户名和密码。

```
public class LoginHandlerInterceptor implements HandlerInterceptor {
    @Override
    public boolean preHandle(HttpServletRequest request, HttpServletResponse
response, Object handler) throws Exception {
        Object user = request.getSession().getAttribute("loginUser");
        if (user == null) {
            request.setAttribute("msg", "无权限请先登录");
```

```
            request.getRequestDispatcher("/index.html").forward(request,
response);
            return false;
        } else {
            return true;
        }
    }

    @Override
    public void postHandle(HttpServletRequest request, HttpServletResponse
response, Object handler, ModelAndView modelAndView) throws Exception {

    }

    @Override
    public void afterCompletion(HttpServletRequest request, HttpServletResponse
response, Object handler, Exception ex) throws Exception {

    }
}
```

（3）将登录拦截器配置到容器中。

```
@Configuration
public class MyMvcConfig implements WebMvcConfigurer {
    // 将登录拦截器配置到容器中
    @Override
    public void addInterceptors(InterceptorRegistry registry) {
        registry.addInterceptor(new LoginHandlerInterceptor())
                .addPathPatterns("/**")
                .excludePathPatterns("/",  "/index.html",  "/user/login",
"/css/**", "/js/**", "/img/**");
    }

    // 配置视图跳转
    @Override
    public void addViewControllers(ViewControllerRegistry registry) {
        registry.addViewController("/").setViewName("index");
        registry.addViewController("/index.html").setViewName("index");
        registry.addViewController("/main.html").setViewName("welcome");
    }
```

```
    // 将本地化解析器配置到容器中
    @Bean
    public LocaleResolver localeResolver() {
        return new MyLocaleResolver();
    }

    // 将视图解析器配置到容器中
    @Bean
    public ViewResolver myViewResolver() {
        return new MyViewResolver();
    }

    // 自定义一个视图解析器
    public static class MyViewResolver implements ViewResolver {
        @Override
        public View resolveViewName(String viewName, Locale locale)
throws Exception {
            return null;
        }
    }
}
```

4）其他说明

因为 SpringBoot 集成了 Tomcat，所以项目打成 JAR 包，通过 Spring MVC 注解的方式来运行，所以静态页面就放在 Maven 工程 resources 的 templates 目录中，SpringBoot 项目结构如图 5-12 所示。

在不用模板引擎的时候，可以通过 YML 文件配置静态页面，图 5-13 所示为 YML 文件配置页面的前、后缀。

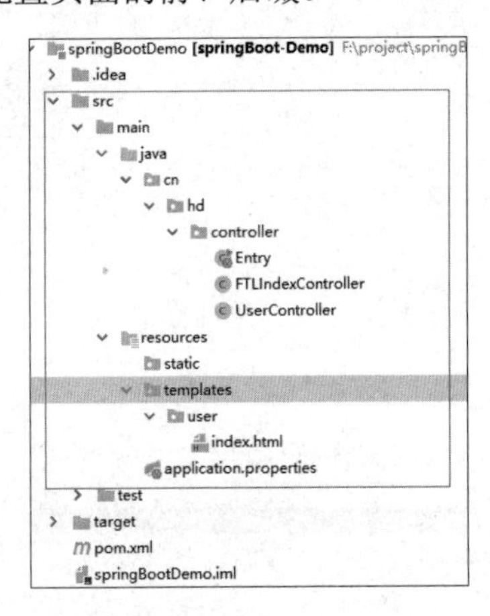

图 5-12　SpringBoot 项目结构

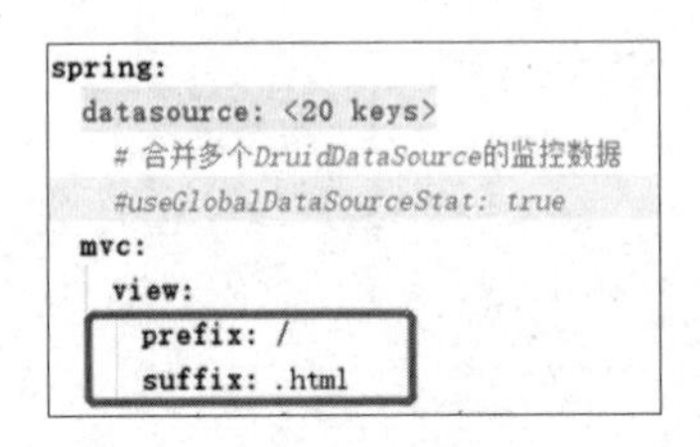

图 5-13　YML 文件配置页面的前、后缀

3. 问题与思考

（1）搭建一个基本的 SpringBoot 项目。该项目中只有一个类和一个方法。使用@RestController 注解类和@SpringBootApplication 注解类，使用@RequestMapping 注解。启动程序后，在浏览器地址栏输入地址 http://localhost:8080，输出结果为“Hello Spring Boot”。

（2）使用 SpringBoot+Mybatis 框架实现用户的登录，要求登录前先将用户名和密码保存在数据库中。

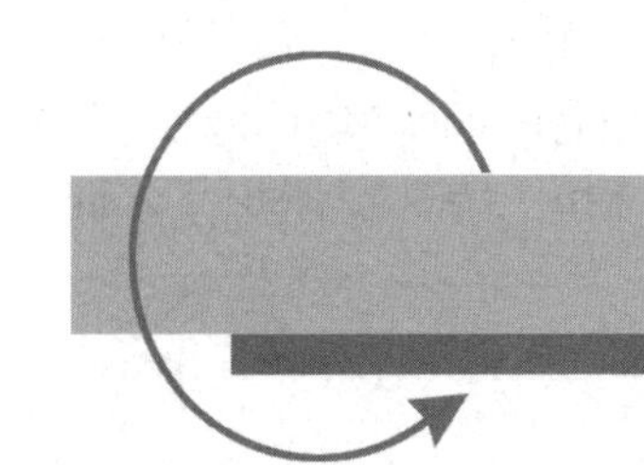

参考文献

[1] 大矿工. 一个成功的 git 分支模型[EB/OL], https://blog.csdn.net/xinkuang126/article/details/106901297/, 2020-06-22.

[2] 郭豪，王国才，罗聘. 一种基于 Cookie 的跨域单点登录方案设计， 计算机工程与科学，2017 年，007(039):1295-1200.

[3] 沈海波，洪帆. 基于 Cookie 的跨域单点登录认证机制分析，计算机应用与软件，2006, 23(12).

[4] 蔡亮，刘腾. 基于写操作集的数据库同步复制模型，计算机工程，2011,37(13).

[5] 曾超宇，李金香. Redis 在高速缓存系统中的应用，微型机与应用，2013.

[6] 周行知. Redis----Sort Set 排序集合类型[EB/OL], https://www.cnblogs.com/zhouxingzhi/p/10280174.html, 2019-01-17.

[7] 刘振宇. 利用 Nginx 实现网站负载均衡，中国管理信息化，2012,16.

[8] 左羽. Nginx 服务器之负载均衡策略（6 种）[EB/OL], https://www.cnblogs.com/1214804270hacker/p/9325150.html, 2018-07-17.

[9] 刘金秀，陈怡华，长乐. 基于 Nginx 的高可用 Web 系统的架构研究与设计，现代信息科技，2019,003(011):94-97.

[10] 刘熙，胡志勇. 基于 Docker 容器的 Web 集群设计与实现，电子设计工程，2016,023(008):117-119.

[11] 易升海，彭江强，卿勇军，伍琪. 浅析 Docker 容器技术的发展前景，电信工程技术与标准化，2018,031(006):88-91.

[12] 苏玲. Google Chrome 将会支持全新无密码登录，计算机与网络，2018,10.

[13] 张昕晨，王雅君，程胜明，冷峻宇，刘小奇. 基于 MapReduce 的大数据并行分析与处理，计算机科学与应用，2022,012(003):582-589.

[14] 张立超. 基于 Java 的 IoC 容器的设计与实现，吉林大学，2009.

[15] 程序媛猿~. Spring 注解 AOP@Aspect 的详细介绍，https://www.cnblogs.com/happy2333/p/12936182.html[O/L]. 2020-05-22.

[16] 乔岚. 基于 MyBatis 和 Spring 的 JavaEE 数据持久层的研究与应用，信息与电脑，2017,8:73-76.